AutoCAD 2017 计算机辅助设计教程

主　编　孙铁红
副主编　丁　乔

北京理工大学出版社
BEIJING INSTITUTE OF TECHNOLOGY PRESS

内 容 提 要

本书结合作者多年工程实践和课堂教学经验，着重介绍了如何利用 AutoCAD 2017 软件进行计算机辅助设计，绘制符合我国标准规定的机械图纸的方法、流程和技巧。全书从 AutoCAD 2017 的基本知识和基本操作讲起，介绍了绘图环境的设置、用 AutoCAD 2017 绘制和编辑二维图形的方法、图案的填充、精确绘图工具的应用、文字的标注、图块与属性的创建、尺寸的标注、样板文件的创建和设计中心的应用、图形的查询以及图形的打印等。每一章均以绘制机械图时经常碰到的问题为例，说明如何利用 AutoCAD 2017 提供的功能更好地绘制机械图，并且贯彻我国现行的机械制图标准和 CAD 制图标准。书中的最后一章以两个典型的机械图绘制实例，详细说明了怎样利用本书所介绍的内容绘制符合国家标准的机械图。书中每个章节后给出相应的思考题和练习题，有助于读者对所学内容加深体会。附录部分给出了上机练习题，便于读者有的放矢地进行上机练习。书中涵盖了使用 AutoCAD 绘制二维图纸时所涉及的主要内容，并充分考虑到教学的方式以及自学者的学习习惯，使读者能够很快掌握绘制机械图的方法和技巧，快速成为绘制机械图的高手。

本书具有很强的针对性和实用性，既可作为大中专院校相关专业的教材，也可以作为从事 CAD 工作的工程技术人员的自学指南。

图书在版编目（CIP）数据

AutoCAD 2017 计算机辅助设计教程 / 孙铁红主编．—北京：北京理工大学出版社，2018.1（2021.6重印）

ISBN 978－7－5682－4953－9

Ⅰ. ①A…　Ⅱ. ①孙…　Ⅲ. ①计算机辅助设计－AutoCAD 软件－教材　Ⅳ. ①TP391.72

中国版本图书馆 CIP 数据核字（2017）第 270053 号

出版发行 / 北京理工大学出版社有限责任公司
社　　址 / 北京市海淀区中关村南大街 5 号
邮　　编 / 100081
电　　话 /（010）68914775（总编室）
（010）82562903（教材售后服务热线）
（010）68948351（其他图书服务热线）
网　　址 / http：//www.bitpress.com.cn
经　　销 / 全国各地新华书店
印　　刷 / 三河市华骏印务包装有限公司
开　　本 / 787 毫米 × 1092 毫米　1/16
印　　张 / 16.25
字　　数 / 377 千字
版　　次 / 2018 年 1 月第 1 版　2021 年 6 月第 4 次印刷
定　　价 / 48.00 元

责任编辑 / 钟　博
文案编辑 / 钟　博
责任校对 / 周瑞红
责任印制 / 王美丽

图书出现印装质量问题，请拨打售后服务热线，本社负责调换

前　言

计算机辅助设计指利用计算机及其图形设备帮助设计人员进行设计工作，简称 CAD（Computer Aided Design）。在工程和产品设计中，计算机可以帮助设计人员担负计算、信息存储和制图等工作。它能够降低设计人员的劳动强度、缩短设计周期和提高设计质量。

AutoCAD（Auto Computer Aided Design）是由美国 Autodesk 公司开发的通用计算机辅助设计软件。其用于二维绘图、详细绘制、设计文档和基本三维设计，现已经成为国际上广为流行的绘图工具。它广泛应用于机械、建筑、电子、石油化工等领域的设计。在中国，AutoCAD 已成为工程设计领域中应用最为广泛的计算机辅助设计软件。为了使广大学生和工程技术人员尽快掌握该软件、更好地使用该软件，特编写本书。

本书的作者多年来从事机械制图、工程制图和 CAD 绘图的教学和工程设计研究工作，书中介绍的方法、技巧融合了作者多年的教学和实践经验。本书具有以下特点：

（1）突出软件应用的实用性。本书不是对软件所提供的各种命令功能介绍的罗列，而是从机械辅助设计实际应用的角度出发，以绘制机械图纸为主要介绍对象，介绍绘制机械图纸过程中常用的命令和技巧。

（2）强调在绘制机械图的过程中一定要贯彻我国现行的机械制图标准和 CAD 标准。仅仅会使用软件绘制图形还不够，要学习和掌握用 AutoCAD 绘制机械图的方法，就必须了解我国现行的机械制图标准和 CAD 标准。作者将我国现行的机械制图标准和 CAD 标准融入书中相关章节，使读者在学习软件的同时也养成规范化绘图的良好习惯。

（3）书中加入了大量的说明部分，指出了使用命令过程中常见的问题和易出错的地方，以引起读者的注意。

（4）书中每个章节后给出了相应的思考题和练习题，有助于读者对所学内容加深体会。书后的附录部分给出了适合各个学习阶段的上机练习题，供读者选择练习。

全书共分 12 章，第 1 章介绍了 AutoCAD 2017 的安装、启动、工作界面、基本操作、坐标系的使用方法等内容；第 2 章介绍了如何设置符合我国国家标准的机械图绘图环境，包括设置绘图单位、绘图界限、图层、图形对象以及自定义绘图环境；第 3 章着重讲述绘制二维图形时常用的绘图命令及其使用技巧；第 4 章介绍了对二维图形进行编辑的常用方法、常用命令及使用技巧；第 5 章介绍了如何灵活利用 AutoCAD 2017 提供的辅助工具实现精确绘图；第 6 ~ 8 章着重说明如何在机械图上绘制剖面线、书写文字和如何使用图块功能；第 9 章介绍了如何在机械图上标注尺寸，包括标注样式的设置、各种尺寸的标注、标注尺寸的编辑等；第 10 章介绍了如何根据机械制图的标准定义机械图的样板文件和如何使用设计中心实现不同绘图文件间的资源共享；第 11 章主要介绍了如何完成图纸的输出，包括图纸的纸介质打印和数字文件的转化；第 12 章以绘制三视图和零件图为例，详细说明怎样利用本书所介绍的内容绘制符合我国标准的机械图；附录部分提供读者进行上机练习的练习题。

全书由孙铁红任主编，丁乔任副主编，参加本教材编写的还有赵增慧、仵亚红、韩丽艳、张孟玫等。

由于作者水平有限，书中难免有错误与不当之处，恳请各位读者和专家批评指正。

编 者

2017 夏于北京

目 录

第1章

认识 AutoCAD 2017

1.1 初识 AutoCAD 2017

AutoCAD（其英文全称为 Auto Computer Aided Design）是由美国 Autodesk 公司开发的通用计算机辅助设计软件。自 1982 年问世以来，软件性能得到了不断地完善和提升。目前 AutoCAD 已成为一款功能强大、性能稳定、兼容性与扩展性好的主流设计软件，被广泛应用于机械、建筑、电子、航天、造船、石油化工、土木工程、冶金、地质、气象、纺织、服装、商业等领域。在中国，AutoCAD 已成为工程设计领域中应用最为广泛的计算机辅助绘图软件之一。

AutoCAD 具有优秀的二维图形和三维图形绘制功能、二次开发功能与数据管理功能。同传统的手工绘图相比，用 AutoCAD 绘图速度更快、精度更高。AutoCAD 具有良好的用户界面，通过交互的方式进行各种操作。AutoCAD 具有广泛的适应性，它可以在各种操作系统所支持的微型计算机和工作站上运行。

AutoCAD 2017 是目前的较新版本，该版本将直观强大的概念设计和视觉工具有效结合，促进了二维设计向三维设计的转换，整合了制图和可视化，加快了任务的执行，能够满足个人用户的需求和爱好，使设计效率得到了极大的提升。

1.2 AutoCAD 2017 的安装

1.2.1 AutoCAD 2017 对系统的要求

AutoCAD 2017 对系统的要求见表 1.1。

表 1.1 AutoCAD 2017 对系统的要求

操作系统	Microsoft® Windows® 10（桌面操作系统） Microsoft Windows 8.1（含更新 KB2919355） Microsoft Windows 7 SP1
CPU 类型	1 千兆赫（GHz）或更高频率的 32 位（×86）或 64 位（×64）处理器
内存	对于 32 位 AutoCAD 2017：2GB（建议使用 3GB） 对于 64 位 AutoCAD 2017：4GB（建议使用 8GB）
显卡	支持 1360×768 分辨率、真彩色功能和 DirectX® 9[1] 的 Windows 显示适配器。建议使用与 DirectX 11 兼容的显卡

续表

显卡	对于 AutoCAD 2017.1 Update：支持 1920×1080 分辨率、真彩色功能和 DirectX 9[1] 的 Windows 显示适配器 建议使用与 DirectX 11 兼容的显卡
磁盘空间	安装 6.0GB

1.2.2　AutoCAD 2017 的安装过程

（1）AutoCAD 2017 分为 32 和 64 位版本，运行符合系统的安装程序，选择解压目录，目录不要带有中文字符。

（2）解压完毕自动弹出安装界面，字体默认中文，单击“安装”按钮，如图 1.1 所示。

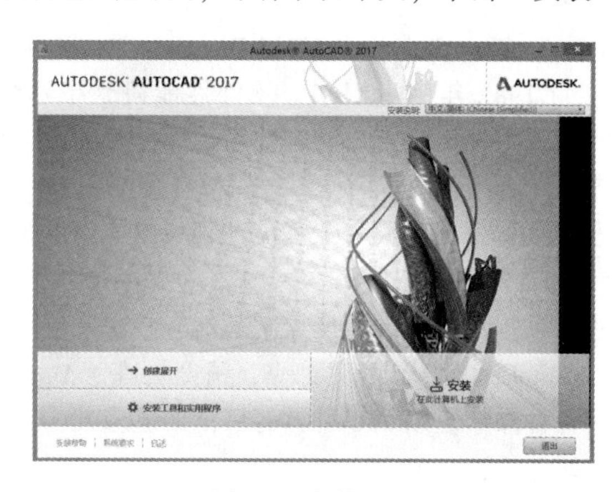

图 1.1　安装界面

（3）选择“我同意”，接受用户协议，单击“下一步”按钮，如图 1.2 所示。

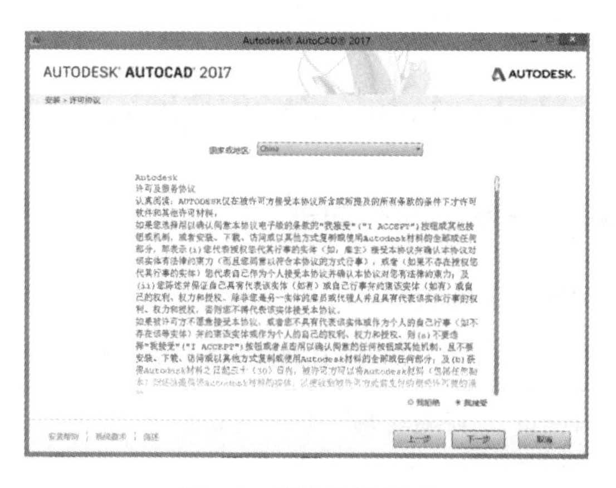

图 1.2　用户协议界面

（4）选择安装功能以及安装路径，单击“安装”按钮，如图 1.3 所示。

（5）等待安装完成，如图 1.4 所示。

（6）安装完成后，将看到已安装软件组件的列表。单击“完成”按钮以关闭安装程序，如图 1.5 所示。

（7）首次启动软件时可能需要进行激活。按照激活说明进行操作。

图 1.3　选择安装功能及安装路径界面

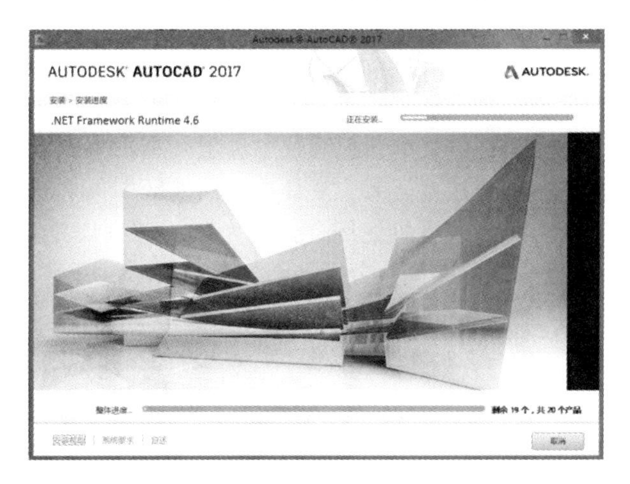

图 1.4　软件安装过程界面

图 1.5　安装后显示界面

1.2.3　AutoCAD 2017 的启动

启动 AutoCAD 2017 的方法主要有 3 种：

（1）双击桌面快捷。

双击 Windows 操作系统桌面上的 AutoCAD 2017 快捷方式图标，即可启动。

（2）使用“开始”菜单。

单击 Windows 操作系统桌面左下角的“开始”按钮，打开“开始”菜单，并进入“程序”菜单中的“Autodesk”|“AutoCAD 2017 - 简体中文（Simplified Chinese）”程序组，然后单击“AutoCAD 2017 - 简体中文（Simplified Chinese）”，即可启动。

（3）直接双击 AutoCAD 格式文件（“*.dwg”文件）。

1.3　AutoCAD 2017 的工作空间及用户界面

1.3.1　AutoCAD 2017 工作空间简介

AutoCAD 2017 的工作空间是由菜单、工具栏、选项板和功能区控制面板组成的。使用工作空间时，只会显示与任务相关的菜单、工具栏、功能区工具和选项板等。在 AutoCAD 2017 中，提供了 3 种工作空间形式可供使用，分别为 AutoCAD 二维草图与注释工作空间、三维基础工作空间和三维建模工作空间，分别如图 1.6 ~ 图 1.8 所示。

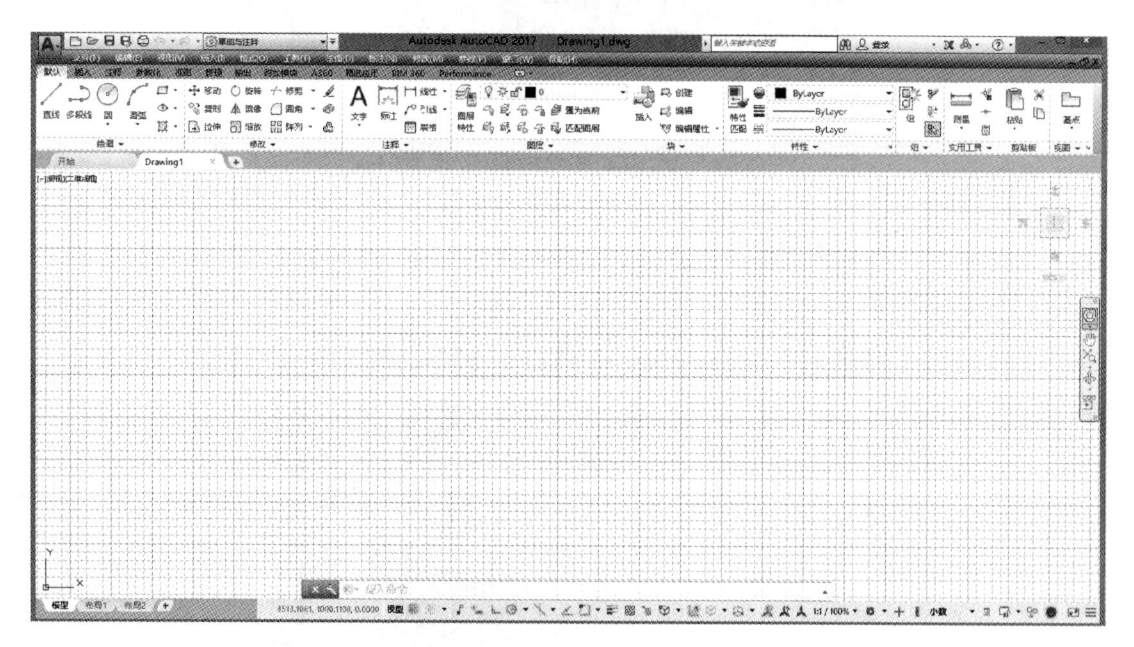

图 1.6　二维草图与注释工作空间

通常要绘制二维草图时，用户可以选用二维草图与注释工作空间；在创建三维模型时，可以选用三维建模工作空间；

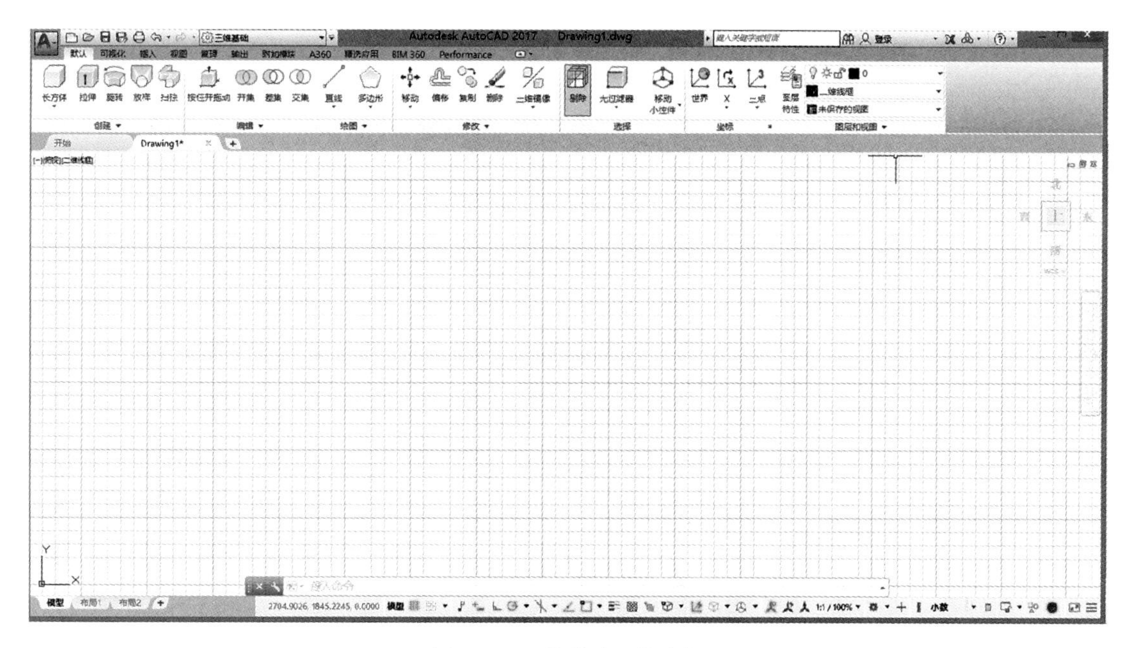

图 1.7　三维基础工作空间

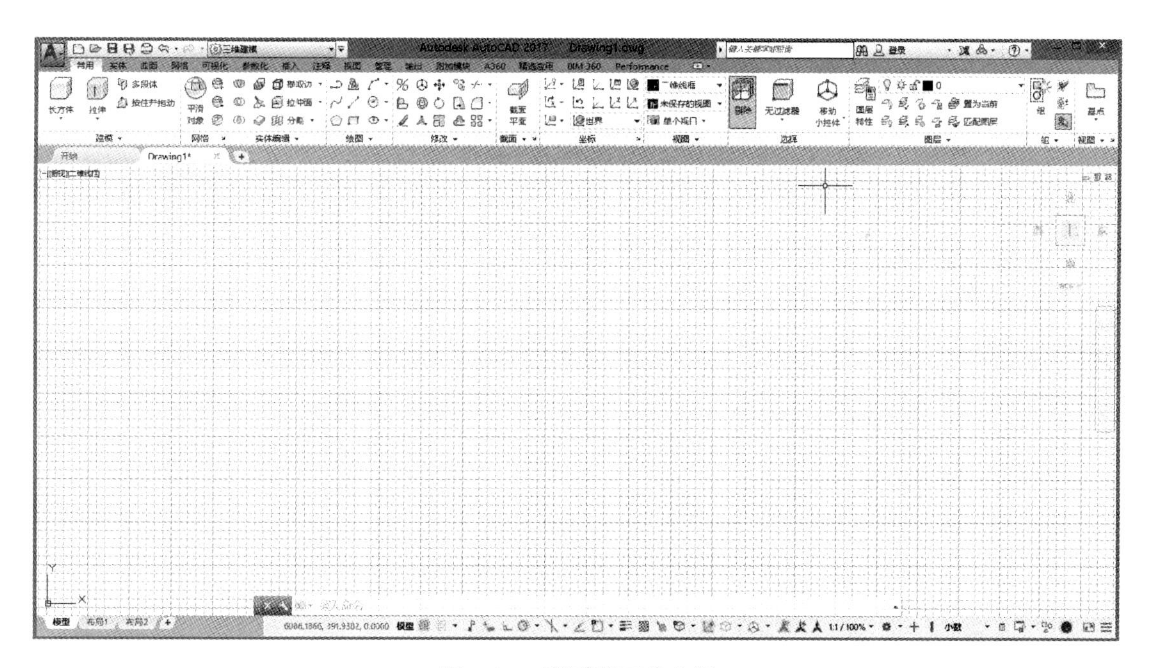

图 1.8　三维建模工作空间

对于习惯于使用 AutoCAD 2014 以前传统界面的用户，可以通过创建自定义工作空间的方式，创建 AutoCAD 经典工作空间。具体方法如下：

（1）在界面左下角，单击“切换工作空间”按钮，然后单击“自定义”选项，如图 1.9 所示。

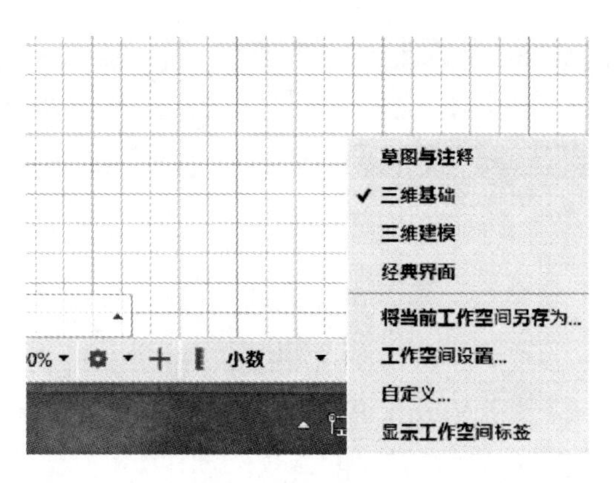

图 1.9　自定义工作空间

（2）进入用户自定义界面，默认的是进入“自定义”，如果没有发现图 1.10 中的界面，表明界面被折叠，单击箭头所示的“折叠图标”打开即可。用鼠标右键单击“工作空间”，然后单击“新建工作空间”。

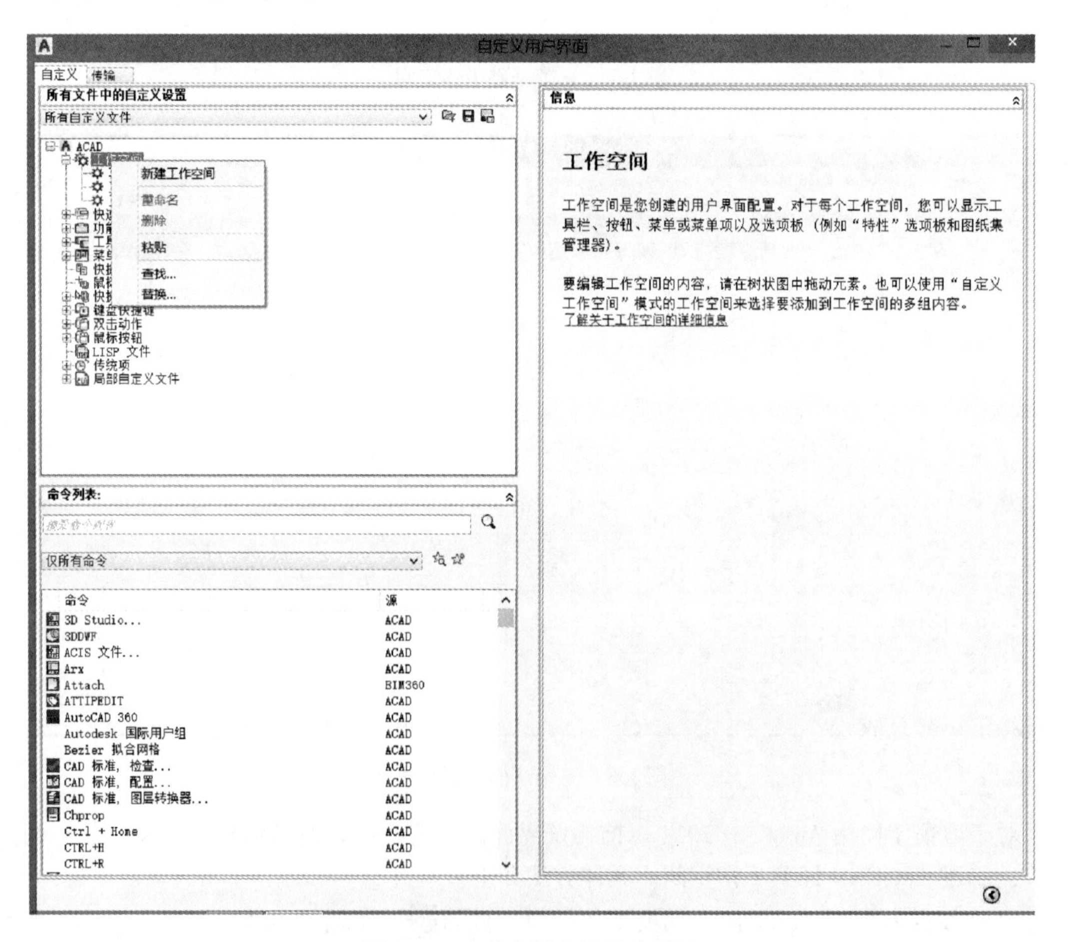

图 1.10　自定义用户界面选项板

(3) 将新建的工作空间重新命名为“经典界面”，如图 1.11 所示。

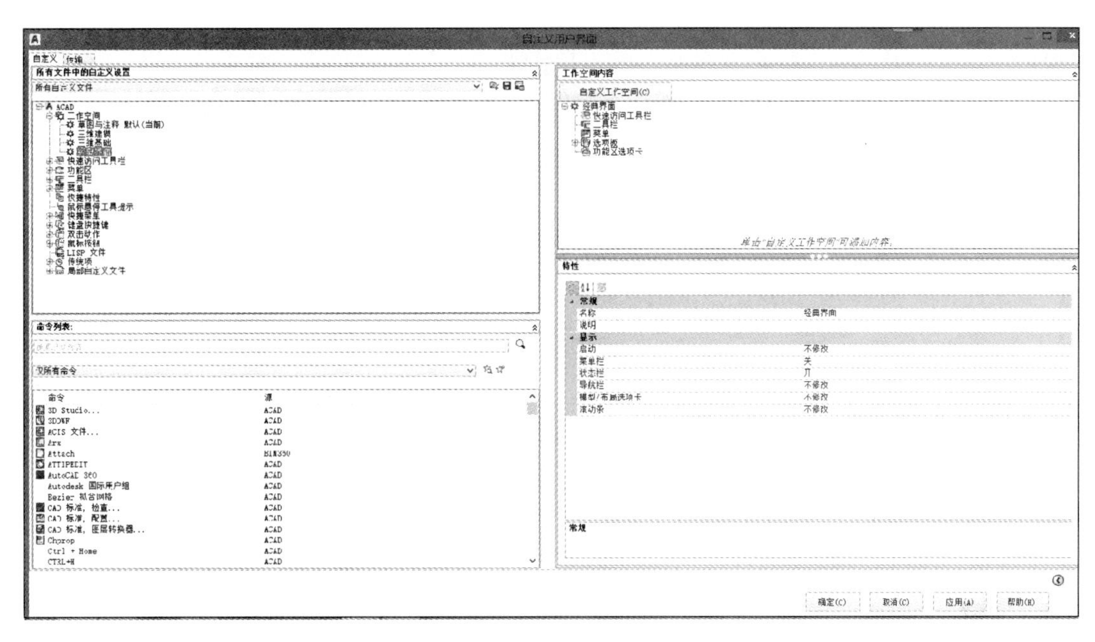

图 1.11　自定义经典界面

(4) 新建一个工作空间之后，单击左方的“工具栏”，展开工具栏工具。使用鼠标左键按住平时常用的工具栏，比如绘图、修改、标注、图层、样式、特性等不放，将其拖动到右方的经典界面“工具栏”下，松开鼠标左键，如图 1.12 所示。

(5) 同理，打开左方的“菜单栏”，把里面的工具拖到右方的“菜单栏”，把左方的“选项板”拖到右边的“选项板”，如图 1.12 所示。

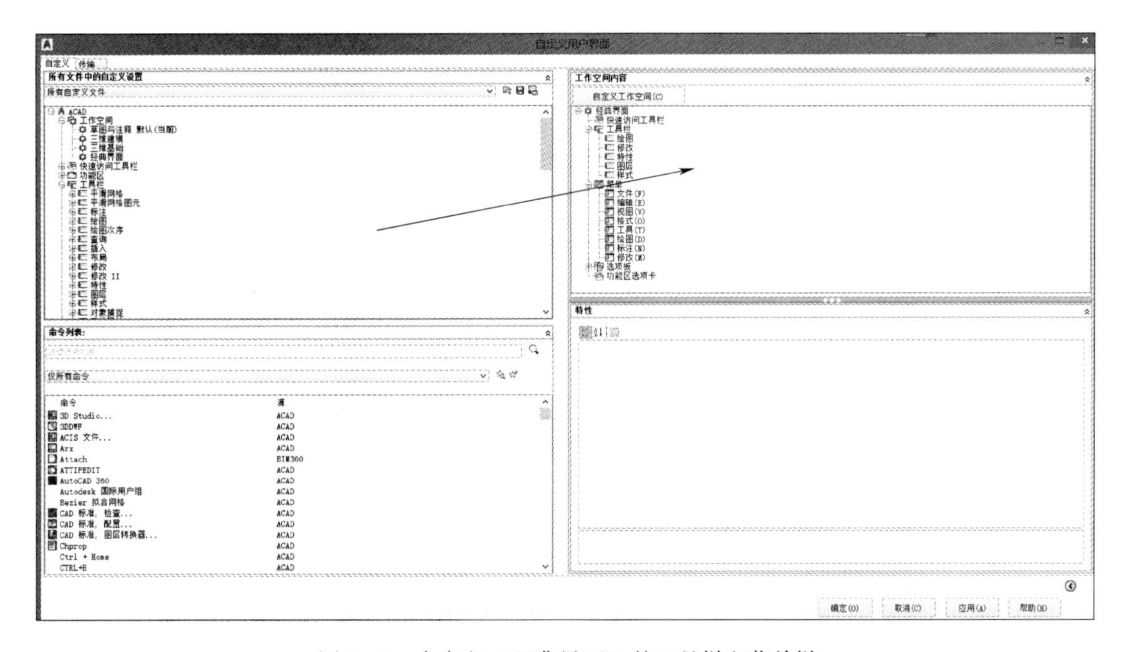

图 1.12　自定义“经典界面”的工具栏和菜单栏

（6）单击下方的“应用”按钮，使刚才的改变生效。

（7）用鼠标右键单击刚才新建的“CAD 经典”，然后选择“置为当前”。注意：这时候菜单栏是没有打开的，所以需要将其打开。单击菜单栏后面的开关，使其为“开”，然后单击“应用”按钮，再单击“确定”按钮，如图 1.13 所示。

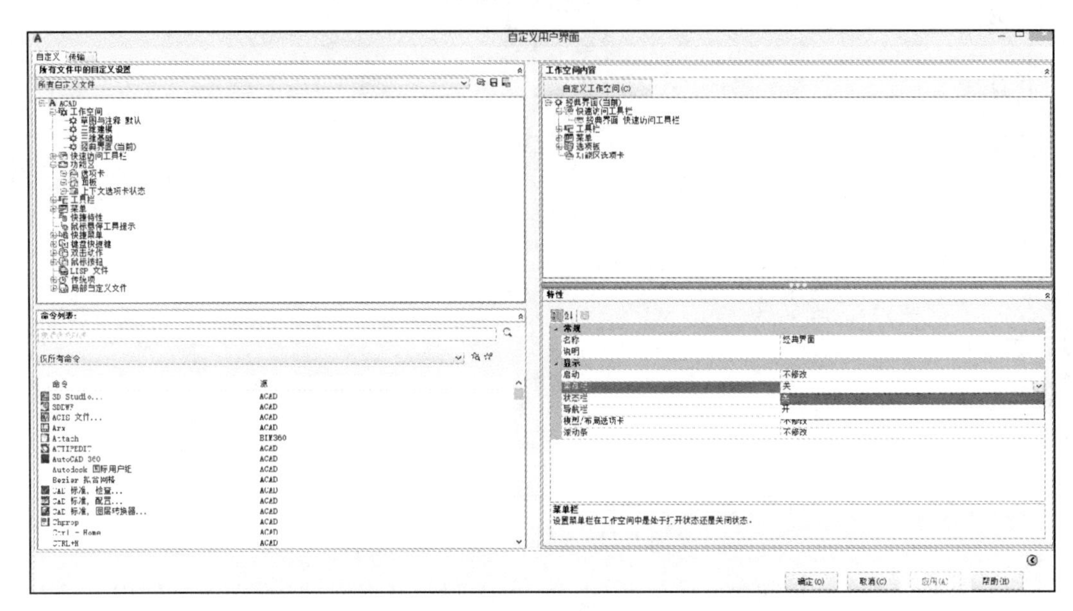

图 1.13　在自定义经典界面中打开菜单栏

（8）按以上步骤设置后的经典界面如图 1.14 所示。界面上功能区很空、很宽，不美观，可用鼠标右键单击功能区，单击“关闭”命令，如图 1.15 所示。这样产生的经典界面与AutoCAD 2014 版的经典界面就基本一致了，如图 1.16 所示。

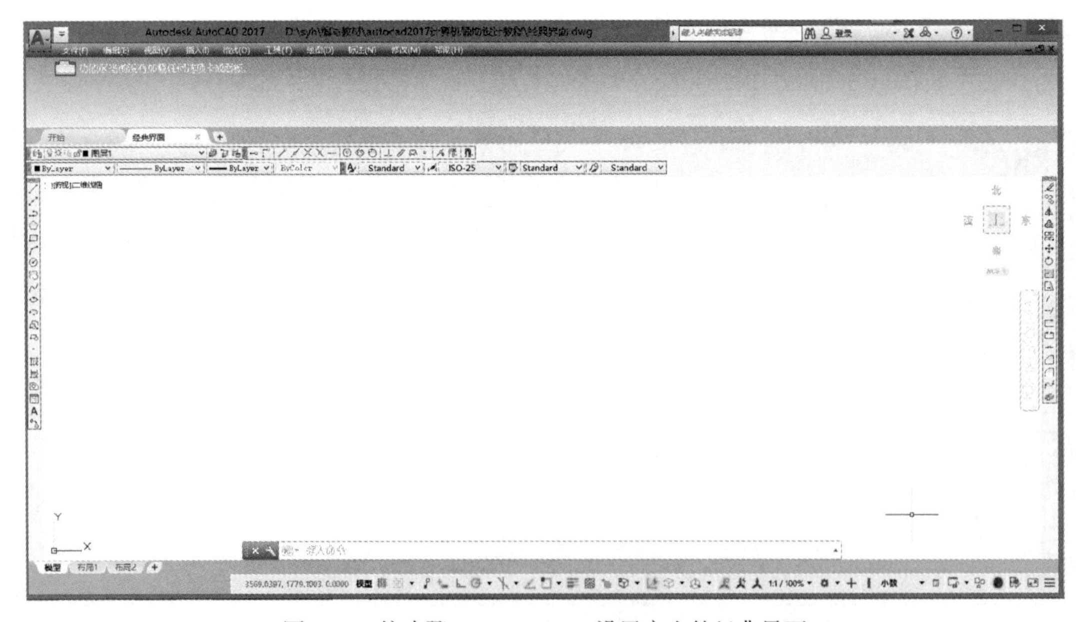

图 1.14　按步骤（1）~（7）设置产生的经典界面

图 1.15　设置关闭功能区

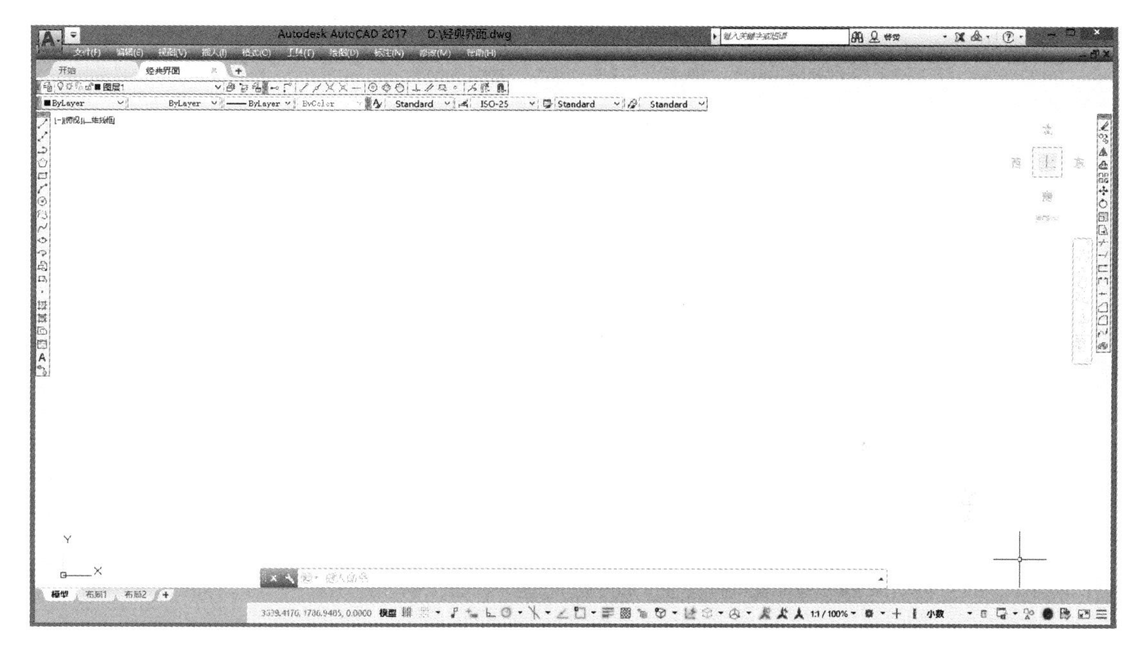

图 1.16　设置好的经典界面

1.3.2　工作空间的切换

工作空间相互切换的方法有两种：

方法 1：单击位于绘图界面最下面的状态栏上的“切换工作空间”按钮，AutoCAD 弹出对应的菜单，如图 1.9 所示，选择对应的工作空间名称即可实现转换。

方法 2：在“快速访问”工具栏的“工作空间”的下拉列表中选择，如图 1.17 所示。

1.3.3　AutoCAD 二维草图与注释工作空间界面

AutoCAD 默认的二维草图与注释工作空间界面由标题栏、“快速访问”工具栏、应用程序菜单、功能区、菜单栏、命令窗口、绘图区、状态栏等组成，如图 1.18 所示。

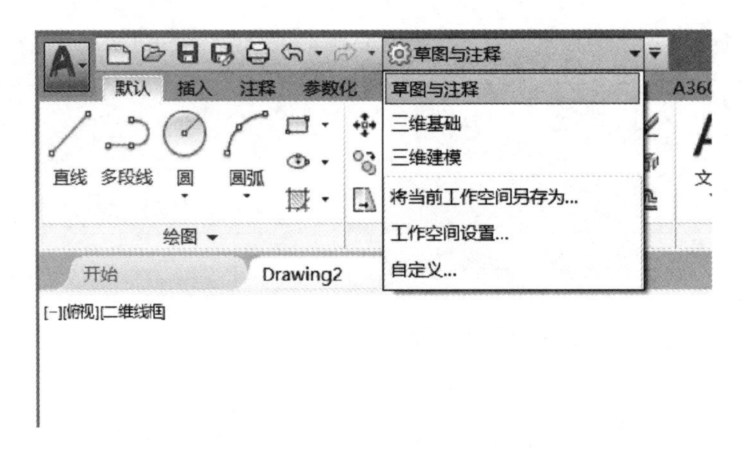

图 1.17 工作空间切换

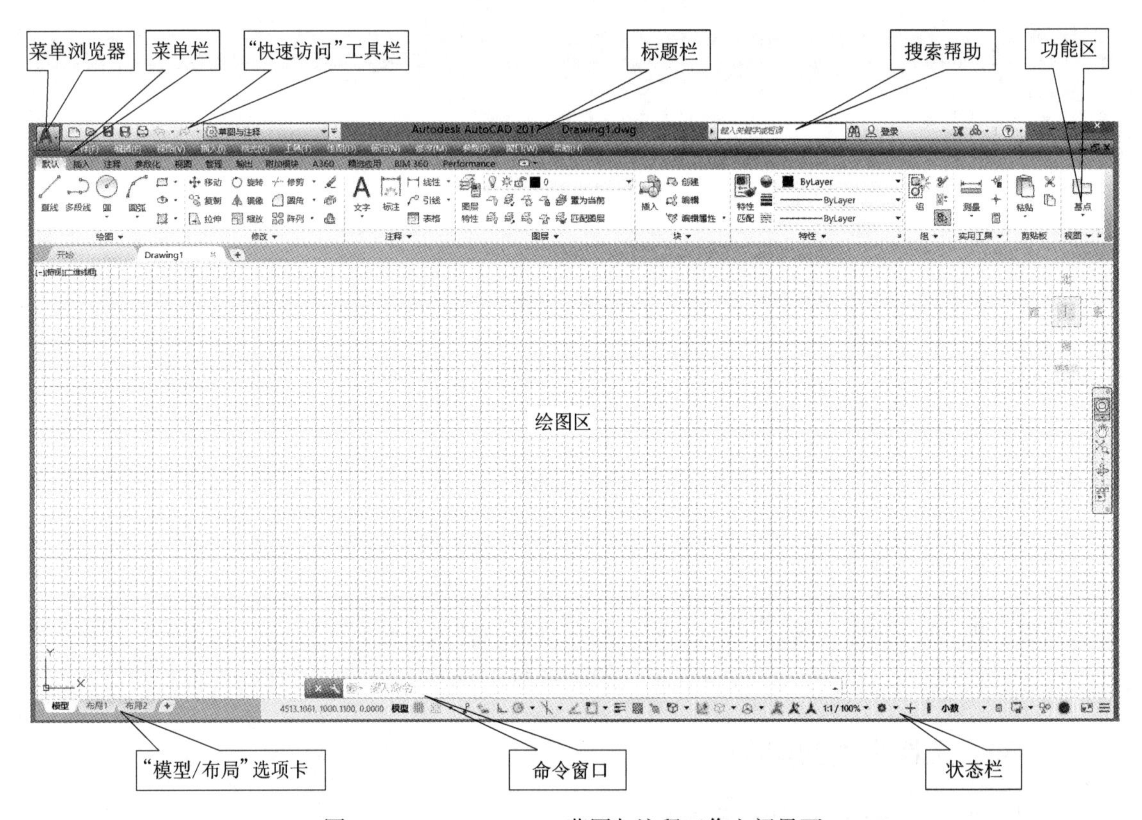

图 1.18 AutoCAD 2017 草图与注释工作空间界面

1. 标题栏和"快速访问"工具栏

标题栏位于工作界面的最上方，用于显示 AutoCAD 2017 的程序图标和当前操作的图形文件的名称。"快速访问"工具栏位于标题栏的左侧区域，如图 1.19 所示。它提供对定义的常用命令集的直接访问。单击"快速访问"工具栏中的"自定义快速访问工具栏"按钮 ，从弹出的菜单中选择所需的命令。

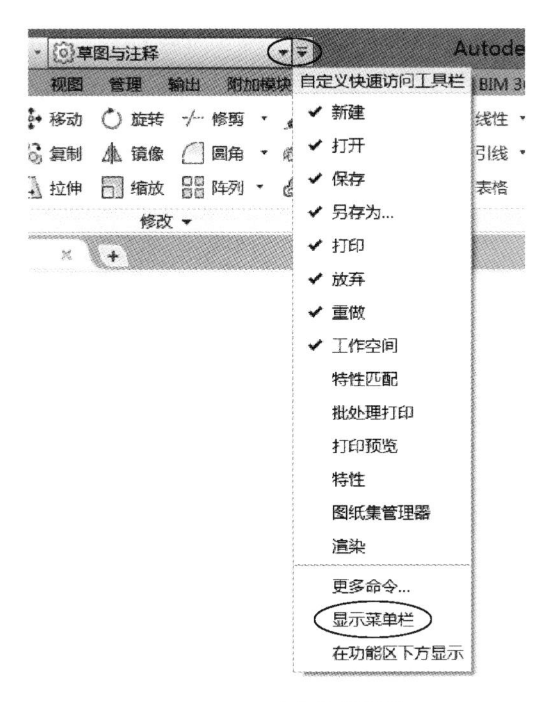

图 1.19　显示菜单栏操作

2. 菜单栏

在默认的二维草图与注释工作空间中没有显示下拉菜单，但考虑到一些老用户的习惯，可以在“快速访问”工具栏中单击“自定义快速访问工具栏”按钮，从出现的下拉菜单列表中选择“显示菜单栏”命令，即可在当前工作空间界面显示菜单栏，如图 1.19 所示。

AutoCAD 2017 将命令按其实现的功能分为文件、编辑、视图、插入、格式、工具、绘图、标注、修改、参数、窗口、帮助几个大项，单击菜单的某一项可以打开相应的下拉菜单，选择相关的命令。

3. 功能区

功能区由许多面板组成，这些面板根据实现功能的不同分布在功能区的各个选项卡中。功能区可以水平显示、垂直显示。默认情况下，功能区水平显示在图形窗口的顶部，如图 1.20 所示。

图 1.20　水平显示功能区面板

1) 功能区面板的使用

将光标放到各面板的命令按钮上稍作停留，AutoCAD 会弹出命令提示，以说明该按钮对应的命令以及该的命令功能，如图 1.21 所示。将光标放到面板按钮上，并在显示出工具提示后再停留一段时间，又会显示出扩展的工具提示，如图 1.21 所示。各个面板中，右下角

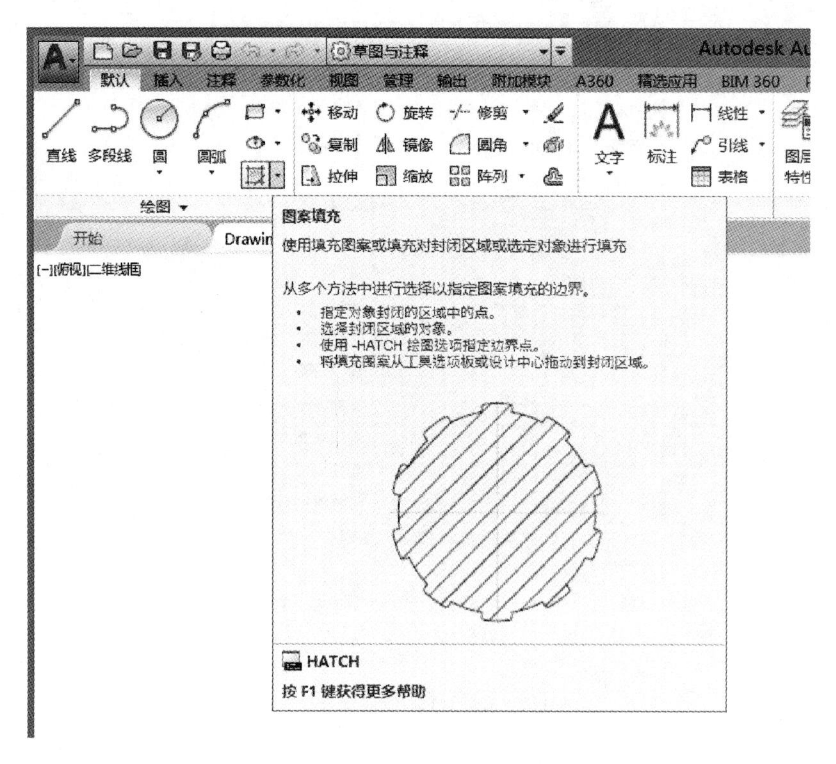

图 1.21　面板按钮扩展功能提示

有小黑三角形的按钮，可以引出一个包含相关命令的下拉菜单。将光标放在这样的按钮上，按下鼠标左键，即可显示下拉菜单。例如在“绘图”面板中的“圆”按钮上按下鼠标左键，会出现图 1.22 所示的下拉菜单。

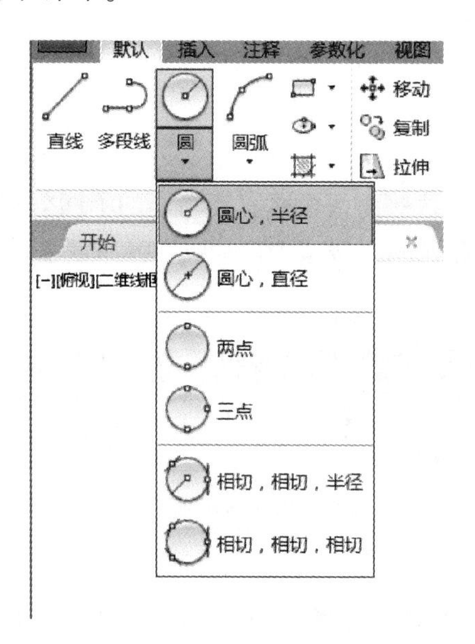

图 1.22　显示下拉菜单

2）面板的打开与关闭

图 1.20 显示了 AutoCAD 2017 二维草图与注释工作空间默认打开的功能区选项卡和面板。用户可以根据需要打开或关闭任一个选项卡和面板。其操作方法是在功能区上的任意位置单击鼠标右键，然后使用“显示选项卡”和“显示面板”菜单打开所需的选项卡或面板。在该快捷菜单中选择需要打开或关闭的选项卡和面板名称即可。在快捷菜单中，前面有“√”的菜单项表示已打开的面板。如图 1.23、图 1.24 所示。

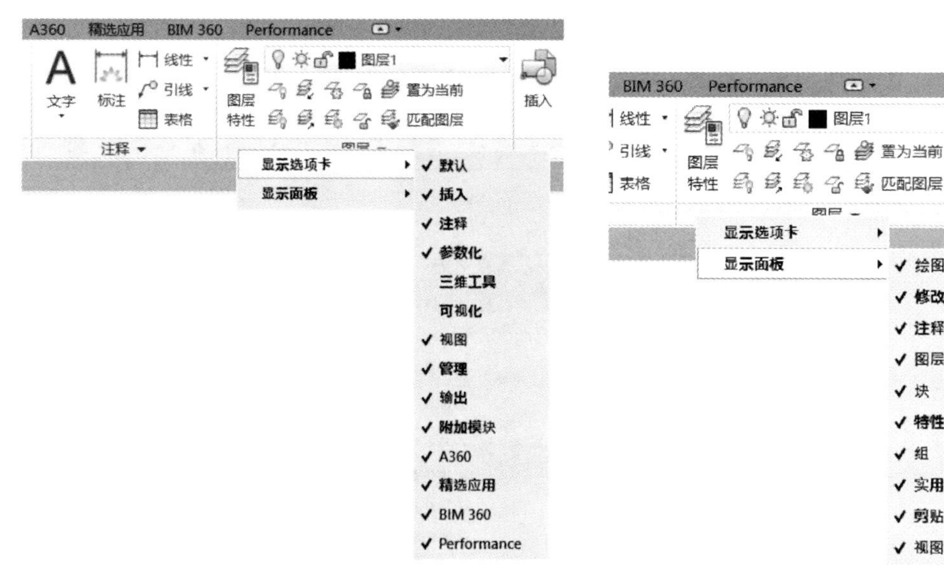

图 1.23　设置显示选项卡

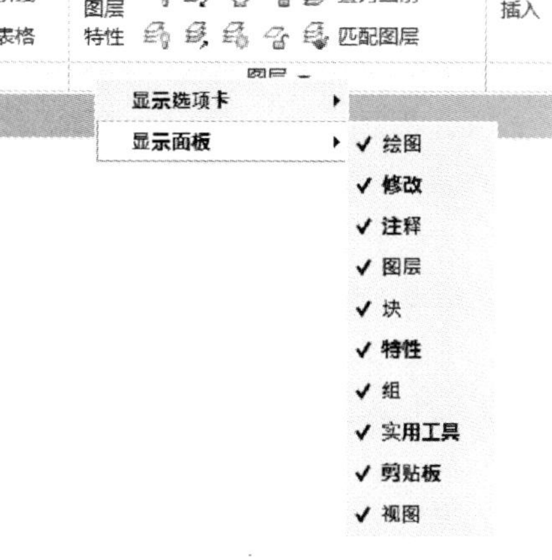

图 1.24　设置显示面板

4. 绘图区域

绘图区域是 AutoCAD 2017 的主要工作区域，绘制的图形在该区域中显示。在绘图区域中，需要关注绘图光标和当前坐标系图标。

一般情况下，鼠标光标在绘图区域内显示为“十”字光标，“十”字线的交点为光标的当前位置。当使用光标在绘图区域内选择对象时，光标会变成方形拾取框。

坐标系图标用于表示当前绘图所使用的坐标系形式以及坐标方向。AutoCAD 提供了世界坐标系和用户坐标系两种坐标系。世界坐标系为默认坐标系，默认时水平向右方向为 X 轴正方向，垂直向上方向为 Y 轴正方向。

5. 命令窗口

命令窗口用于显示用户输入的命令和 AutoCAD 提示信息，如图 1.25 所示。默认设置下，命令窗口是浮动形式的。在命令窗口中单击“最近使用的命令”按钮，可以打开“最近使用的命令”列表，从中可选择所需的命令进行操作。

指定圆的圆心或 [三点(3P)/两点(2P)/切点、切点、半径(T)]:
CIRCLE 指定圆的半径或 [直径(D)]:

图 1.25　命令窗口

对于浮动命令窗口，单击“自定义”按钮，接着从打开的自定义列表中选择“透明度”命令，在弹出的“透明度”对话框中可设置命令行的透明度样式。

6．状态栏

AutoCAD的状态栏位于绘图窗口的最下方，用于显示或设置当前的绘图状态。位于状态栏最左边的一组数字，动态地显示当前光标的x、y、z坐标值。右侧按钮为辅助精确绘图工具和影响绘图环境的工具，如图1.26所示。在默认情况下，状态栏不会显示所有工具。可根据需要调整状态栏上显示的工具。方法是单击状态栏上最右侧的自定义按钮，从打开的“自定义”菜单中选择要显示的工具，如图1.27所示。

4953.5308, 1102.3562, 0.0000　模型　1:1

图1.26　状态栏

图1.27　设置状态栏

在实际绘图中常使用状态栏中的按钮，如“捕捉”按钮 、“栅格显示”按钮 、“正交”按钮 、“极轴追踪”按钮 、“对象捕捉”按钮 、“对象捕捉追踪”按钮 、“动态输入”按钮 和“显示/隐藏线宽”按钮 等。常用功能按钮的详细功能及使用方法见第 5 章。单击某一按钮可实现启用或关闭对应功能的切换，按钮为蓝色时表示启用对应的功能，按钮为灰色时表示关闭该功能。

1.4　AutoCAD 2017 的基本操作

1.4.1　AutoCAD 2017 命令的调用方式

AutoCAD 2017 是人机交互式软件。当用 AutoCAD 2017 绘图或进行其他操作时，先由操作者向 AutoCAD 发出命令，告诉 AutoCAD 要干什么；然后，AutoCAD 向操作者询问与该命令相关的问题，由操作者回答。一般情况下，可以通过以下方式执行 AutoCAD 2017 的命令：

（1）通过功能区面板上的工具按钮调用命令。

单击功能区面板上的工具按钮，可以调用对应的 AutoCAD 命令。

（2）通过菜单调用命令。

单击菜单栏中的菜单项选择相应的菜单项，可以调用对应的 AutoCAD 命令。

（3）通过键盘在命令窗口输入命令。

通过键盘输入某一命令的全称或缩写，按回车键或空格键，可调用相应的命令。

很显然，前两种方式比较直观、方便，但初学者要注意在命令执行过程中 AutoCAD 给出的相关提示信息（该提示信息可在命令窗口或在使用动态输入功能时在光标附近显示），以保证命令的执行。通过键盘输入命令的方式，需要用户记住各 AutoCAD 命令，但其对某些用户来说可能更快捷。

1.4.2　命令的重复、终止和撤消

1. 命令的重复

当完成某一命令后，仍需执行该命令时，除可采用 1.4.1 节所介绍的三种方法外，还可使用以下方法完成：

（1）直接按键盘上的回车键或空格键。

（2）使光标位于绘图区内，单击鼠标右键，在弹出的快捷菜单的第一行将显示上一次所执行的命令，选择此菜单项即可重复执行对应的命令。如图 1.28 所示，在执行 line 命令绘制完直线后，单击鼠标右键，在弹出的快捷菜单的第一行显示“重复 LINE（R）”，单击该菜单项会重复执行 line 命令。

图 1.28　使用快捷菜单重复执行命令

2. 命令的终止

在命令的执行过程中，可通过按“Esc”键，或单

击鼠标右键从弹出的快捷菜单中选择“取消”命令来终止命令。

3. 命令的撤消

当执行完一个命令后，需撤消刚执行的命令，可按下“快速访问”工具栏的“撤消”按钮来完成。

1.4.3 AutoCAD 命令的格式

在执行 AutoCAD 命令时，在命令窗口中出现相应的文字提示信息。AutoCAD 命令的格式大体相似，在文字提示信息中，“[ ]”（方括号）中的内容为可供选择的选项，当具有多个选项时，各选项间用“/”符号隔开。如果要选择某个选项，则需在当前命令行中输入该选项圆括号中的标识。在执行某些命令的过程中，若命令提示信息的最后有一个“< >”(尖括号)，该尖括号内的值或选项为当前系统默认的值或选项，这时若直接按下回车键，则表示接受系统默认的值或选项。

现以绘制正六边形为例，说明 AutoCAD 命令的格式。图 1.29 所示为执行绘制正多边形命令时，在命令窗口出现的提示信息。

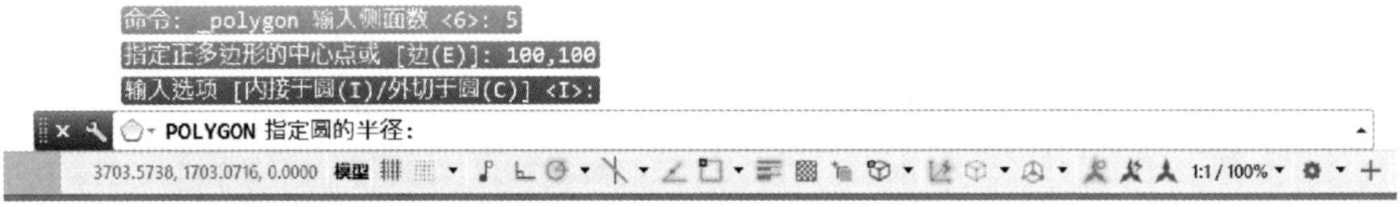

命令: _polygon 输入侧面数 <6>: 5
指定正多边形的中心点或 [边(E)]: 100,100
输入选项 [内接于圆(I)/外切于圆(C)] <I>:
POLYGON 指定圆的半径:

图 1.29 执行绘制正多形命令时出现的提示信息

命令：_polygon 输入边的数量 <6 >：5 //当前默认绘制边数为 6 边，输入“5”并按回车键。

指定正多边形的中心点或［边（E）］：100，100

//当前默认选择为指定正六边形的中心点位置，另有可选项为指定边长，其标识符号为 E。输入中心点的坐标值并按回车键。

输入选项［内接于圆（I）/外切于圆（C）］ <C >： I

//当前可选项有两个，分别为按“内接于圆”方式和“外切于圆”方式绘制正六边形，默认方式为“外切于圆”方式。输入“I”，选择“内接于圆”方式绘制正六边形。

指定圆的半径：18 //输入内接圆的半径值，并按回车键。

1.4.4 AutoCAD 2017 文件管理操作

AutoCAD 2017 文件管理操作包括创建新图形文件、打开图形文件、保存图形文件、关闭图形文件等。

1. 创建新图形文件

1）命令的调用

（1）“快速访问”工具栏|“新建”按钮；

（2）菜单栏：“文件”|“新建”。

2）命令的操作

执行“新建”命令后，AutoCAD 弹出“选择样板”对话框，如图 1.30 所示。在样板文件中通常包含一些通用设置和一些常用的图形对象。以样板文件为模板创建的新图形文件则具有与样板文件相同的设置和图形对象。

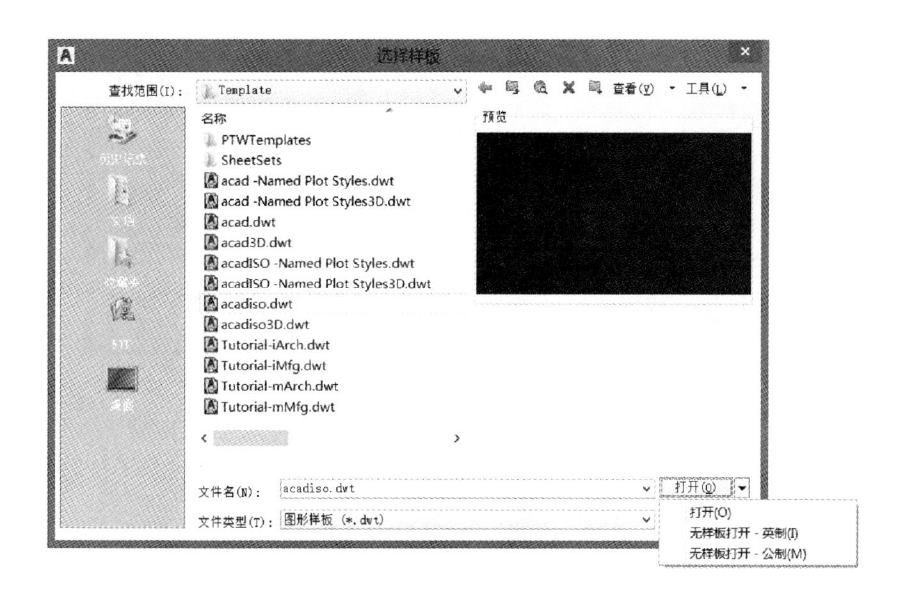

图 1.30　“选择样板”对话框

在该对话框中，可选择一个样板文件来创建新的图形文件，通常选择样板文件“acadiso.dwt”（即默认样板文件），然后单击“打开”按钮。

说明：在创建新图形文件时，也可以不使用样板文件来创建一个基于英制测量单位或基于公制测量单位的新图形文件。其方法是单击“打开”按钮右侧的▼按钮，选择“无样板打开－英制”或“无样板打开－公制”，如图 1.30 所示。

2. 打开图形文件

1）命令的调用

（1）“快速访问”工具栏 |“打开”按钮 ；

（2）菜单栏：“文件” |“打开”。

2）命令的操作

执行“打开”命令后，AutoCAD 弹出“选择文件”对话框，如图 1.31 所示。

通过对话框选择要打开的图形文件后，AutoCAD 一般会在右边的“预览”图像框中显示该图形的预览图像。单击“打开”按钮，即可打开该图形文件。

3. 保存图形文件

AutoCAD 中提供两种保存图形的方法，下面分别介绍：

1）用 qsave 命令保存图形。

（1）命令的调用。

①“快速访问”工具栏 |“保存” ；

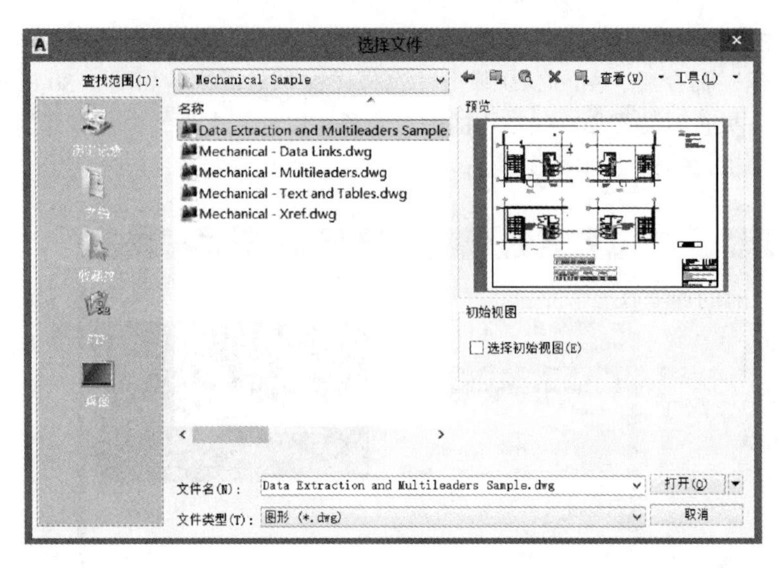

图 1.31 “选择文件”对话框

② 菜单栏：“文件”|“保存”。

（2）命令的操作。

执行“保存”命令后，AutoCAD 弹出“图形另存为”对话框，如图 1.32 所示。通过该对话框指定文件的保存位置及文件名后，单击“保存”按钮，即可实现保存。

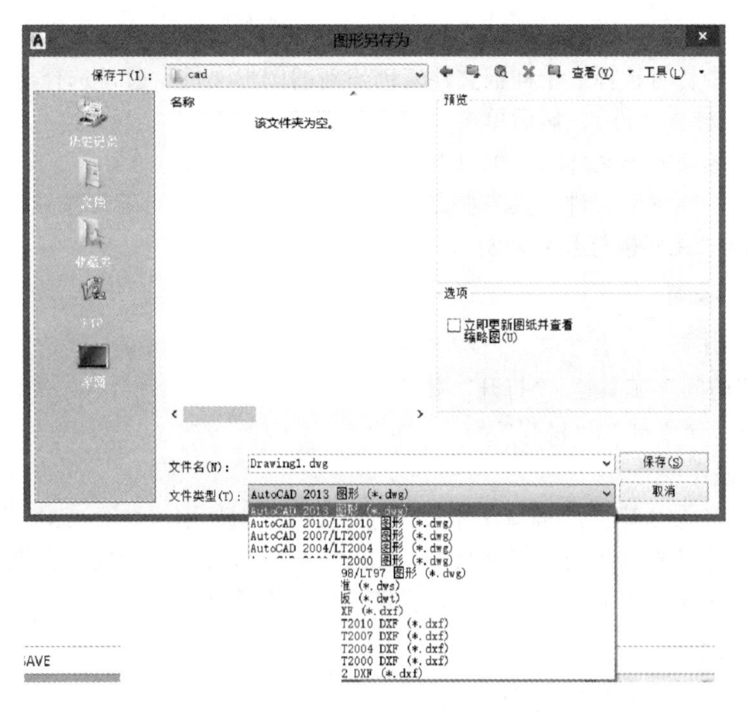

图 1.32 “图形另存为”对话框

说明：

（1）AutoCAD 常用的文件类型主要有：

① 图形文件：文件后缀为“.dwg”。

② 样板文件：文件后缀为“.dwt”。

③ 图形文件的备份文件：文件后缀为“.bak”。

④ 自动保存文件：文件后缀为“.sv$”。

如果在执行保存命令前，已对当前绘制的图形文件保存过，那么执行 qsave 命令后，AutoCAD 直接以原文件名保存图形，不再要求用户指定文件的保存位置和文件名。而在执行 qsave 命令前的原有图形文件则以后缀为“.bak”的方式保存起来，当用户需找回原来的文件时，可直接将“.bak”文件重命名为“.dwg”文件，即可在 AutoCAD 中打开。

（2）AutoCAD 2017 默认保存的文件格式是“AutoCAD 2013 图形（*.dwg)”，如果以后想使用低版本的 AutoCAD 软件打开保存的文件，则需将文件类型设置为某低版本格式的文件，如图 1.32 所示。

（3）为防止在绘图过程中突然断电或其他原因导致文件数据丢失，建议读者养成及时保存文件的良好的绘图习惯。

2）用 saveas 命令保存图形

（1）命令的调用。

调用 saveas 保存图形文件命令的方式为：“快速访问”工具栏|“另存为”。

（2）命令的操作。

同 qsave 命令。

说明：用 saveas 命令能将已有的图形更换名称保存。当将已有的图形文件修改成新图形文件，又希望保留原有的图形文件时，可使用本命令将通过修改得到的图形换名保存。

1.5　AutoCAD 2017 的帮助系统

在今后学习和使用 AutoCAD 2017 的过程中，一定会遇到一系列的问题和困难，AutoCAD 2017 提供了详细的帮助系统，善于使用帮助系统可以使解决这些问题和困难变得更加容易。

1. 命令的调用

（1）标题栏右侧的“帮助”按钮；

（2）菜单栏：“帮助”|“帮助”。

2. 命令的操作

调用帮助命令后，就可以启动在线帮助窗口。

本章思考题

一、选择题

1. AutoCAD 软件的基本图形格式为（　　）。

A. “*.map”　　B. “*.lin”

C. “*.lsp”　　D. “*.dwg”

2. AutoCAD 软件图形文件的备份文件格式是（　　）。

A. “*. bak”　　B. “*. dwg”

C. “*. dwt”　　D. “*. shx”

二、问答题

1. AutoCAD 2017 提供了几种工作空间？工作空间之间如何切换？

2. AutoCAD 2017 命令的调用方式常用的有哪几种？

3. 使用 AutoCAD 2017 软件绘制图形后，采用默认格式保存。在 AutoCAD 2009 软件上为什么打不开该图形文件？应如何处理？

第2章

设置绘图环境

在使用 AutoCAD 进行绘图之前，应对绘图必需的条件如图形单位、图形界限、图层等进行定义，这个过程称为设置绘图环境。有了这些充分的准备，绘图的效率才能得到保证。

通常在启动 AutoCAD 2017 时，可直接使用默认设置或标准的样板文件创建一个新的图形文件。在该文件中设定了绘图单位及绘图界限等相关参数，但这些设定的参数往往不符合我国的制图标准或行业规范，因此需根据我国国家标准的要求重新定义。

2.1　设置绘图单位

绘图单位是在绘图中所采用的单位，在图形文件中创建的所有对象都是根据设置的绘图单位来进行测量的。设置绘图单位包括设置绘图时使用的长度单位的格式、角度单位的格式以及它们的精度等。

1. 命令的调用

（1）菜单栏：“格式”|“单位”；

（2）输入命令：units。

2. “图形单位”对话框

在执行设置绘图单位命令后，会弹出“图形单位”对话框，如图 2.1 所示。在该对话框中可分别对长度、角度、插入比例以及方向进行设置。其中“长度”选项用于确定长度单位的格式及精度；“角度”选项用于确定角度的单位、精度以及默认情况下角度的正方向。

我国的机械制图中长度尺寸一般采用“小数”格式，角度尺寸一般采用“十进制度数”格式，长度单位的精度通常取 0.00，AutoCAD 默认的角度正方向为逆时针方向。

说明：当设置绘图单位后，AutoCAD 在状态栏上以对应的格式和精度显示光标的坐标，但设置的精度并不影响用户对小数的输入，精度的设定只影响光标移动的步长。

图 2.1　“图形单位”对话框

2.2 设置图形界限

设置图形界限是设置绘制图形的范围，
与手工绘图时选择图纸的大小相似。设置图形界限是将所绘制的图形布置在这个区域之内，这有利于精确设计和绘图，并可按所设定的图形界限准确输出图纸。图形界限可以根据实际情况随时进行调整。

1. 命令的调用

（1）菜单栏："格式"|"图形界限"。

（2）输入命令：limits。

2. 命令的操作

执行设置图形界限命令后，AutoCAD 命令行提示如下：

命令：_limits

重新设置模型空间界限

指定左下角点或［开（ON）/关（OFF）］<0.0000，0.0000>：　//通常将绘图界限的左下角点设为原点。

指定右上角点<420.0000，297.0000>：

//按图纸幅面标准尺寸设置右上角点的坐标，默认为 A3 幅面横式放置，大小为 420 mm × 297 mm。

2.3 设置图层

为了便于管理图形对象，在 AutoCAD 中提供了图层工具。形象地说，图层就像"透明的纸"，不同类型的图形对象画在不同的层上，同一个图层中的对象在默认情况下都具有相同的颜色、线型、线宽等对象特征，将这些"透明的纸"一层层叠起来就构成了最终的图形。

AutoCAD 的图层有如下特点：

（1）可在一个图形文件中指定任意多个图层。AutoCAD 对图层的数量没有限制，对各图层上图形对象的数量也没有限制。

（2）每个图层有一个名字。当开始创建一个新的图形文件时，AutoCAD 自动创建一个名为"0"的图层，这是 AutoCAD 的默认图层，"0"图层无法被删除或重命名，其余图层需用户定义。

（3）每个图层有颜色、线型以及线宽等特性。一般情况下，同一图层上的图形对象具有相同的颜色、线型和线宽，这样便于管理图形对象、提高绘图效率。

（4）虽然 AutoCAD 允许建立多个图层，但用户只能在当前图层上绘图。因此，如果要在某一图层上绘图，必须将该图层设为当前图层。

（5）各图层具有相同的坐标系、图形界限、显示缩放倍数。可以对位于不同图层上的对象同时进行编辑操作，也可以将对象从某一图层换到另一图层。

(6) 可以对各图层进行打开、关闭、冻结、解冻、锁定与解锁、打印与不打印操作，以决定各图层的可见性与可操作性。

2.3.1　新建图层

1. 命令的调用

新建图层操作在“图层特性管理器”中进行。打开“图层特性管理器”的便捷方法有：

(1) 功能区：“默认”选项卡 |“图层”面板 |“图层特性管理器”按钮；

(2) 菜单栏：“格式” |“图层”。

2. “新建图层”操作

操作步骤如下：

(1) 单击“图层特性管理器”按钮，打开“图层特性管理器”对话框，如图 2.2 所示。

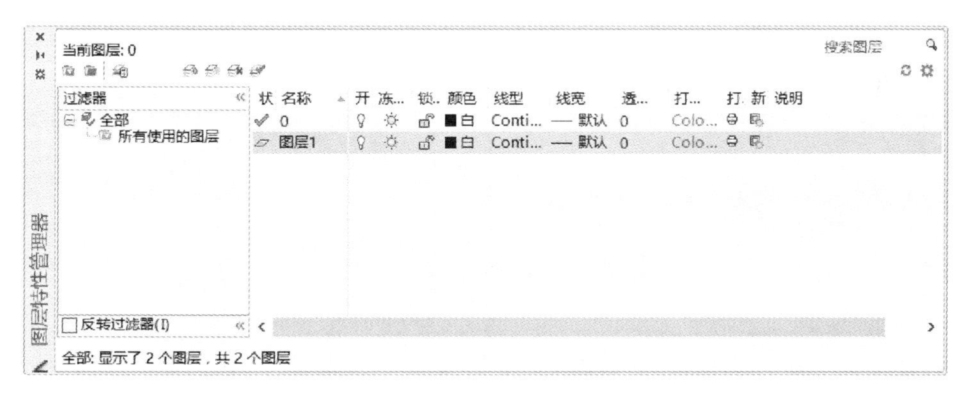

图 2.2　“图层特性管理器”对话框

(2) 在“图层特性管理器”中单击“新建”按钮，新的图层以临时名称“图层 1”显示在列表中，并采用默认设置的特性，如图 2.2 所示。

(3) 单击“图层 1”，输入新的图层名。

(4) 单击相应的图层颜色、线型、线宽等特性，修改该图层上对象的基本特性。

① 单击新建图层上的“颜色”对应的部分，则弹出“选择颜色”对话框，如图 2.3 所示，选择合适的颜色应用即可。

说明：在“选择颜色”对话框中有 3 种调色板：索引颜色、真彩色、配色系统。在机械图中应选用“索引颜色”中的标准颜色，如图 2.3 框中所示。

② 单击新建图层上的“线型”对应的部分，则弹出“选择线型”对话框，如图 2.4 (a) 所示，从中选择合适的线型应用即可。如果在“选择线型”对话框中没有列出所需要的线型，则单击“加载”按钮，在弹出的“加载或重载线型”对话框（如图 2.4 (b) 所示）中，选择合适的线型并单击“确定”按钮，回到“选择线型”对话框中。在已加载的线型中选择合适的线型，单击“确定”按钮即可。

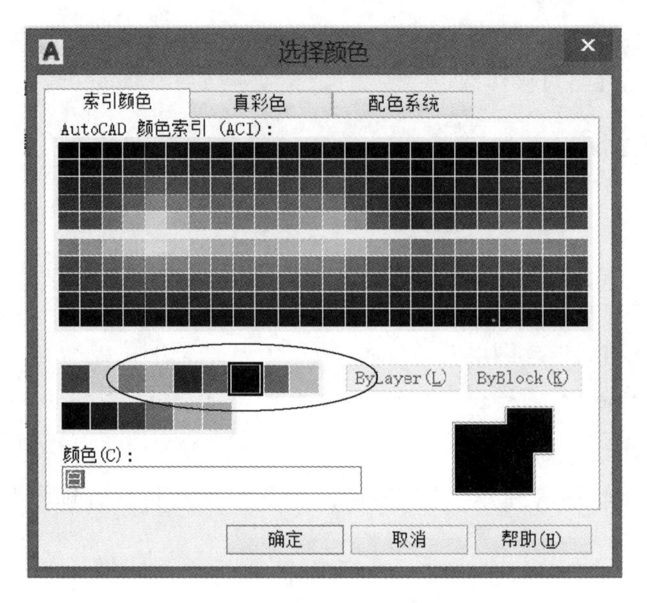

图 2.3　“选择颜色”对话框

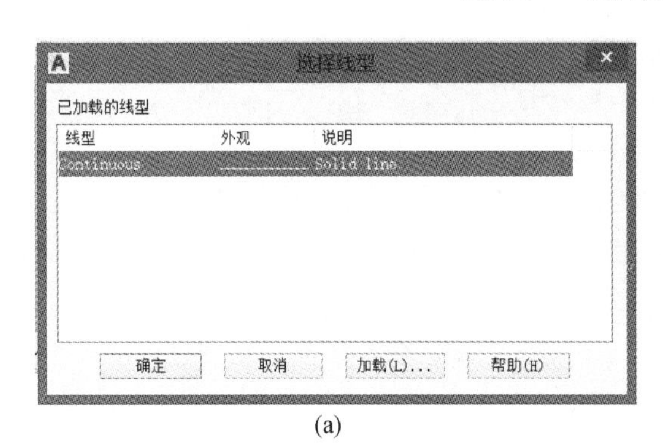

(a)

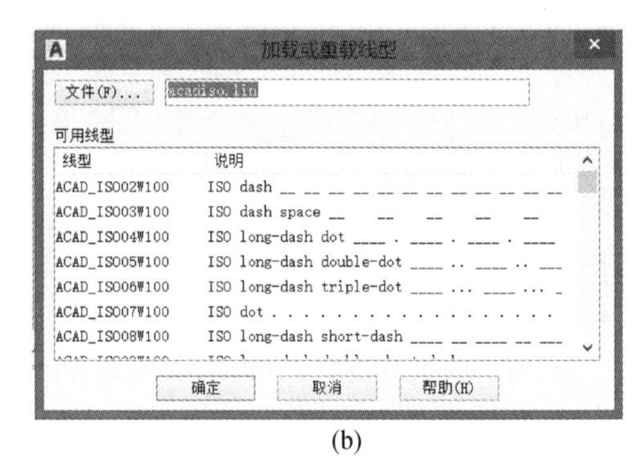

(b)

图 2.4　设置线型

(a)“选择线型”对话框；(b)“加载或重载线型”对话框

③单击新建图层上的“线宽”对应部分，则弹出“线宽”对话框，如图 2.5 所示。选择合适的线宽，单击“确定”按钮即可。

(5) 需要创建多个图层时，要多次重复步骤 (2) ~ (4) 的操作。

(6) 最后单击“确定”按钮，关闭“图层特性管理器”对话框。

按照国家颁布的最新《机械制图标准》和《CAD 工程制图规则》《机械工程　CAD 制图规则》等 CAD 制图标准的规定，对于一般的机械图可以参照图 2.6 来设置图层。

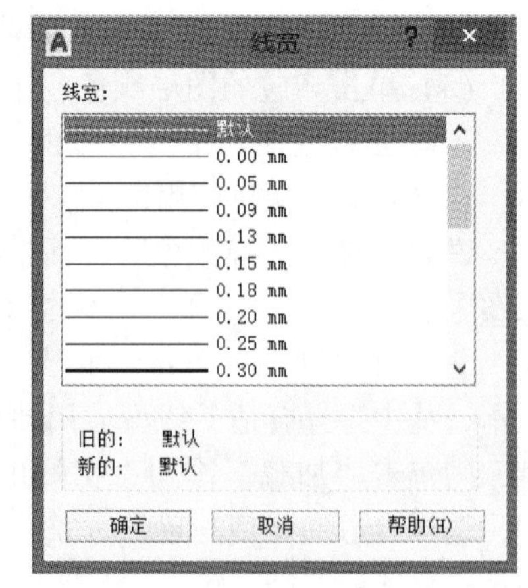

图 2.5　“线宽”对话框

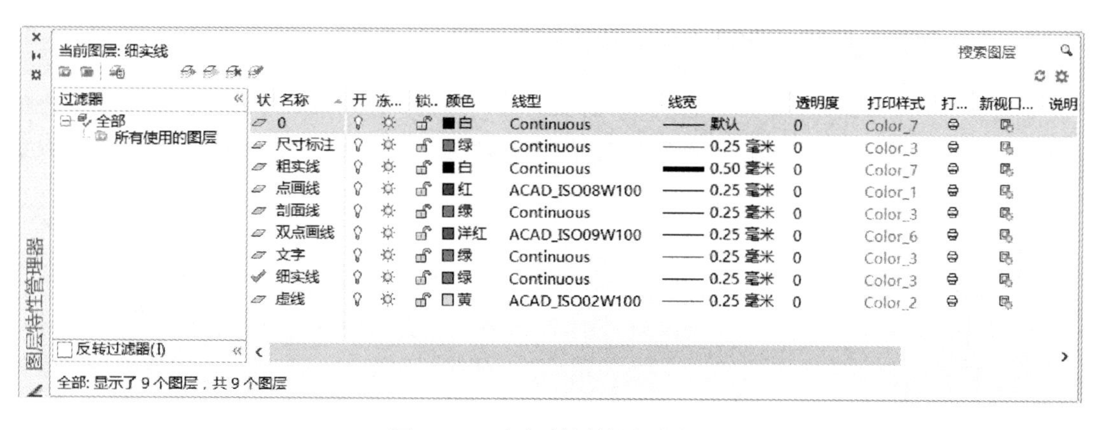

图 2.6　一般机械图的图层设置

2.3.2　删除图层

操作步骤如下：

（1）单击“图层特性管理器”按钮，打开“图层特性管理器”对话框，如图 2.6 所示。

（2）将要删除的图层选中，单击“图层特性管理器”中的按钮。

说明：

（1）只能删除没有图形对象的图层。也就是说，要删除某一个图层时，必须先删除该图层上的所有对象，然后才可以删除该图层。

（2）当前图层、“0”图层不能被删除。

2.3.3　将图层置为当前

如果要在某一图层上绘图，必须首先将该图层设为当前图层。常用的将图层“置为当前”的操作有 3 种方式：

方式 1：

（1）单击“图层特性管理器”按钮，打开“图层特性管理器”对话框，如图 2.6 所示。

（2）选中要置为当前的图层，单击“图层特性管理器”中的按钮。

方式 2：直接从下拉列表中选择要置为当前层的图层名。

方式 3：单击“将对象的图层置为当前”按钮，此时 AutoCAD 提示：

选择将使其图层成为当前图层的对象：// 在该提示下选择对应的图形对象，即可将该对象所在的图层置为当前图层。

2.3.4　修改图形对象所在图层

选中要更改图层的图形对象，在“图层”工具栏的下拉列表中选择图形对象要更改到的图层名称即可。

2.3.5 图层状态的设置

通过设置图层的状态可以实现对图形对象的分类操作。AutoCAD 中用于设置图层状态的操作有开/关、冻结/解冻、锁定/解锁、打印/不打印等几种。图层状态的设置与将图层设置为当前的操作相同，有 3 种方式。

1. 开/关图层

1）功能

该操作用于控制显示/不显示图层上的图形对象。如果图层被打开，则可在显示器显示或在绘图仪上绘出该图层上的图形。被关闭图层上的图形不能显示出来，也不能通过绘图仪输出到图纸。

2）操作步骤

（1）单击“图层特性管理器”按钮 ，打开“图层特性管理器”对话框，如图 2.6 所示。

（2）单击要进行开/关操作的图层所对应控制图标 或 可实现开/关图层的切换。如果显示图标为 （灯泡颜色是黄色），表示对应图层是打开层，此时单击该图标可对该图层进行关闭操作；如果显示图标为 （灯泡颜色是灰色），则表示对应图层是关闭层，此时单击该图标可对该图层进行打开操作。

2. 锁定/解锁图层

1）功能

该操作用于控制锁定/解锁图层上的对象。锁定图层并不影响该图层上图形对象的显示，即锁定图层上的图形仍可显示出来，但不能对该图层上的图形对象进行编辑操作。如果锁定图层是当前图层，则仍可在该图层上绘图。

2）操作步骤

（1）单击“图层特性管理器”按钮 ，打开“图层特性管理器”对话框，如图 2.6 所示。

（2）单击要进行锁定/解锁操作的图层所对应控制图标 或 可实现锁定/解锁图层的切换。如果显示图标为 （锁为打开状态），表示该图层是非锁定图层，此时单击该图标可将此图层设定为锁定图层；如果显示图标为 （锁为关闭状态），则表示对应图层是锁定图层，此时单击该图标可将此图层设定为非锁定图层。

3. 冻结/解冻图层

1）功能

该操作用于控制冻结/解冻图层上的对象。冻结/解冻图层可以看作开/关图层与锁定/解锁图层操作的结合体，也就是说，被冻结的图层里的图形对象不能被修改，也不能被显示或输出，它不参与图形间的运算。被解冻的图层则正好相反。而在被关闭图层里的对象是可以被某些选择集命令（如 all“全部”命令）选择并修改的。所以，在复杂图形中，冻结不需要的图层可以加快系统重新生成图形的速度。

2）操作方法

（1）单击“图层特性管理器”按钮，打开“图层特性管理器”对话框，如图2.6所示。

（2）单击要进行冻结/解冻操作的图层所对应控制图标或可实现冻结/解冻图层的切换。如果显示图标为（太阳），表示该图层没有被冻结，单击此图标可以实现冻结图层操作；如果显示图标为（雪花），表示该图层被冻结，单击此图标可以实现解冻图层的操作。

说明：不能冻结当前图层，也不能将冻结图层设为当前图层。

2.4　设置图形对象的颜色、线型和线宽

绘制的图形对象通常包括颜色、线型、线宽等特性，这些特性可通过对图层的管理指定给对象，也可以直接指定给对象。AutoCAD提供了“特性”面板（如图2.7所示），利用它可快速、方便地设置图形对象的颜色、线型以及线宽。

2.4.1　设置颜色

单击“特性”面板上的“颜色控制”下拉列表框，AutoCAD弹出下拉列表，如图2.8所示。单击列表中的对应颜色，即可为图形对象设置颜色。单击“颜色”下拉列表中的“选择颜色”项，则可在弹出的“选择颜色”对话框（如图2.3所示）中选择更多颜色。单击“颜色”下拉列表中的“ByLayer（随层）”项，则系统将为图形对象指定与其所在图层相同的颜色。

图2.7　“特性”面板

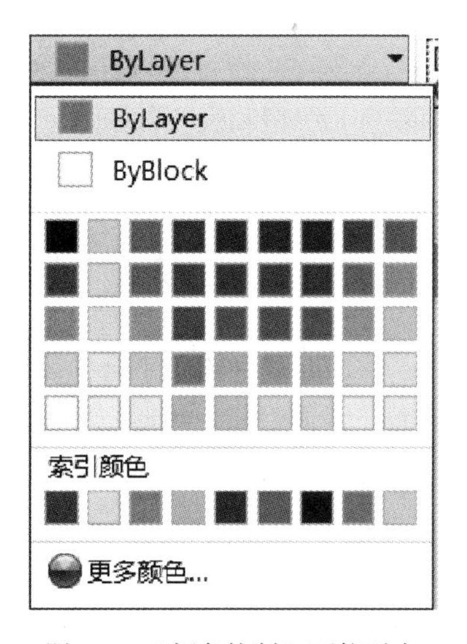

图2.8　“颜色控制”下拉列表

2.4.2　设置线型

单击“特性”面板上的“线型控制”下拉列表框，AutoCAD弹出下拉列表，如图2.9

所示。单击列表中的对应线型，即可为图形对象设置线型。单击“线型”下拉列表中的“其他”项，则可在弹出的“选择线型”对话框（如图 2.4 所示）中选择更多线型。单击“线型”下拉列表中的“ByLayer（随层）”项，则系统将为图形对象指定与其所在图层相同的线型。

2.4.3 设置线宽

单击“特性”工具栏上的“线宽控制”下拉列表框，AutoCAD 弹出下拉列表，如图 2.10 所示。单击列表中的对应线宽，即可为图形对象设置线宽。单击“线宽”下拉列表中的“ByLayer（随层）”项，则系统将为图形对象指定与其所在图层相同的线宽。

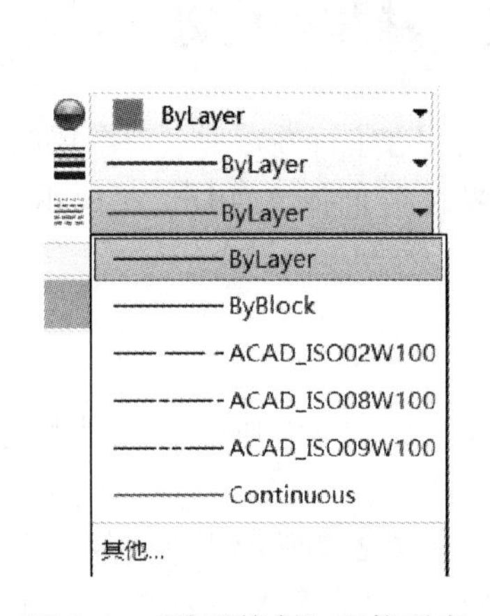

图 2.9 “线型控制”下拉列表

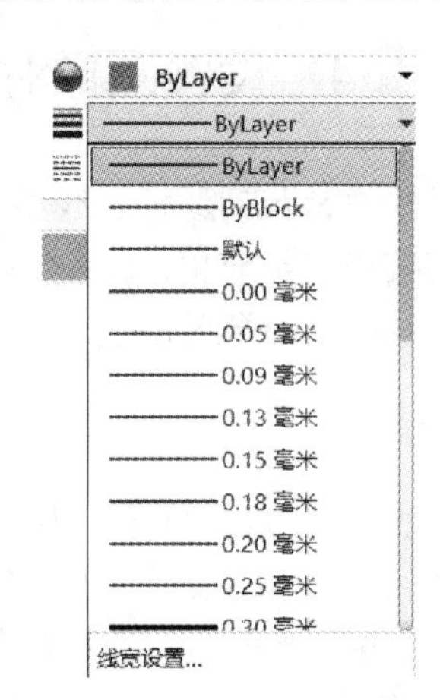

图 2.10 “线宽控制”下拉列表

说明：如果通过“特性”面板设置了图形对象的具体绘图颜色、线型或线宽，而不是采用“ByLayer（随层）”设置，则在此之后绘制出的图形对象的颜色、线型和线宽将不再受图层设定的颜色、线型和线宽的限制，这不利于图形的管理。因此，建议将图形对象的特性设定为“ByLayer（随层）”。

2.5 自定义绘图环境

AutoCAD 是一个开放的绘图平台，可以非常方便地设置系统参数，以满足不同用户的需求和习惯。下面介绍常用的一些系统参数的设置方法。

对系统参数的设置均是通过对“选项”对话框中各项内容的设置来完成的。调用“选项”对话框的便捷方式有：

（1）菜单栏：“工具”|“选项”；

（2）单击鼠标右键，在弹出的菜单中选择“选项”。

该对话框有 10 个选项卡，分别为“文件”选项卡、“显示”选项卡、“打开和保存”选项卡、“打印和发布”选项卡、“系统”选项卡、“用户系统配置”选项卡、“草图”选项卡、“三维建模”选项卡、“选择集”选项卡和“配置”选项卡。利用这些选项卡可以设置各系统参数。现将常用的设置介绍如下。

2.5.1　设置自动保存时间

为避免用户数据丢失以及检测错误，可以启动“自动保存”选项，此时系统会自动保存图形文件到相关的目录中。其操作步骤如下：

(1) 选择“选项”对话框中的“打开与保存”选项卡，如图 2.11 所示。

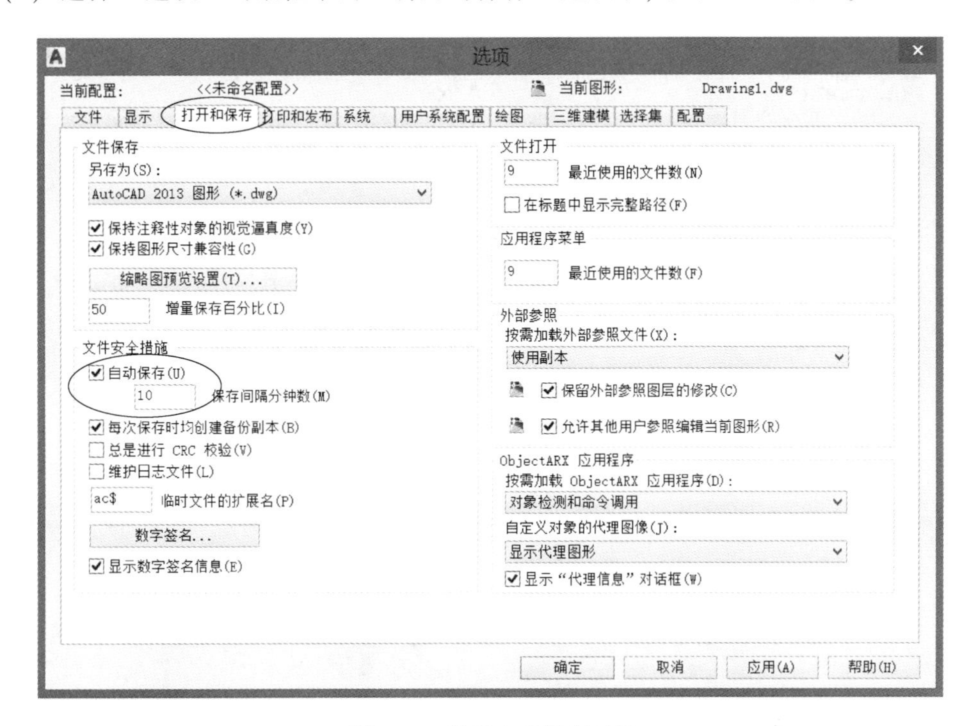

图 2.11　设置自动保存时间

(2) 单击“自动保存”复选框，即可启动自动保存功能，并指定自动保存时间间隔，如图 2.12 所示。

(3) 单击“选项”对话框中的“确定”按钮。

系统为自动保存的文件临时指定文件名称为“Filename_a_b_nnnn.sv$”。其中“Filename”为当前图形文件名称。可以将自动保存的文件更名为以“.dwg”为后缀的图形文件，即可直接使用。

2.5.2　设置绘图区颜色

在第一次运行 AutoCAD 2017 时，模型空间的背景颜色为黑色，可根据需要将其设置为白色或其他颜色。操作步骤如下：

(1) 选择“选项”对话框中的“显示”选项卡，如图 2.12 所示。

(2) 单击“颜色”按钮，此时会弹出“图形窗口颜色”对话框，如图 2.13 所示。

(3) 在“颜色”下拉列表框中选择“白”或其他选项，单击“应用并关闭”按钮。

(4) 单击“选项”对话框中的“确定”按钮。

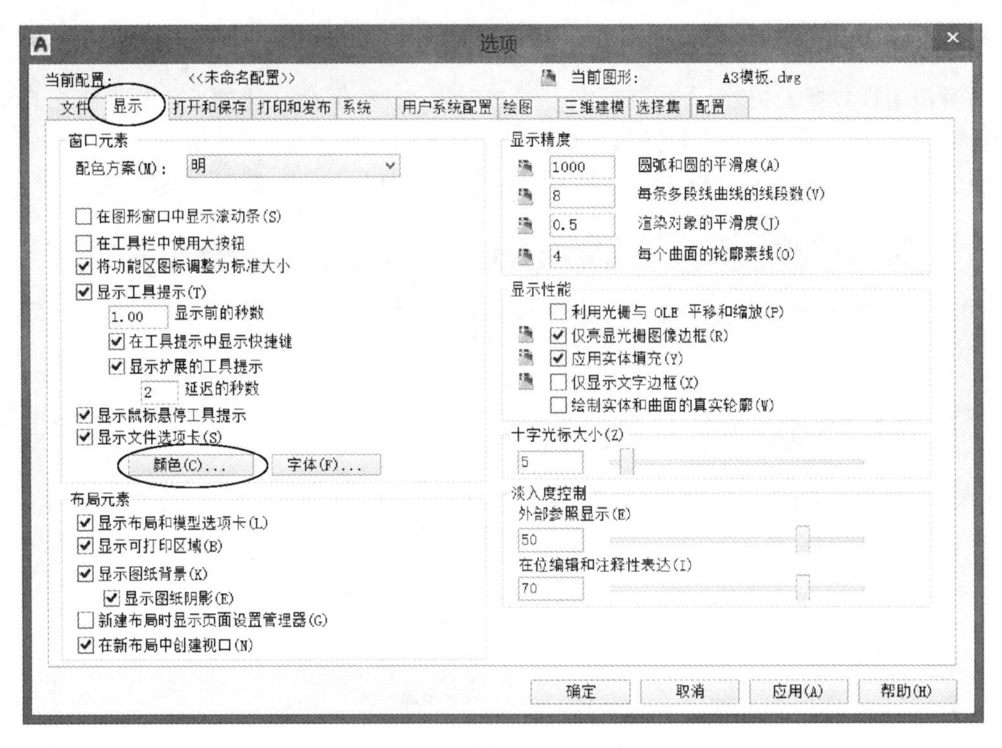

图 2.12　设置绘图区颜色

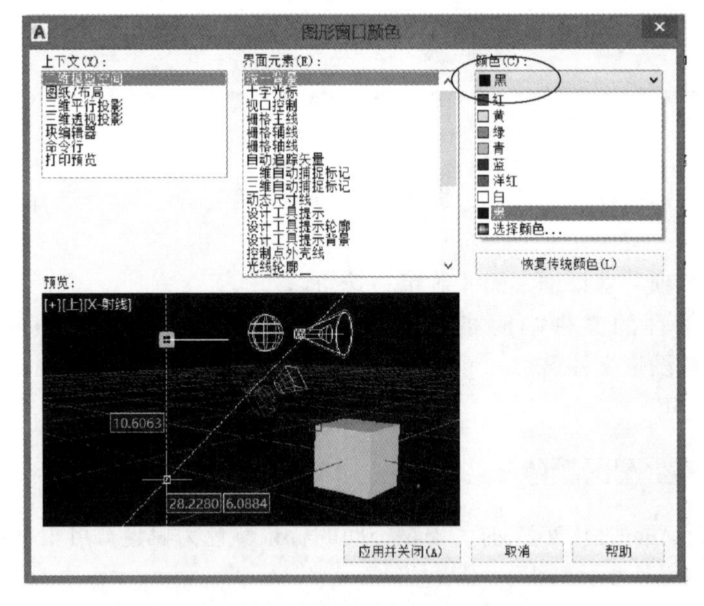

图 2.13　“图形窗口颜色”对话框

2.5.3　调整显示精度

在绘图时，有时会出现所绘制的圆或圆弧在绘图区显示为多边形的情况。出现这种现象的原因是：AutoCAD 是以多边形的方式来显示圆、圆弧、椭圆和椭圆弧的，用于显示圆、圆弧、椭圆和椭圆弧的多边形边数越多，则该对象越光滑，但同时其消耗的计算机资源也越多，在重新生成、显示缩放、显示移动时需要的时间也就越长。因此，在保证视觉效果的同时，应尽量减少用于显示圆、圆弧、椭圆和椭圆弧的多边形边数。与该现象类似的还有多段线曲线的显示、曲面的显示等，因此可对相应的选项设定适当的参数来调整显示效果。

操作步骤如下：

(1) 选择“选项”对话框中的“显示”选项卡。

(2) 在“圆弧和圆的平滑度”文本框中设置圆弧和圆的平滑度，其有效取值范围是 1～20 000，如图 2.14 所示。

(3) 根据需要分别设置每条多段线曲线的线段数、渲染对象的平滑度和每个曲面的轮廓素线。

(4) 单击“选项”对话框中的“确定”按钮。

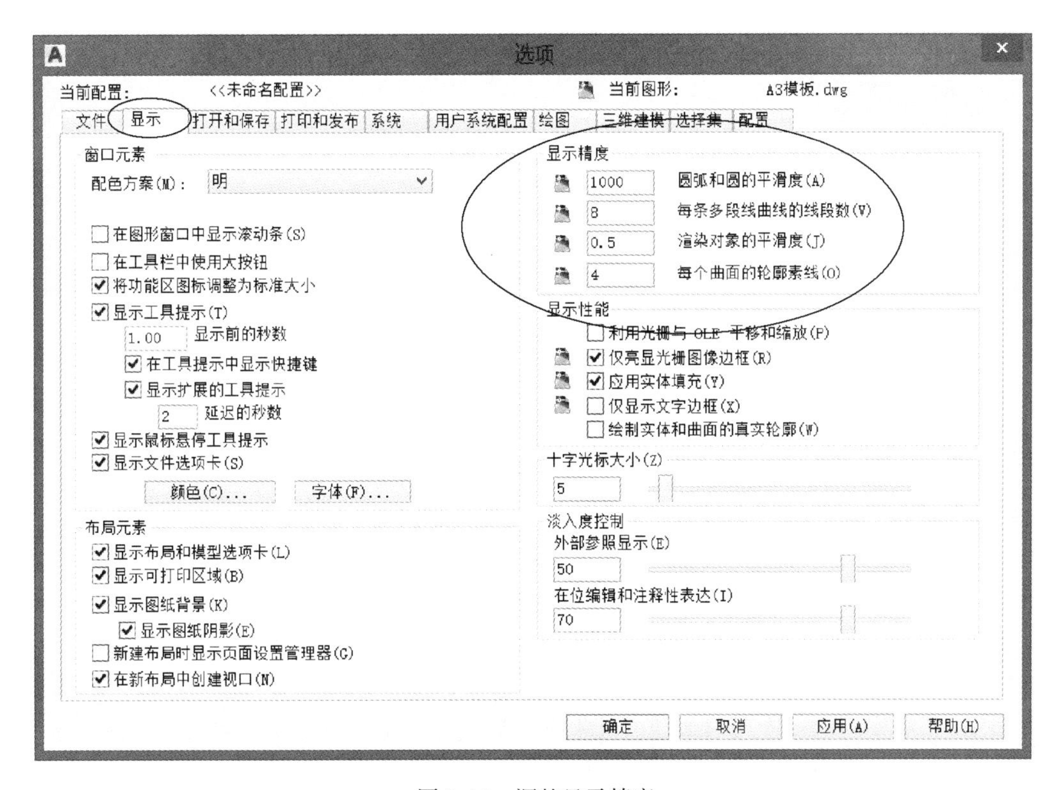

图 2.14　调整显示精度

2.5.4　设置十字光标的大小

操作步骤如下：

(1) 选择“选项”对话框中的“显示”选项卡。

(2) 设置十字光标的大小，如图 2.15 所示。

可在数值框中输入数值来设定十字光标的大小，也可将光标箭头放在拖动按钮上，按下鼠标左键并拖动来设定光标的大小。设定的数值越大，十字光标也越大。在设定时应选择适当的大小，太大和太小不便于绘图时使用。

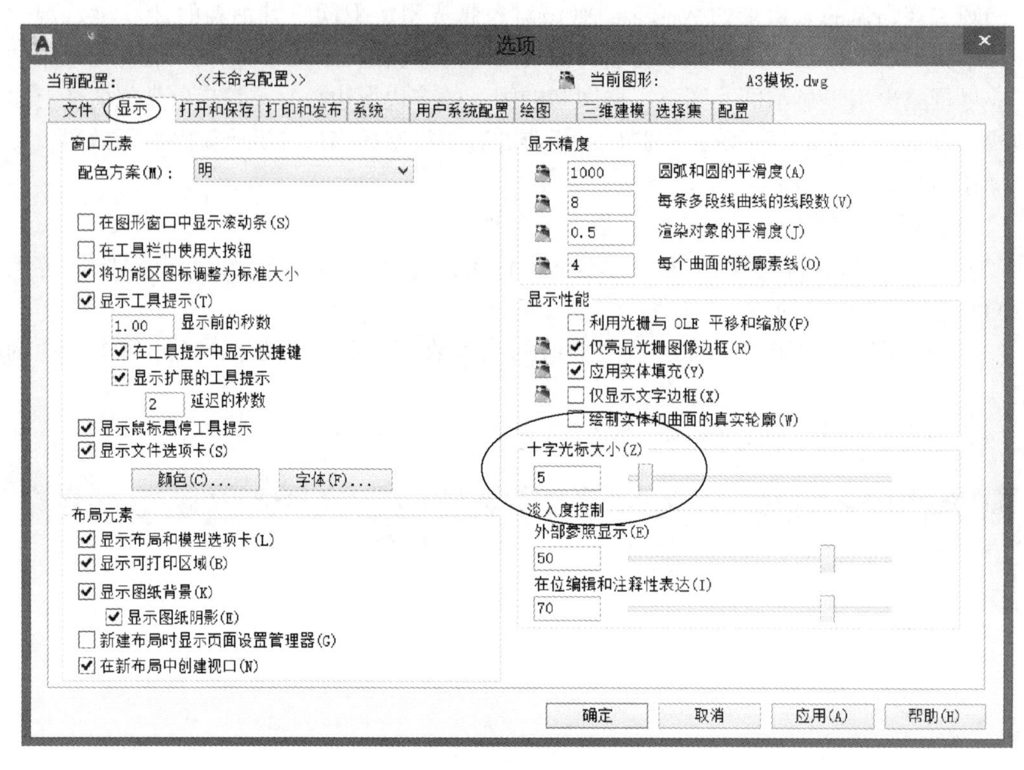

图 2.15　设置十字光标的大小

（3）单击“选项”对话框中的“确定”按钮。

2.5.5 “自定义右键单击”功能

操作步骤如下：

（1）选择“选项”对话框中的“用户系统配置”选项卡，如图 2.16 所示。

（2）单击“自定义右键单击…”按钮，此时会弹出“自定义右键单击”对话框，如图 2.17 所示。

在该对话框中，可根据绘图习惯和需要，对默认模式、编辑模式和命令模式下单击鼠标右键这一操作所实现的功能进行设定。其中默认模式是设定没有选定对象时，单击鼠标右键所实现的功能；编辑模式是设定选定对象时，单击鼠标右键所实现的功能；命令模式是设定正在执行命令时，单击鼠标右键所实现的功能。

AutoCAD 默认的设置是单击鼠标右键会出现“快捷菜单”。有时将默认模式设定为“重复上一个命令”，将编辑模式设定为“重复上一个命令”，将命令模式设定为“确认”更有利于加快绘图速度。

（3）从“自定义右键单击”对话框中选择相应选项，单击“应用并关闭”按钮，如图 2.17 所示。

（4）单击“选项”对话框中的“确定”按钮。

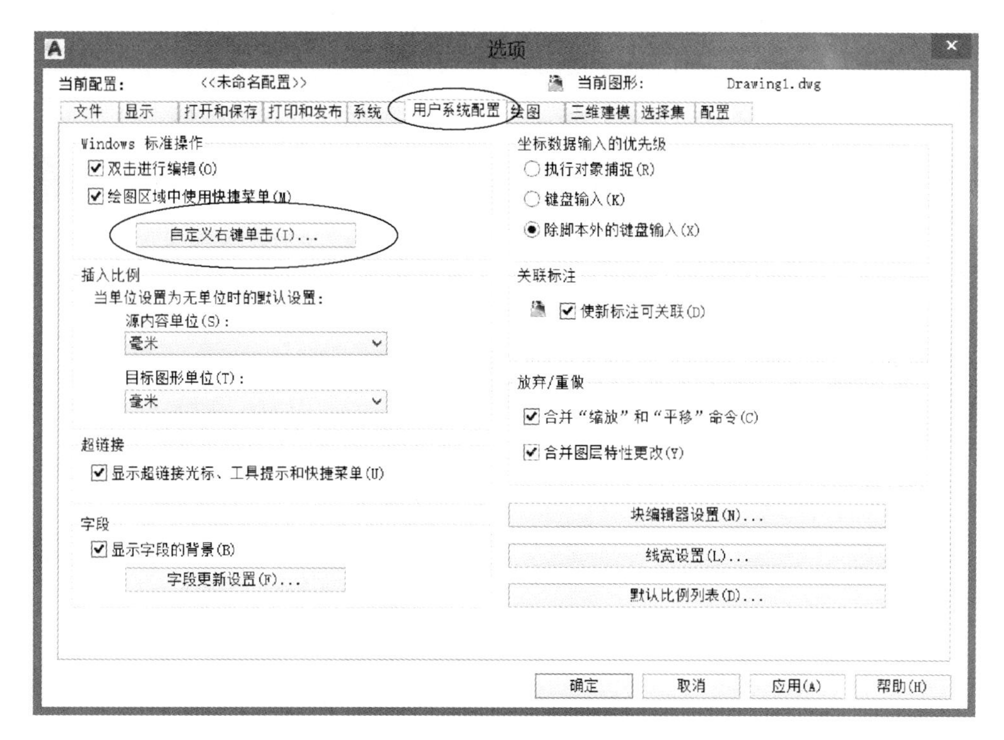

图 2.16　“自定义右键单击”功能

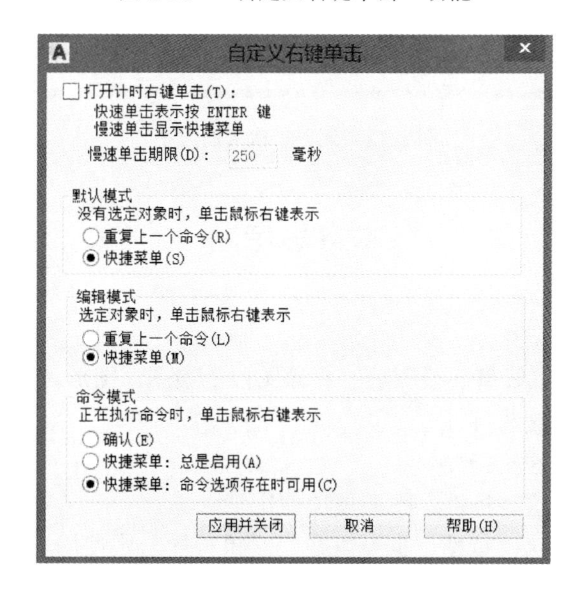

图 2.17　“自定义右键单击”对话框

2.5.6　设置拾取框的大小

操作步骤如下：

（1）选择“选项”对话框中的“选择集”选项卡。

（2）设置拾取框的大小，如图 2.18 所示。

可将光标箭头放在拖动按钮上，按下鼠标左键并拖动来设定拾取框的大小。在设定时应选择适当的大小，太大和太小都不利于绘图。

(3) 单击“选项”对话框中的“确定”按钮。

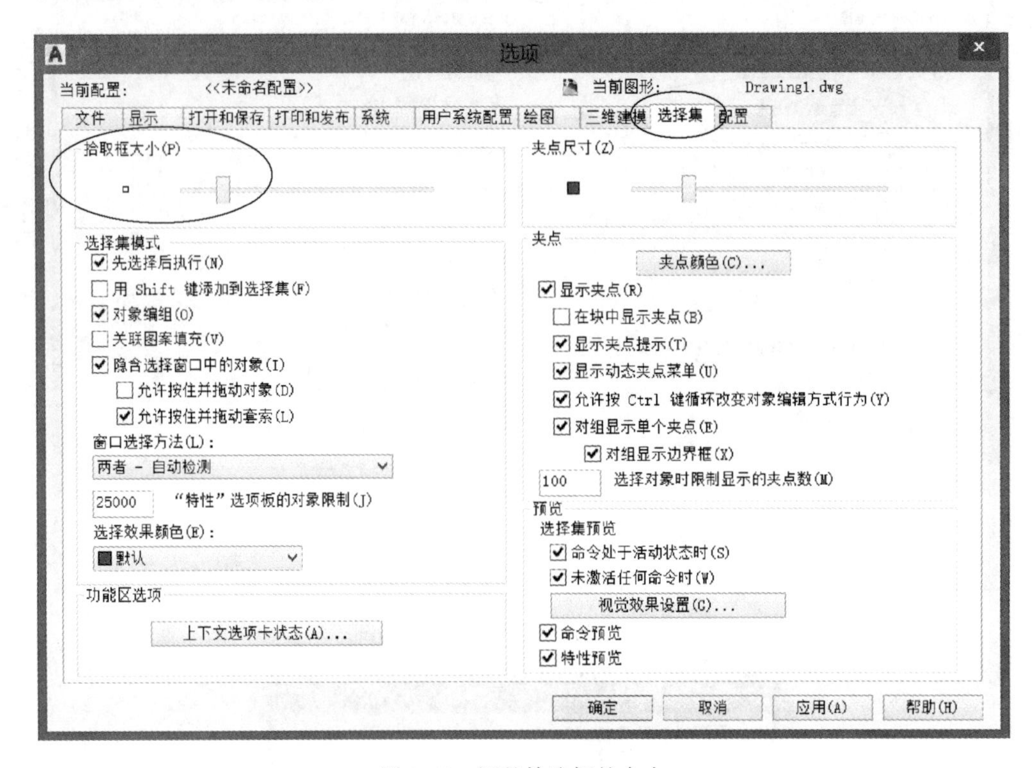

图 2.18 调整拾取框的大小

本章思考题

一、选择题

1. 设定图层的颜色、线型、线宽后，在该图层上绘图，图形对象将（　　）。

A. 必定使用图层的这些特性

B. 不能使用图层的这些特性

C. 使用图层的所有这些特性，不能单项使用

D. 可以使用图层的这些特性，也可以在“对象特性”中使用其他特性

2. 可以删除的图层是（　　）。

A. 当前图层　　B. “0”图层

C. 包含对象的图层　　D. 空白图层

3. 图层锁定后，（　　）。

A. 图层中的对象不可见　　B. 图层中的对象不可见，可以编辑

C. 图层中的对象可见，但无法编辑　　D. 该图层不可以绘图

4. 当前图层（　　）。

A. 是当前正在使用的图层，用户创建的对象将被放置到当前图层中

B. 是“0”图层

C. 可以删除

D. 不可以锁定

5. 同一图层上的图形对象（　　）。

A. 具有统一的颜色

B. 具有一致的线型、线宽

C. 可以使用不同的颜色、线型、线宽等特性

D. 只以属于该层，不可以更改

6. 当前图形有 4 个图层 0、A1、A2、A3，如果 A3 为当前图层，下面哪句话是正确的？（　　）

A. 只能把 A3 图层设为当前图层

B. 可以把 0、A1、A2、A3 中的任一图层设为当前图层

C. 可以把 4 个图层同时设为当前层

D. 只能把“0”图层设为当前图层

7. 图层上的图形仍然处于图形中，并参加运算，但不在屏幕上显示，则该图层被（　　）。

A. 关闭　　B. 冻结

C. 锁定　　D. 打开

8. AutoCAD 绘图窗口的默认颜色是（　　）。

A. 黑色　　B. 白色

C. 灰色　　D. 蓝色

二、问答题

1. 设置图层的目的是什么？

2. 图层的关闭、冻结和锁定是指什么？

3. 如何将图形文件的自动保存时间设置为 5 分钟？

4. 如何设置图形单位？

5. 如何将绘图区的颜色设置为白色？

第3章

二维图形的绘制

3.1 确定点的位置

在绘图的过程中，经常需要指定点的位置，如绘制直线需指定直线的端点、绘制圆需指定圆心等。在 AutoCAD 中，这些点的位置是以该点在坐标系中坐标值来描述的。确定点的位置的方法主要有以下几种。

1. 用鼠标在屏幕上直接拾取

方法是移动鼠标，使光标移动到绘图区域的某个地方，然后单击鼠标左键。

2. 通过键盘输入点的坐标

在 AutoCAD 中常用的坐标输入方式有绝对坐标、相对坐标两种，而每一种输入方式中坐标的种类又有直角坐标、极坐标、球坐标和柱坐标。

1）绝对坐标

在 AutoCAD 2017 中，系统默认绘图区域为世界坐标系的第一象限，其左下角坐标为坐标原点（0，0，0），点的绝对坐标是指相对于坐标原点的坐标。常用的绝对坐标有直角坐标、极坐标、球坐标和柱坐标。

（1）直角坐标。

直角坐标用点的 x，y，z 坐标值来表示，且各坐标值间用逗号隔开。在绘制二维图形时，点的 z 坐标为 0，可省去不必输入，只输入点的 x，y 坐标即可。

（2）极坐标。

极坐标用于表示二维点，在 AutoCAD 中极坐标表示的方式为：距离 < 角度。其中，距离表示该点与坐标系原点间的距离；角度表示坐标系原点与该点的连线相对于 x 轴正方向的夹角。在 AutoCAD 2017 中系统默认的角度正方向为逆时针方向。

（3）球坐标。

球坐标用 3 个参数表示一个空间点：点与坐标系原点的距离 L；坐标系原点与空间点的边线在 xy 面上的投影与 x 轴正方向的夹角 α；坐标系原点与空间点的连线相对于 xy 面的夹角 β。各参数间用符号“ < ”隔开，其表示方式为 $L<\alpha<\beta$。

（4）柱坐标。

柱坐标也是通过 3 个参数来表示一个空间点：点在 xy 面上的投影与当前坐标系原点的距离 ρ；坐标系原点与该点的连线在 xy 面上的投影相对于 x 轴正方向的夹角 α；该点的 z 坐标值。距离与角度之间要用符号“ < ”隔开，角度与 z 之间要用逗号隔开，其表示方式为 $\rho<\alpha$，z。

2）相对坐标

相对坐标是以某点相对于前一点或指定点的坐标增量来定义该点的坐标。其也有直角坐标、极坐标、球坐标和柱坐标 4 种形式。

当使用直角坐标来定义点时，某点的相对坐标为该点相对于已知点在 x，y，z 三个方向的坐标增量 Δx，Δy，Δz；当使用极坐标来定义点时，某点的相对坐标为该点相对于已知点在距离和角度上的增量 Δl，Δθ。在 AutoCAD 2017 中，各种形式的相对坐标的输入格式与绝对坐标相同，但要在输入的坐标前加上前缀“@”。

举例：已知图形中每个点的绝对坐标，绘制图 3.1 所示的图形。

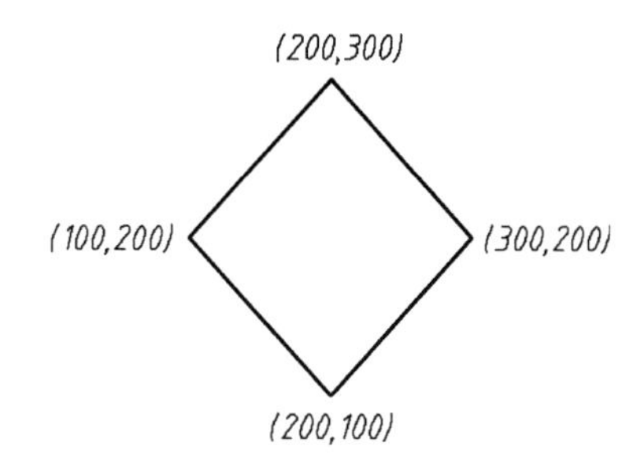

图 3.1　坐标输入方式举例

方法 1：用输入各点绝对直角坐标的方式绘图。

操作步骤如下：

单击“绘图”工具栏中的“直线”按钮，在命令行提示下依次输入如下内容：

命令：_line 指定第一点：100，200　//输入“100，200”并按回车键。

指定下一点或〔放弃（U）〕：200，300//输入“200，300”并按回车键。

指定下一点或〔放弃（U）〕：300，200　//输入“300，200”并按回车键。

指定下一点或〔闭合（C）/放弃（U）〕：200，100//输入“200，100”并按回车键。

指定下一点或〔闭合（C）/放弃（U）〕：C　//输入“C”，使图形闭合。

方法 2：用输入各点相对直角坐标的方式来绘图。

操作步骤如下：

单击“绘图”工具栏中的“直线”按钮，在命令行提示下依次输入如下内容：

命令：_line 指定第一点：100，200　//输入“100，200”并按回车键。

指定下一点或〔放弃（U）〕：@100，100　//输入“@100，100”并按回车键。

指定下一点或〔放弃（U）〕：@100，-100//输入“@100，-100”并按回车键。

指定下一点或〔闭合（C）/放弃（U）〕：@-100，-100//输入“@-100，-100”并按回车键。

指定下一点或〔闭合（C）/放弃（U）〕：C　//输入“C”，使图形闭合。

由于绝对坐标是以原点（0，0，0）为基点定位所有的点，定位一个点需要测量坐标值，具有很大的难度，因此在绘图中不经常使用。相对坐标是相对于前一点的偏移值，在实际绘图中要比绝对坐标方便，可以很清晰地按照对象的相对位置给出坐标。因此，用相对坐标来确定点的坐标是很实用和方便的。在使用 AutoCAD 绘图时，应根据实际情况选择适合的坐标形式，以使绘图更加灵活、方便、快捷。

3. 给定距离确定点的位置

方法是：移动鼠标，使 AutoCAD 从已有点引出的动态线指向要确定的点的方向，然后输入沿该方向相对于前一点的距离值，按回车键即可。

4. 利用对象捕捉方式捕捉特殊点

利用 AutoCAD 的对象捕捉功能，可以准确地捕捉到一些特殊点，如圆心、切点、中点、交点等。本书第 4 章将对此作详细介绍。

3.2 常用绘图命令

3.2.1 直线命令（line）

1. 作用

该命令可以绘制两点间的单一线段，也可绘制一系列连续的线段，但每条线段都是独立的直线对象。

2. 命令的调用

(1) 功能区："默认"选项卡|"绘图"面板|"直线"按钮。

(2) 菜单栏："绘图"|"直线"。

(3) 命令行：line。

3. 命令的操作

执行该命令后，命令行中出现如下提示：

_line 指定第一点： //运用 3.1 节介绍的确定点的位置的方法指定第一点位置或直接按回车键，把上一条线或圆弧的终点作为第一点。

指定下一点或 [闭合 (C)/放弃 (U)]：

在提示中：

(1)"闭合 (C)"选项：用于在绘制一系列线段（两条或两条以上）后，将一系列直线段首尾闭合。

(2)"放弃 (U)"选项：用于删除最新绘制的线段，多次输入"U"，按绘制次序逐个删除线段。

说明：

(1) 在命令执行过程中，在默认情况下可以直接执行；执行方括号中的其他选项，必须先输入相应的字母，按回车键后才转入相应命令的执行；如果打开了"动态输入"，相应的"闭合""放弃"选项将会出现在动态提示菜单中，选择这个菜单中的选项也可以执行相同的功能。

(2) 在绘制直线时，打开"正交"功能，可以很准确地绘制水平直线和垂直直线。有关"动态输入"功能和"正交"功能参见第 5 章相关内容。

4. 举例

绘制图 3.2 所示的平面图形，练习直线命令的使用及各种坐标的输入。

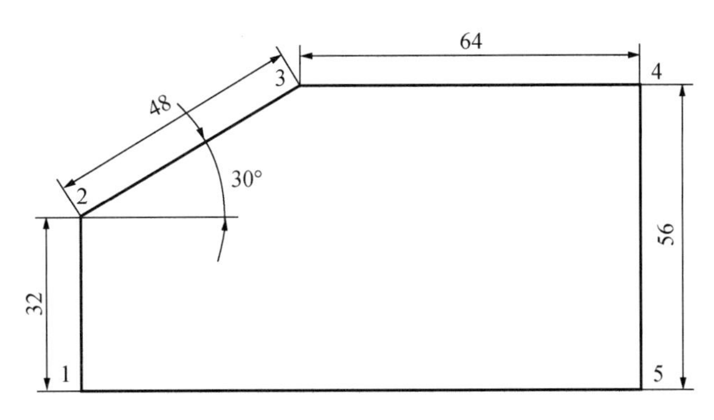

图 3.2　用直线命令绘制平面图形

操作过程如下：

命令：_line 指定第一点：30，30　//输入绝对直角坐标“30，30”，给定图形左下角点。

指定下一点或［放弃（U）］：<正交 开>　32

//将正交设为“开”状态，用鼠标指示垂直向上方向，输入距离值“32”并按回车键，给出第 2 点。

指定下一点或［闭合（C）/放弃（U）］：@48 <30　//输入相对极坐标“@ 48 < 30”并按回车键，给出第 3 点。

指定下一点或［闭合（C）/放弃（U）］：64

//用鼠标指示水平向右方向，输入距离值“64”并按回车键，给出第 4 点。

指定下一点或［闭合（C）/放弃（U）］：56

//用鼠标指示垂直向下方向，输入距离值“56”并按回车键，给出第 5 点。

指定下一点或［闭合（C）/放弃（U）］：C　//输入“C”并按回车键，绘制出封闭图形，结束命令。

3.2.2　圆命令（circle）

1. 作用

该命令通过给定圆心和半径或圆周上的点创建圆，也可以创建与对象相切的圆。

2. 命令的调用

（1）功能区：“默认”选项卡 |“绘图”面板 |“圆”按钮。

（2）菜单栏：“绘图”|“圆”。

（3）命令行：circle。

3. 命令的操作

AutoCAD 提供了 6 种绘制圆的方法，分别介绍如下。

1）以圆心、半径方式绘制圆

命令_circle

指定圆的圆心或［三点（3P）/两点（2P）/相切、相切、半径（T）］：　//指定圆心。

指定圆的半径或［直径（D）］://指定半径值或拖动光标指定一点，即以圆心到该点的距离作为半径值。

执行结果如图 3.3 所示。

2）以圆心、直径方式绘制圆

命令_circle

指定圆的圆心或［三点（3P）/两点（2P）/相切、相切、半径（T）］： //指定圆心。

指定圆的半径或［直径（D）］：D //选择直径输入方式。

指定圆的直径<默认值>：20 //输入直径值“20”并按回车键。

3）以两点方式绘制圆（这两点是直径的两个端点）

命令_circle

指定圆的圆心或［三点（3P）/两点（2P）/相切、相切、半径（T）］：2p //选择两点画圆方式。

指定直径的第一个端点： //指定点 1。

指定直径的第二个端点： //指定点 2。

执行结果如图 3.4 所示。

4）以三点方式绘制圆

命令_circle

指定圆的圆心或［三点（3P）/两点（2P）/相切、相切、半径（T）］：3p //选择三点画圆方式。

指定圆上的第一个点： //指定点 1。

指定圆上的第二个点： //指定点 2。

指定圆上的第三个点： //指定点 3。

执行结果如图 3.5 所示。

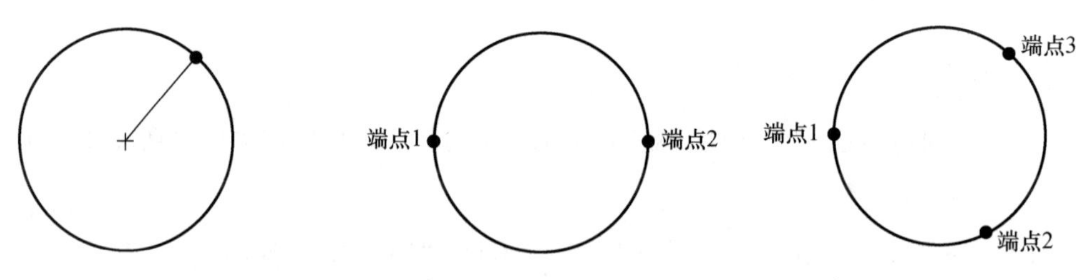

图 3.3 以圆心、半径方式绘制圆　　图 3.4 以两点方式绘制圆　　图 3.5 以三点方式绘制圆

5）以相切、相切、半径方式绘制圆

已知两圆，如图 3.6（a）所示，用半径 R100 作内切圆，用半径 R50 作外切圆，如图 3.6（e）所示。

操作过程如下：

命令：_circle

指定圆的圆心或［三点（3P）/两点（2P）/相切、相切、半径（T）］：T //指定画圆的方式。

指定对象与圆的第一个切点：

//用鼠标指定对象与圆第一个切点的大约位置，相切的对象可为圆、圆弧或直线。

指定对象与圆的第二个切点：　　//用鼠标指定对象与圆第二个切点的大约位置，如图 3.6（b）所示。

指定圆的半径 <默认值>：100　　//输入半径“100”并按回车键，如图 3.6（c）所示。

命令：_circle//直接按回车键，重复画圆命令。

指定圆的圆心或［三点（3P）/两点（2P）/相切、相切、半径（T）］：T　//指定画圆的方式。

指定对象与圆的第一个切点：

//用鼠标指定对象与圆的第一个切点的大约位置，相切的对象可为圆、圆弧或直线。

指定对象与圆的第二个切点：　　//用鼠标指定对象与圆的第二个切点的大约位置，如图 3.6（d）所示。

指定圆的半径 <默认值>：50　　//输入半径“50”并按回车键，如图 3.6（e）所示。

说明：切点拾取位置不同，指定半径不同，绘制的圆的位置是不同的，可以是内切圆，也可以是外切圆，如图 3.6 所示。圆的半径应在一个适当范围内，若过小，系统会提示“不能生成圆”。

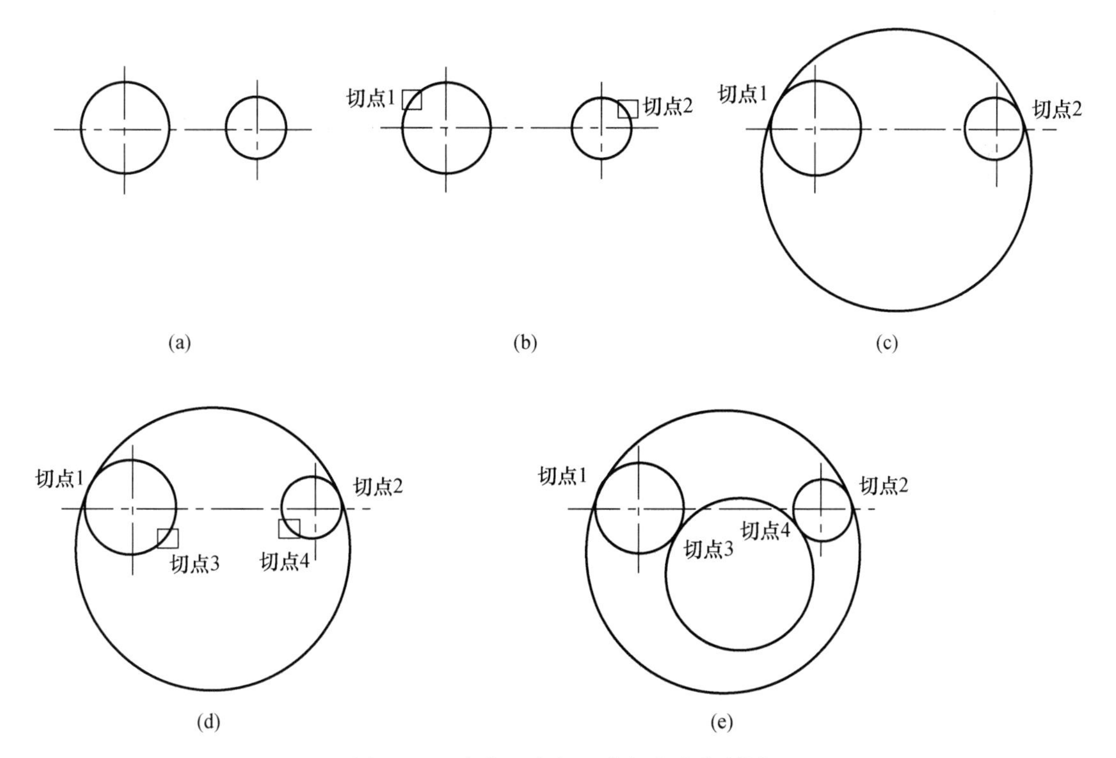

图 3.6　以相切、相切、半径方式绘制圆

6）以相切、相切、相切方式绘制圆

命令_circle

指定圆的圆心或［三点（3P）/两点（2P）/相切、相切、半径（T）］：3p　　//指定三点画圆的方式。

指定圆上的第一个点：_tan 到　　//用拾取框选中与圆相切的第一个对象。

指定圆上的第二个点：_tan 到　　//用拾取框选中与圆相切的第二个对象。

指定圆上的第三个点：_tan 到　　//用拾取框选中与圆相切的第三个对象。

执行结果如图 3.7 所示。

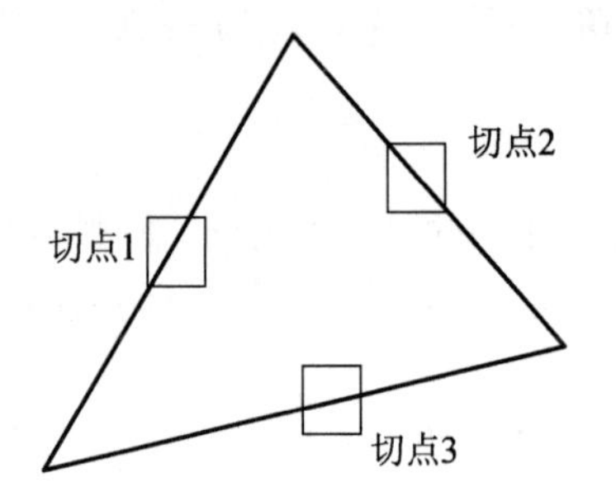

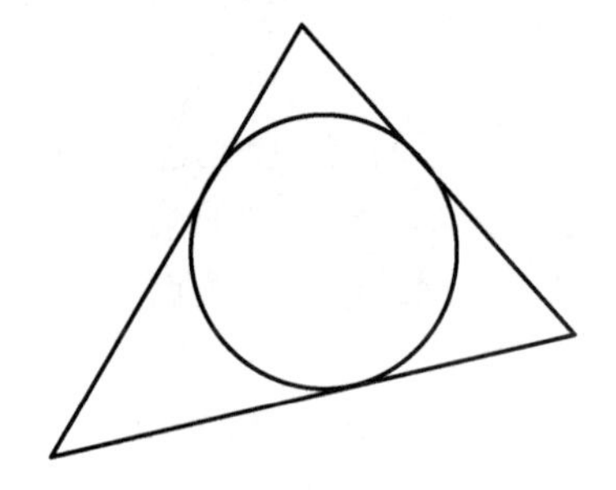

图 3.7　以相切、相切、相切方式绘制圆

3.2.3　矩形命令（rectangle）

1. 作用

该命令根据两对角顶点的坐标来绘制所需的矩形。利用该命令可以绘制有倒角、圆角，以及宽度和厚度值的矩形。有宽度的矩形是通过设置线宽来绘制矩形，而厚度选项在二维绘图中不使用。

2. 命令的调用

（1）功能区：“默认”选项卡 |“绘图”面板 |“矩形”按钮。

（2）菜单栏：“绘图”|“矩形”。

（3）命令行：rectangle。

3. 命令的操作

1）指定两对角点绘制直角矩形

操作过程如下：

命令：_rectangle

指定第一个角点或［倒角（C）/标高（E）/圆角（F）/厚度（T）/宽度（W）］：//给定图 3.8 中的 P_1。

指定另一个角点或［面积（A）/尺寸（D）/旋转（R）］：　　//给定图 3.8 中的 P_2。

2）指定两对角点及倒角距离绘制有倒角的矩形

操作过程如下：

命令：_rectangle

指定第一个角点或［倒角（C）/标高（E）/圆角（F）/厚度（T）/宽度（W）］：C //输入“C”并按回车键，设定倒角距离。

指定矩形的第一个倒角距离 <默认值>：　//输入倒角距离并按回车键或直接按回车键采用默认值。

指定矩形的第二个倒角距离 <默认值>：　//输入倒角距离并按回车键或直接按回车键采用默认值。

指定第一角点或［倒角（C）/标高（E）/圆角（F）/厚度（T）/宽度（W）］：//给定图 3.9 中的 P_1 点。

指定另一个角点或［面积（A）/尺寸（D）/旋转（R）］：　//给定图 3.9 中的 P_2 点。

提示中：

（1）指定另一个角点：为默认选项，指定矩形对角的一个角点。

（2）“面积”选项：通过指定绘制矩形的面积，来绘制矩形。

（3）“尺寸”选项：通过指定绘制矩形的长和宽，来绘制矩形。

（4）“旋转”选项：指定绘制矩形的旋转角度。

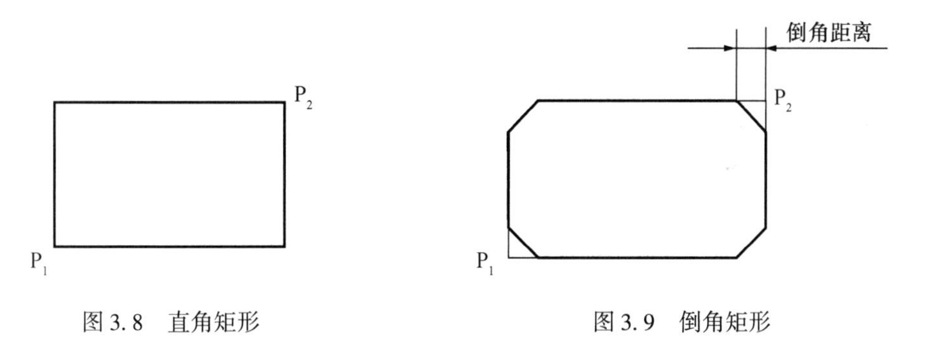

图 3.8　直角矩形　　图 3.9　倒角矩形

3）指定两对角点及圆角半径绘制有圆角的矩形

操作过程如下：

命令：_rectangle

指定第一个角点或［倒角（C）/标高（E）/圆角（F）/厚度（T）/宽度（W）］：F//输入“F”并按回车键，设定圆角半径。

指定矩形的圆角半径 <默认值>：　//输入圆角半径并按回车键或直接按回车键采用默认值。

指定第一角点或［倒角（C）/标高（E）/圆角（F）/厚度（T）/宽度（W）］：　//给定图 3.10 中的 P_1 点。

指定另一个角点或［面积（A）/尺寸（D）/旋转（R）］：　//给定图 3.10 中的 P_2 点。

说明：

（1）直接按回车键是按照系统当前的默认值来绘制倒角或圆角，若不需设置倒角或圆角，则要再次将其设置为0。

（2）倒角中的倒角距离可以相同也可以不相同，两个倒角距离之和不能超过最小边的边长，圆角半径不能超过最小边的一半。

4）指定两对角点及线宽绘制矩形

操作过程如下：

命令：_rectangle

指定第一个角点或［倒角（C）/标高（E）/圆角（F）/厚度（T）/宽度（W）］：W //输入“W”并按回车键，设定矩形的线宽。

指定矩形的线宽<默认值>： //输入线宽值并按回车键。

指定第一角点或［倒角（C）/标高（E）/圆角（F）/厚度（T）/宽度（W）］： //给定图3.11中的P_1点。

指定另一个角点或［面积（A）/尺寸（D）/旋转（R）］： //给定图3.11中的P_2点。

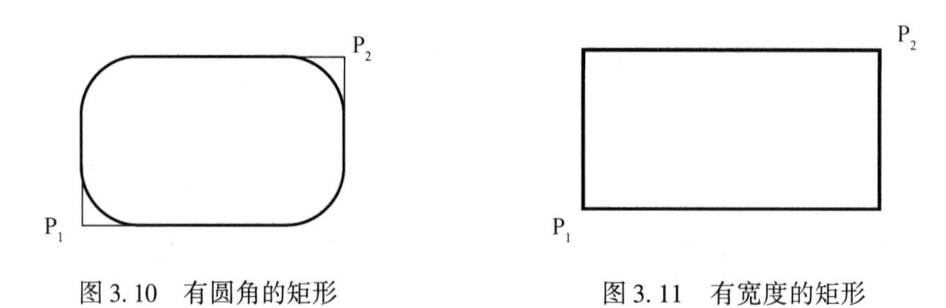

图3.10 有圆角的矩形　　图3.11 有宽度的矩形

5）根据长和宽绘制矩形

操作过程如下：

命令：_rectangle

指定第一个角点或［倒角（C）/标高（E）/圆角（F）/厚度（T）/宽度（W）］： //给定矩形的第一个角点。

指定另一角点或［面积（A）/尺寸（D）/旋转（R）］：D //输入“D”并按回车键。

指定矩形的长度<默认值>： //指定矩形的长度。

指定矩形的宽度<默认值>： //指定矩形的宽度。

3.2.4 正多边形命令（polygon）

1. 作用

利用该命令可以绘制边数为3～1 024的正多边形。

2. 命令的调用

（1）功能区：“默认”选项卡|“绘图”面板|“正多边形”按钮。

（2）菜单栏：“绘图”|“正多边形”。

（3）命令行：polygon。

3. 命令的操作

执行该命令后，命令行中出现如下提示：

命令：_polygon

输入边的数目 <4>：　//指定绘制多边形的边数。

指定正多边形的中心点或［边（E）］：

提示中：

（1）指定正多边形的中心点：为默认选项，通过指定多边形的假想外接圆或内切圆的圆心的方式来绘制正多边形，如图3.12所示。指定正多边形的中心后，出现以下提示：

输入选项［内接于圆（I）/外切于圆（C）］ <I>：//指定内接圆或者外切圆的多边形绘制方式。

指定圆的半径：//指定与多边形相切或相接的圆的半径。

（2）“边”选项：用于在指定多边形某一条边的两个端点的条件下绘制正多边形。执行该选项后，出现以下提示：

指定边的第一个端点：

指定边的第二个端点：

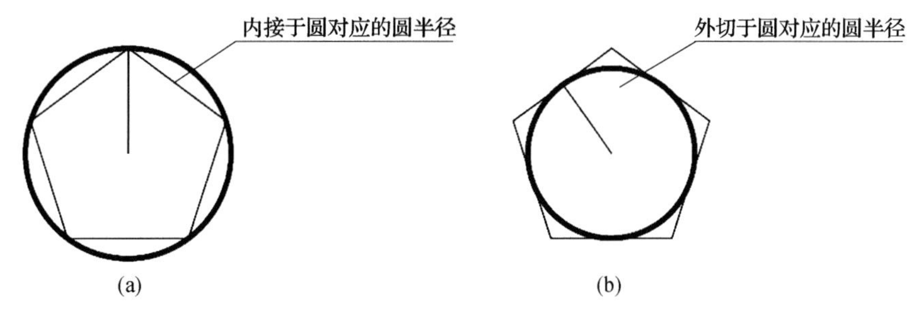

图3.12　使用“内接或外切于圆”选项绘制多边形

（a）使用“内接于圆（I）”选项绘制正多边形；（b）使用“外切于圆（C）”选项绘制正多边形

说明：当边数≥4（偶数）时，I选项输入的圆的直径为正多边形对角线的距离，C选项输入的圆的直径应为正多边形对边的距离。

4. 举例

例3.1　已知正六边形的对角距离为40，绘制图3.13（a）所示的正六边形的组合。

操作步骤如下：

命令：_polygon

输入边的数目 <4>：6　//输入“6”并按回车键，指定边数

指定正多边形的中心点或［边（E）］：　//指定正多边形的中心。

输入选项［内接于圆（I）/外切于圆（C）］ <I>：　//直接按回车键，采用默认方式，即内接于圆的方式绘制。

指定圆的半径：20　//输入“20”并按回车键，指定与多边形相接的圆的半径。

绘制效果如图3.13（b）所示。

命令：_polygon //直接按回车键，继续绘制正多边形。

输入边的数目<6>： //直接按回车键，指定默认边数为6。

指定正多边形的中心点或［边（E）］：E //指定“边（E）”选项。

指定边的第一个端点：P_1 //指定正六边形边的一个端点P_1。

指定边的第二个端点：P_2 //指定正六边形边的另一个端点P_2。

绘制效果如图3.13（c）所示。

命令：_polygon //直接按回车键，继续绘制正多边形。

输入边的数目<6>：直接回车 //指定默认边数为6。

指定正多边形的中心点或［边（E）］：E //指定“边（E）”选项。

指定边的第一个端点：P_1 //指定正六边形边的一个端点P_1。

指定边的第二个端点：P_2 //指定正六边形边的另一个端点P_2。

绘制效果如图3.13（a）所示。

说明： 指定边的起点和终点的顺序决定了多边形的位置。图3.13（b）和（c）中的P_1为多边形边的起点，P_2为边的终点。

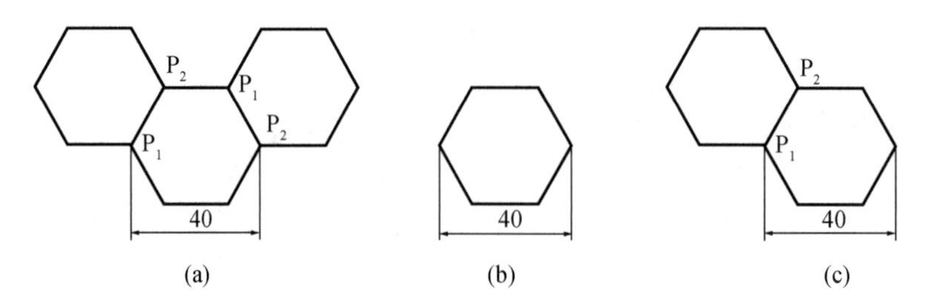

图3.13 绘制正六边形的组合图形

（a）正六边形的组合图；（b）以内接于圆的方式绘制正六边形；（c）以边方式绘制正六边形

3.2.5 样条曲线命令（spline）

1. 作用

样条曲线命令主要用来创建通过多个指定点的形状不规则的曲线，该曲线是三阶连续曲线。在机械制图中，样条曲线命令主要用来绘制波浪线和相贯线。

在AutoCAD 2017中，创建样条曲线的方式有两种，第一种是使用“样条曲线拟合”命令通过制度拟合点来创建样条曲线；另一种是使用“样条曲线控制点”命令通过定义控制点来创建样条曲线。二者的创建方法基本相同。下面介绍“样条曲线拟合”方式创建样条曲线的方法。

2. 命令的调用

（1）功能区：“默认”选项卡|“绘图”面板|“样条曲线拟合”按钮。

（2）菜单栏：“绘图”|“样条曲线”|“拟合点”。

（3）命令行：spline。

3. 命令的操作

执行该命令后，命令行中出现如下提示：

命令：_spline

当前设置：方式=拟合　节点=弦

指定第一个点或［方式（M）/节点（K）/对象（O）］:_M

输入样条曲线创建方式［拟合（F）/控制点（CV）］<拟合>:_FIT

当前设置：方式=拟合　节点=弦

指定第一个点或［方式（M）/节点（K）/对象（O）］：　//指定样条曲线上的第一点。

输入下一个点或［起点切向（T）/公差（L）］://指定样条曲线上的第二点。

输入下一个点或［端点相切（T）/公差（L）/放弃（U）］://指定样条曲线上的第三点。

输入下一个点或［端点相切（T）/公差（L）/放弃（U）/闭合（C）］://指定样条曲线上的第四点。

输入下一个点或［端点相切（T）/公差（L）/放弃（U）/闭合（C）］://按回车键结束命令。

在提示中：

（1）对象（O）：将样条曲线拟合多段线转换为等价的样条曲线。pline、polygon、rectangle等命令绘制的多段线可以用“PEDIT多段线编辑”命令中的“样条曲线s”选项，拟合为曲线，称为样条曲线拟合多段线，它的形状是样条曲线，但名称仍然是多段线。该选项的功能是将拟合后的“多段线”名称改变为“样条曲线”。

（2）闭合（C）：将样条曲线的最后一点与起点重合，构成闭合的样条曲线。

（3）拟合公差（F）：定义曲线的偏差值。值越大，离控制点越远，反之则越近。

（4）起点切向：定义样条曲线的起点和结束点的切线方向。

4. 举例

例3.2　用样条曲线命令绘制图3.14（a）所示的曲线。

操作过程如下：

命令：_spline

当前设置：方式=拟合　节点=弦

指定第一个点或［方式（M）/节点（K）/对象（O）］:_M

输入样条曲线创建方式［拟合（F）/控制点（CV）］<拟合>:_FIT

当前设置：方式=拟合　节点=弦

指定第一个点或［方式（M）/节点（K）/对象（O）］：　//指定点P_1。

输入下一个点或［起点切向（T）/公差（L）］://指定点P_2。

输入下一个点或［端点相切（T）/公差（L）/放弃（U）］://指定点P_3。

……

输入下一个点或［端点相切（T）/公差（L）/放弃（U）/闭合（C）］://指定点P_8。

输入下一个点或［端点相切（T）/公差（L）/放弃（U）/闭合（C）］://按回车键直

至命令结束。

样条曲线的应用如图 3. 14（b）所示。

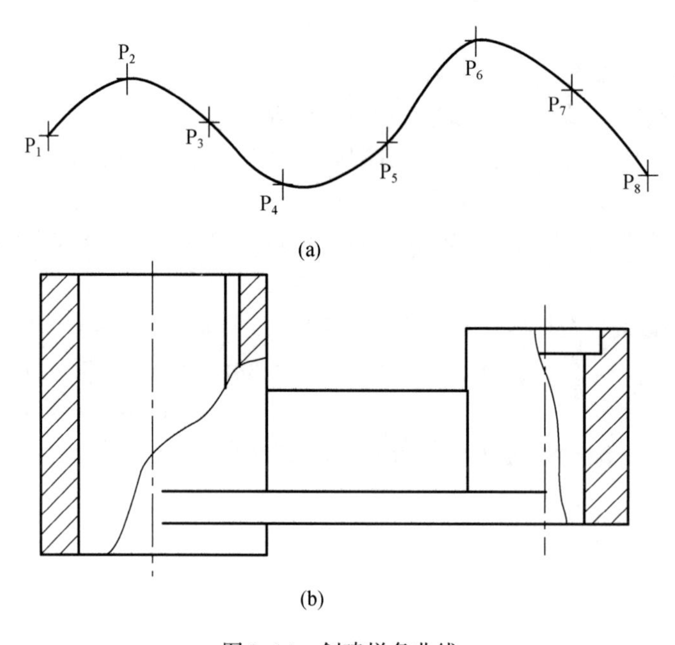

图 3. 14　创建样条曲线

（a）根据指定点创建样条曲线；（b）样条曲线的应用

3. 2. 6　多段线命令（polyline）

1. 作用

该命令主要用来绘制带有渐变宽度的线或弧。这些线段和弧构成的图形是一个整体，单击时会选择整个图形，不能分别选择编辑。

2. 命令的调用

（1）功能区："默认" 选项卡 | "绘图" 面板 | "多段线" 按钮。

（2）菜单栏："绘图" | "多段线"。

（3）命令行：pline。

3. 命令的操作

执行该命令后，命令行中出现如下提示：

_pline

指定起点：　　　　　　　//用户可以在自己选定的画线位置输入多段线的起点。

指定下一点或［圆弧（A）/半宽（H）/长度（L）/放弃（U）/宽度（W）]：

在提示中：

（1）"圆弧（A）" 选项：将以绘制圆弧的方式绘制多段线。

（2）"半宽（H）" 选项：将指定多段线线宽的半宽值，AutoCAD 将提示输入多段线的起点宽度和终点宽度。常用此选项来绘制箭头。

(3)“长度（L)”选项：将定义下一条多段线的长度。

(4)“放弃（U)”选项：将取消上一次绘制的一段多段线。

(5)“宽度（W)”选项：可以设置多段线的宽度值。

4. 举例

例 3.3　绘制图 3.15 所示的图形，各段线长为 30、10、4、30；线宽为 0 或 16。

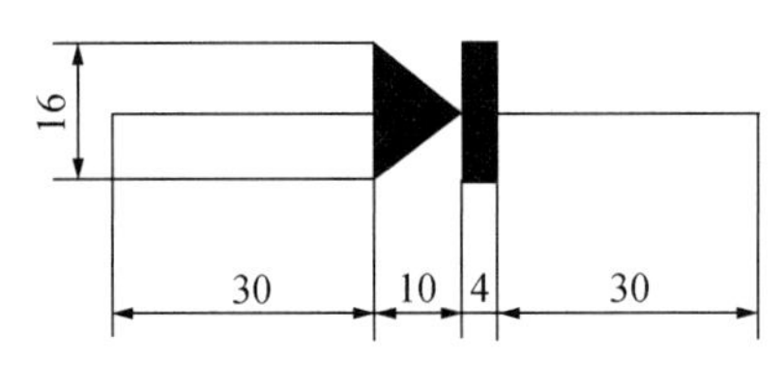

图 3.15　多段线命令应用举例

操作过程如下：

将“正交”辅助工具置为“开”状态。

命令：_pline

指定起点：20，20　//输入“20，20”并按回车键，给出最左侧端点的绝对坐标。

当前线宽为 0.0000

指定下一个点或 [圆弧（A）/半宽（H）/长度（L）/放弃（U）/宽度（W）]：L

//输入“L”，选择长度方式绘制下一段多段线。

指定直线长度：30　//输入“30”并按回车键。

指定下一个点或 [圆弧（A）/闭合（C）/半宽（H）/长度（L）/放弃（U）/宽度（W）]：W　//输入“W”，设定下一段多段线的线宽。

指定起点宽度 <0.0000>：16　//输入“16”并按回车键，指定起点宽度值。

指定端点宽度 <16.0000>：0　//输入“0”并按回车键，指定终点宽度值。

指定下一个点或 [圆弧（A）/半宽（H）/长度（L）/放弃（U）/宽度（W）]：L

//输入“L”，选择长度方式绘制下一段多段线。

指定直线长度：10　//输入“10”并按回车键。

指定下一个点或 [圆弧（A）/闭合（C）/半宽（H）/长度（L）/放弃（U）/宽度（W）]：W　//输入“W”，设定下一段多段线的线宽。

指定起点宽度 <0.0000>：16　//输入“16”并按回车键，指定起点宽度值。

指定端点宽度 <16.0000>：　//直接按回车键，采用默认的终点宽度值。

指定下一个点或 [圆弧（A）/半宽（H）/长度（L）/放弃（U）/宽度（W）]：L

/输入“L”，选择长度方式绘制下一段多段线。

指定直线长度：4　//输入“4”并按回车键。

指定下一个点或 [圆弧（A）/闭合（C）/半宽（H）/长度（L）/放弃（U）/宽度（W）]：W　//输入“W”，设定下一段多段线的线宽

指定起点宽度 <16.0000>：0　//输入“0”并按回车键，指定起点宽度值。

指定端点宽度 <0.0000>：　//直接按回车键，采用默认的终点宽度值。

指定下一个点或 [圆弧（A）/半宽（H）/长度（L）/放弃（U）/宽度（W）]：L

//输入“L”，选择长度方式绘制下一段多段线。

指定直线长度：30　　//输入“30”并按回车键。

指定下一个点或［圆弧（A）/闭合（C）/半宽（H）/长度（L）/放弃（U）/宽度（W）］：//按回车键，结束。

3.2.7　圆弧命令（arc）

1. 作用

该命令用于创建所需的圆弧，可以为小于半圆、等于半圆、大于半圆的圆弧。

2. 命令的调用

（1）功能区：“默认”选项卡|“绘图”面板|“圆弧”按钮。

（2）菜单栏：“绘图”|“圆弧”。

（3）命令行：arc。

3. 命令的操作

在菜单栏的“绘图”|“圆弧”的子菜单中共有11种绘制圆弧的方式，这11种方式如图3.16所示。

三点(P)
起点、圆心、端点(S)
起点、圆心、角度(T)
起点、圆心、长度(A)
起点、端点、角度(N)
起点、端点、方向(D)
起点、端点、半径(R)
圆心、起点、端点(C)
圆心、起点、角度(E)
圆心、起点、长度(L)
继续(O)

图3.16　各种圆弧绘制方式

说明：

（1）选择点、输入值的顺序与命令的提示顺序一致。

（2）在起点和端点之间按逆时针方向画圆弧，可以画大圆弧或小圆弧。

（3）圆心角度可以是正数或负数，其影响画圆弧的方向。逆时针绘制圆弧时圆心角度为正，反之为负。

3.2.8　圆环命令（donut）

1. 作用

圆环是由两个同心圆组成的组合图形，默认情况下圆环的两个圆形中间的面积填充为实心，如图3.17所示。

2. 命令的调用

（1）功能区：“默认”选项卡|“绘图”面板|“圆环”按钮。

（2）菜单栏：“绘图”|“圆环”。

（3）命令行：donut。

3. 命令的操作

执行该命令后，命令行中出现如下提示：

指定圆环的内径：　　//输入圆环的内径值并按回车键。

指定圆环的外径：　　//输入圆环的外径值并按回车键。

指定圆环的中心点或<退出>：　　//指定圆环的中心点位置。

指定圆环的中心点或 < 退出 > :

//继续指定圆环的中心点位置可再画出一个圆环；若直接按回车键则结束绘制圆环命令。

说明：

（1）默认情况下圆环的两个圆形中间的面积填充为实心，如图 3. 17 所示。

（2）将圆环内径设置为 0 时，可以绘制填充圆。填充圆经常用于在尺寸标注时代替尺寸箭头，如图 3. 18 所示。

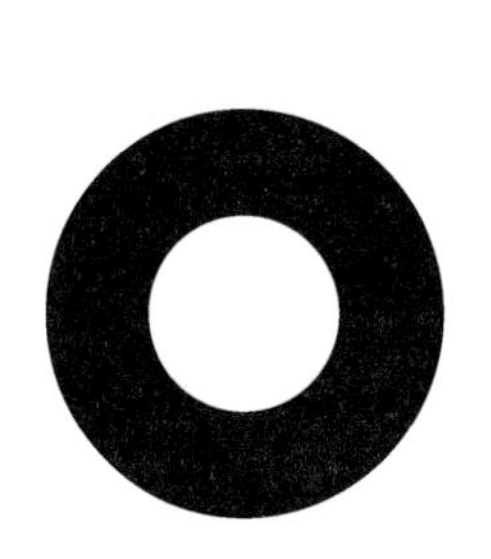

图 3. 17　圆环

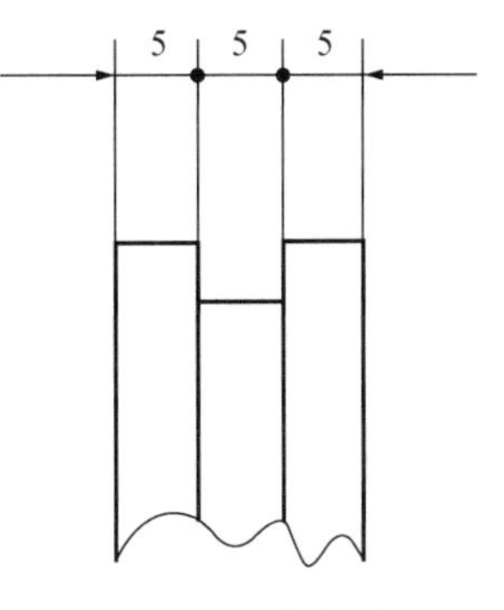

图 3. 18　填充圆

3. 2. 9　椭圆命令（ellipse）

1. 作用

该命令用于绘制椭圆和椭圆弧。

2. 命令的调用

（1）功能区：“默认” 选项卡 |“绘图” 面板 |“椭圆” 按钮。

（2）菜单栏：“绘图” |“椭圆”。

（3）命令行：ellipse。

3. 命令的操作

执行该命令后，命令行中出现如下提示：

指定椭圆的轴端点或［圆弧（A）/中心点（C）］:

提示中：

（1）“指定椭圆的轴端点” 选项：为默认选项，可根据椭圆某一轴上的两个端点位置及另一轴的半长来绘制椭圆

（2）“中心点” 选项：可根据指定的中心点和给出的一个轴端点以及另一个轴的半轴长度等信息绘制椭圆。

（3）“圆弧” 选项：可绘制椭圆弧。

4. 举例

例 3. 4　按指定三点绘制椭圆，如图 3. 19（a）所示。

命令：_ellipse

指定椭圆的轴端点或［圆弧（A）/中心点（C）］：　//指定椭圆的轴端点 1。

指定轴的另一个端点：　//指定椭圆的轴端点 2。

指定另一条半轴长度或［旋转（R）］：　//指定椭圆的轴端点 3。

以轴端点 1 与 2 为长轴，以轴端点 3 为短轴绘制椭圆。绘制效果如图 3.19（a）所示。

例 3.5　绘制长轴为 30，短半轴为 7.5 的椭圆。

命令：_ellipse

指定椭圆的轴端点或［圆弧（A）/中心点（C）］：　//指定椭圆的一个轴端点。

指定轴的另一个端点：30　//给出水平方向，输入“30”并按回车键，30 为椭圆一条轴的长度。

指定另一条半轴长度或［旋转（R）］：7.5　//输入“7.5”并按回车键，7.5 为椭圆另一条半轴的长度，其方向与长轴垂直。

绘制效果如图 3.19（b）所示。

例 3.6　已知椭圆的中心和长半轴为 15，短半轴为 7.5，绘制该椭圆图形。

命令：_ellipse

指定椭圆的轴端点或［圆弧（A）/中心点（C）］：C　//输入“C”并按回车键，选定椭圆中心点方式。

指定椭圆中心点：　//指定中心点。

指定轴的端点：15　//给出水平方向，输入“15”并按回车键。

指定另一条半轴长度或［旋转（R）］：7.5　//输入“7.5”并按回车键，方向与长轴垂直。

绘制效果如图 3.19（c）所示。

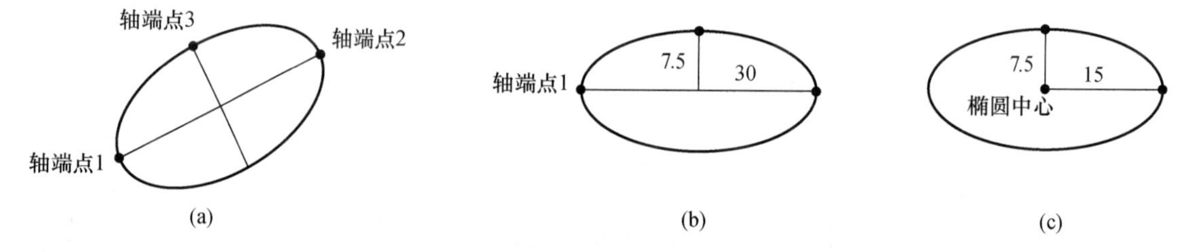

图 3.19　绘制椭圆

（a）按指定三点绘制椭圆；（b）根据长短轴绘制椭圆；

（c）根据椭圆中心半长短轴绘制椭圆

3.2.10　椭圆弧命令

1. 作用

该命令用于绘制椭圆弧。椭圆弧是椭圆的一部分，它类似于椭圆，不同的是它的起点和终点没有闭合。

2. 命令的调用

（1）菜单栏：“绘图”|“椭圆”|“圆弧”。

（2）功能区：“默认”选项卡 |“绘图”面板 |“椭圆弧”按钮 。

3. 命令的操作

执行该命令后，命令行中出现如下提示：

命令：_ellipse

指定椭圆的轴端点或［圆弧（A）/中心点（C）］：_a

指定起始角度或［参数（P）］：

提示中：

（1）“指定起始角度”选项：以指定起始角度和终止角度的方式绘制椭圆弧。

（2）“参数”选项：通过指定起始参数、终止参数或以包含角度的方式绘制椭圆弧。

3.2.11　绘制点

1. 作用

点是组成图形对象的基本元素，它可以作为对象捕捉和相对偏移的参考点。可以通过单点、多点、定数等分和定距等分 4 种方法创建点对象。

2. 点样式的设置

在 AutoCAD 中，在系统默认情况下绘制的点显示为一个小圆点，在屏幕中很难看清，不便于识别。通过设置点的样式，可以使点在屏幕上清晰可见，这样便能清楚地知道点的位置。

1）命令的调用

（1）菜单栏：“格式”|“点样式”。

（2）命令行：ptype。

2）命令的操作

执行此命令后，系统弹出“点样式”对话框，如图 3.20 所示。可以在对话框中更改点的显示样式和大小。

说明：点的样式及大小的改变会影响图中已经绘制和将要绘制的所有点。

3. 绘制单点

1）作用

执行一次命令后只可以绘制一个点。

2）命令的调用

（1）菜单栏：“绘图”|“点”|“单点”。

（2）命令行：point。

3）命令的操作

执行该命令后，命令行中出现如下提示：

命令：_point

当前点模式：PDMODE = 3　PDSIZE = 0.0000　//表明当前点的样式及大小。

指定点：　//指定点的位置，结束。

单点绘图效果如图 3.21 所示。

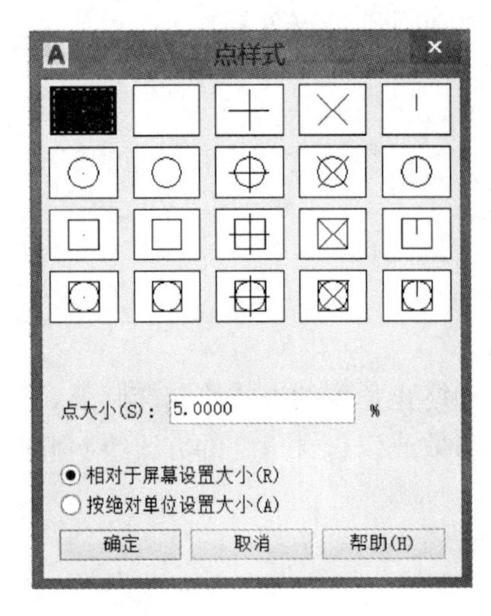

图 3.20 “点样式”对话框

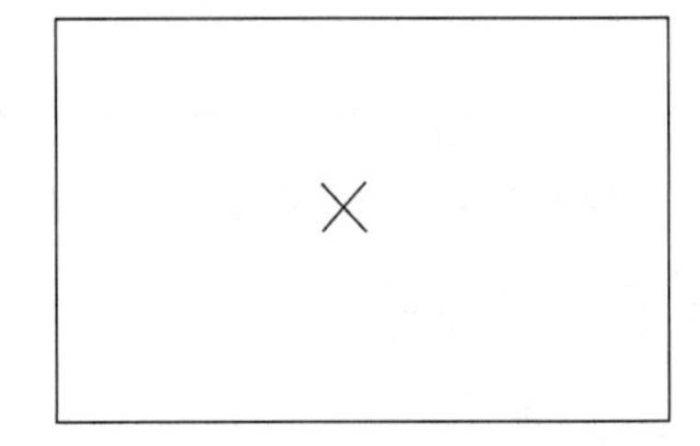

图 3.21 绘制单点

4. 绘制多点

1）作用

执行一次命令后可以连续绘制多个点。

2）命令的调用

(1) 功能区：“默认”选项卡 |“绘图”面板 |“多点”按钮 · 。

(2) 菜单：“绘图” |“点” |“多点”。

3）命令的操作

执行该命令后，命令行中出现如下提示：

命令：_point

当前点模式：PDMODE = 3 PDSIZE = 0.0000 //表明当前点的样式及大小。

指定点： //指定点的位置。

指定点： //继续给出另一点的位置或按回车键结束。

多点绘图效果如图 3.22 所示。

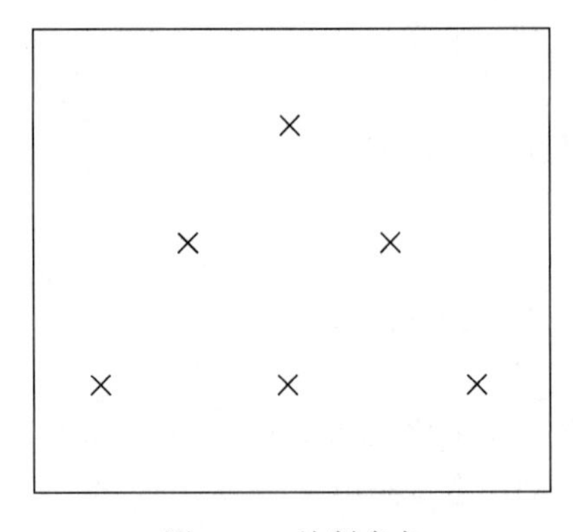

图 3.22 绘制多点

5. 定数等分点的绘制

1）作用

该命令在指定的对象上绘制等分点。实际上就是将指定的对象以一定的数量进行等分。

2）命令的调用

（1）功能区："默认"选项卡|"绘图"面板|"定数等分"按钮 。

（2）菜单栏："绘图"|"点"|"定数等分"。

（3）命令行：divide。

3）命令的操作

执行该命令后，命令行中出现如下提示：

命令：_divide

选择要定数等分的对象：　　　　//选择要等分的对象，例如图 3.23 中的直线。

输入线段数目或［块（B）］：　　//指定等分的段数，例如图 3.23 中等分段数为 6。

图 3.23 所示为在直线上插入 5 个等距的点，将直线等分为 6 段。

图 3.23　定数等分点

6. 定距等分点的绘制

1）作用

该命令将指定对象按确定的长度进行等分。

2）命令的调用

（1）功能区："默认"选项卡|"绘图"面板|"定距等分"按钮 。

（2）菜单栏："绘图"|"点"|"定距等分"。

（3）命令行：measure。

3）命令的操作

执行该命令后，命令行中出现如下提示：

命令：_measure

选择要定距等分的对象：　//选择要等分的对象，例如图 3.24 中的直线（直线长 80）。

指定线段长度或［块（B）］：15　　//输入定距等分长度，例如图 3.24 中等分长度为 15。

图 3.24 所示为在直线上插入 5 个距离为 15 的点，形成 5 段等距线，最后一段的距离不足 15。

图 3.24　定距等分点

说明：

（1）定距等分拾取对象时，光标靠近对象的哪一端，就从哪一端开始等分，图 3.24 所示即从线段的左端开始将线段定距等分。

(2) 等分点不仅可以等分普通线段，还可以等分圆、矩形、多边形等复杂的封闭图形对象。

本章思考题

选择题

1. 直线命令“line”中的“C”选项表示（　　）。

A. Close　　B. Continue

C. Create　　D. Cling

2. point 点命令不可以（　　）。

A. 绘制单点或多点　　B. 定距等分直线、圆弧或曲线

C. 等分角　　D. 定数等分直线、圆弧或曲线

3. 绘制图 3.25 中的矩形，方法不当的是（　　）。

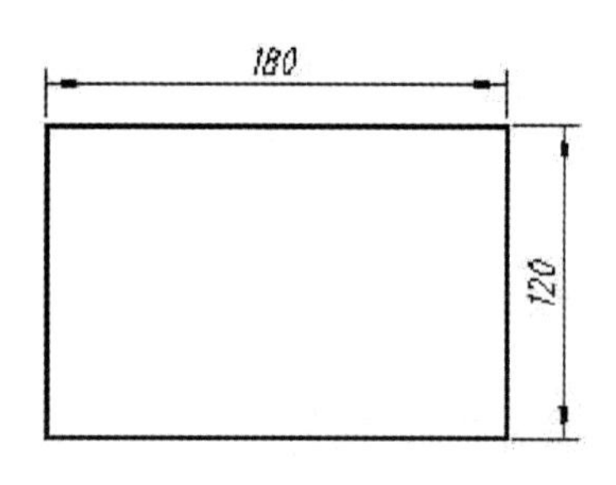

图 3.25　题图

A. 确定第一角点后，用相对坐标“@180，120”给定另一角点

B. 启用动态输入功能，确定第一角点后，直接输入坐标“180，120”给定另一角点

C. 确定第一角点后，选择“尺寸（D）”选项，然后给定长 180、宽 120

D. 在点（30，30）处给定第一角点后，用坐标（210，150）给定另一角点

4. 绘制一个 4 个角为 R5 圆角的矩形，首先要（　　）。

A. 给定第一角点

B. 选择“圆角（F）”选项，设定圆角为 5

C. 选择“倒角（C）”选项，设定倒角为 5

D. 绘制 R5 圆角

5. 刚刚画了半径为 30 的圆，下面在其他位置继续画一个半径为 30 的圆，最快捷的操作是（　　）。

A. 单击画圆，给定圆心，在键盘输入“30”

B. 单击画圆，给定圆心，在键盘输入“60”

C. 按回车键、空格键或单击鼠标右键，重复圆，给定圆心，在键盘输入“30”

D. 按回车键、空格键或单击鼠标右键，重复圆，给定圆心，再按回车键、空格键或单击鼠标右键

6. 刚刚绘制了一圆弧，然后单击直线，直接按回车键或单击鼠标右键，结果是（　　）。

A. 以圆弧端点为起点绘制直线，且过圆心

B. 以直线端点为起点绘制直线

C. 以圆弧端点为起点绘制直线，且与圆弧相切

D. 以圆心为起点绘制直线

7. 圆角的当前圆角半径为 10，在选择对象时按住“Shift”键，结果是（　　）。

A. 倒出 R10 圆角

B. 倒出 R10 圆角，但没有修剪原来的多余线

C. 无法选择对象

D. 倒出 R0 圆角

第4章

二维图形的编辑

AutoCAD 2017 具有功能多样的编辑命令，编辑命令的正确使用能够帮助用户合理地构造和组织图形、简化绘图操作过程、提高绘图效率、保证绘图的准确性。

AutoCAD 编辑命令的使用过程总体上可分为三步：

第一步，输入编辑命令；

第二步，选择要编辑的对象；

第三步，执行相关的编辑操作。

也可以先选择要编辑的对象，再输入编辑命令。

4.1 选择对象的方法

当用户输入某个编辑命令对图形进行编辑操作时，在命令行会提示：

选择对象：

此时系统要求用户从屏幕上选择要进行编辑的对象。AutoCAD 提供了多种选择对象的方法，常用的选择方法主要有以下几种。

1. “点选”方式

这是默认的选择对象方法。此时光标变为一个小方框（即拾取框），利用该方框可逐个拾取待编辑的图形对象。一般情况下，在选中一个对象后，命令行仍然提示“选择对象:”，此时用户可以接着选择待编辑的图形对象。当选择对象完成后按回车键，以结束对象选择。被选中的对象会以点线形式显示。“点选”方式每次只能选取一个对象，不便于选取大量的图形对象。

2. “窗口”方式（W 完全窗口方式）

将拾取框移到绘图区空白处并单击鼠标左键指定矩形窗口的第一个角点［如图 4.1（a）中的 P_1或 P_3点］，然后向右移动光标拖动出蓝色实线窗口，单击鼠标左键指定矩形窗口的对角点［如图 4.1（a）中的 P_2或 P_4点］。在窗口内的完整图形对象被选中，不在该窗口内或者只有部分在窗口内的图形对象不被选中，被选中的对象会以点线形式显示，如图 4.1（b）所示。

3. “窗交”方式（C 交叉窗口方式）

将拾取框移到绘图区空白处并单击鼠标左键指定矩形窗口的第一个角点［如图 4.2（a）中的 P_2或 P_4点］，然后向左移动光标拖动出绿色的点线窗口，单击鼠标左键指定矩形窗口的对角点［如图 4.2（a）中的 P_3或 P_1点］。全部位于窗口之内或者与窗口边界相交的对象都被选中，被选中的对象会以点线形式显示，如图 4.2（b）所示。

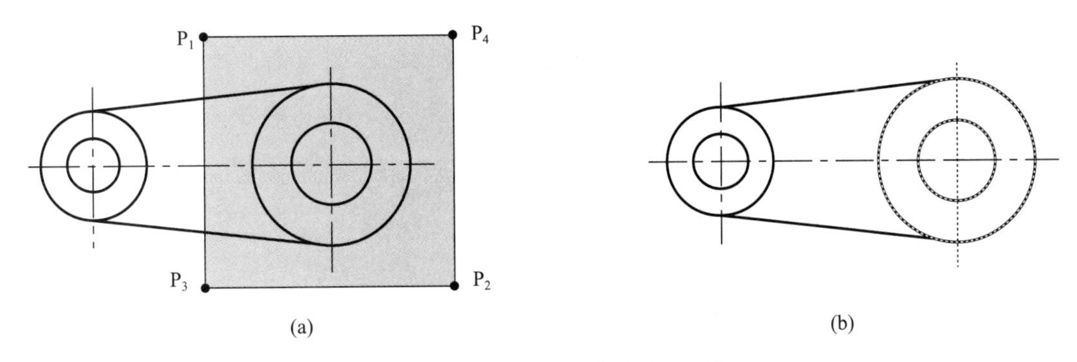

图4.1　使用“窗口”方式选择对象
（a）确定矩形窗口；（b）选择结果

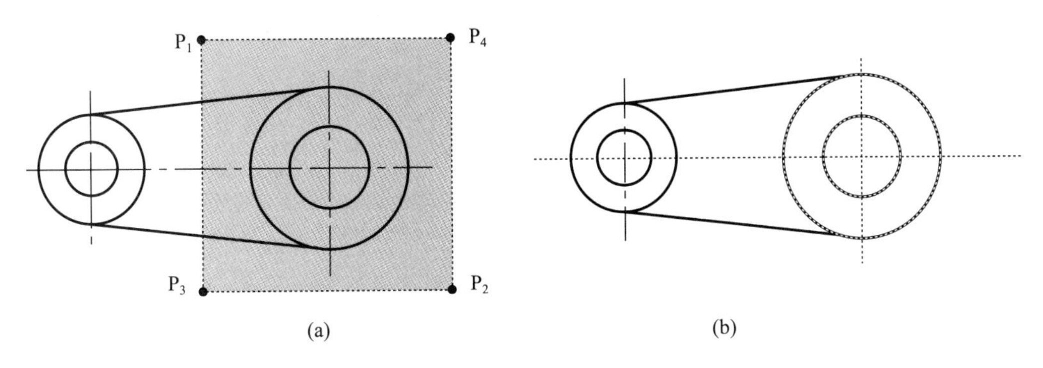

图4.2　使用“窗交”方式选择对象
（a）确定矩形窗口；（b）选择结果

4. “全部”方式（ALL 方式）

在“选择对象:”提示下，输入“ALL”并按回车键，除“冻结”“锁定”图层上的对象外，其余对象被选中。“关闭”状态图层上的对象虽然不可见，但也被选中。

5. “删除（R）”和“加入（A）”方式

操作方法如下：

选择对象：r//输入“r”并按回车键，进入删除状态。

删除对象：找到1个，删除1个，总计1个//从已被选择的对象中选取。

删除对象：a//输入“a”并按回车键，返回选择状态。

选择对象：

用该选择方式可以将所选对象从选择集中去除。当图形对象十分密集，数量比较多时，可先用“窗交”方式初步创建一个选择集，然后从选择集中将不需要的对象去除，这样会提高选择对象的效率。

更快的删除方式是，在“选择对象:”提示下，按住“Shift”键“点选”已被选择的对象，也可以将对象从选择集中去除。

6. 其他选择对象的方式

还有一些可用的选择对象的方式：上一个对象（L）、栏选（F）、多边形窗口

(WP)、多边形交叉窗口（CP)、前一个选择集（P)，输入选择项相应的字母，进入相应的选择方式。在实际操作中，可以根据具体的绘图要求和绘图习惯选择适当的方法来选择对象。

4.2 常用图形编辑命令

选择图形编辑命令的快捷方法有两种：

(1) 在功能区“默认”选项卡的“修改”面板中选取编辑工具按钮，如图 4.3（a）所示；

(2) 单击“修改”菜单栏，选择相应的编辑命令，如图 4.3（b）所示。

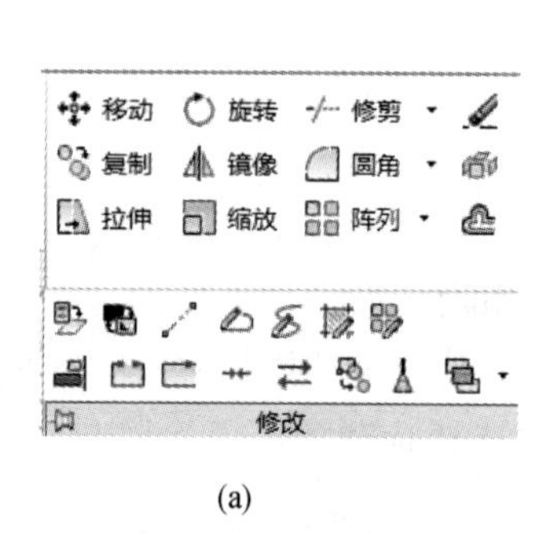

(a)

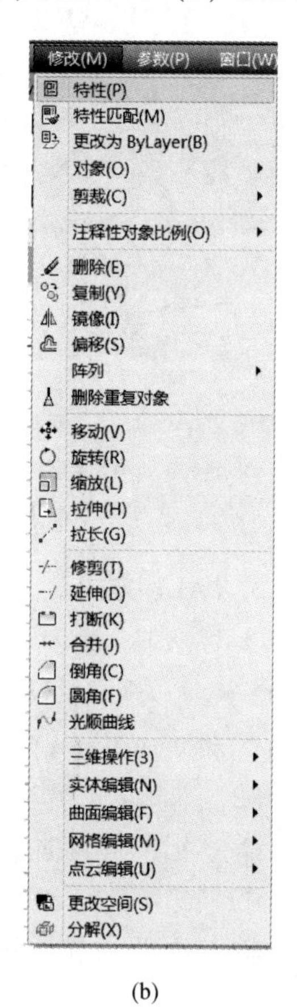

(b)

图 4.3 “修改”命令的调用

（a）“修改”面板；（b）“修改”菜单

4.2.1 删除（erase）

1. 作用

该命令用于删除绘制的多余或错误的图形。使用该命令会将所选的图形对象全部删除，例如一条直线、整个圆、整个圆弧，而不能删除其中的一部分。

2. 命令的调用

（1）功能区："默认"选项卡|"修改"面板|"删除"按钮 。

（2）菜单栏："修改"|"删除"。

3. 命令的操作

执行该命令后，命令行提示如下：

命令：_erase

选择对象://选择要删除的图形对象，按回车键。

选择对象://可继续选择要删除的图形对象，若已将要删除的图形对象都选中，可直接按回车键结束选择对象操作，则已选择的对象被删除。

4. 应用举例

例4.1　删除图4.4（a）中保证三视图之间投影规律的细实线。

操作步骤如下：

（1）单击功能区的"默认"选项卡|"修改"面板|"删除"按钮 。

（2）运用"点选"和交叉窗口选择方式，选中需要删除的对象。选中多余线条的效果如图4.4（b）所示。

（3）按回车键，即可将所选对象删除。删除后的效果如图4.4（c）所示。

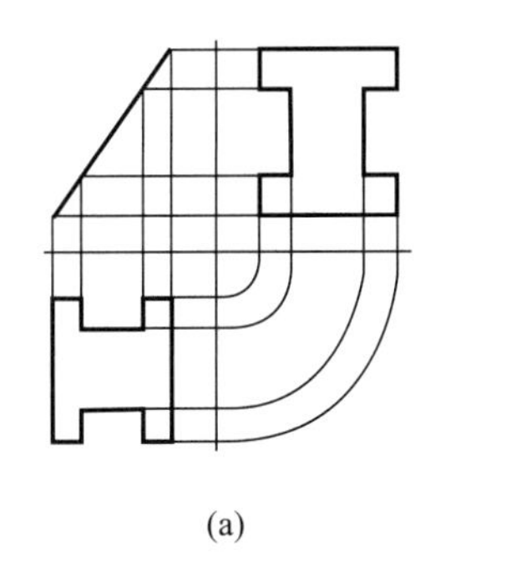

(a)

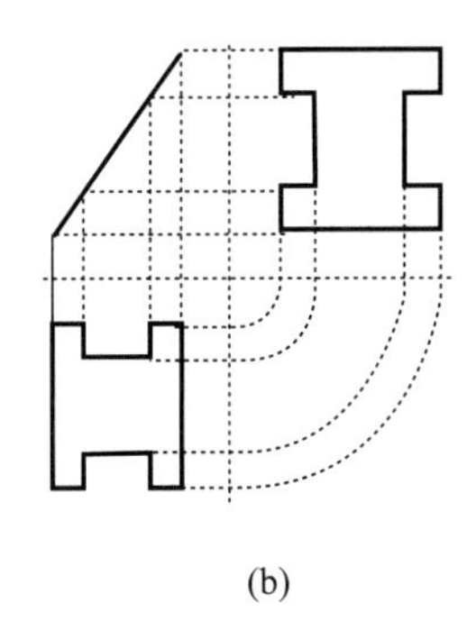

(b)

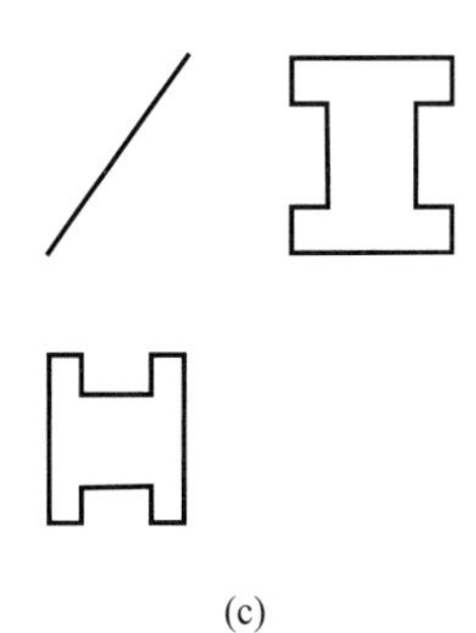

(c)

图4.4　"删除"命令应用举例

说明：在AutoCAD中有以下几个操作具有删除功能，在使用时要注意区分：

（1）erase命令用于删除绘图区域的图形对象。

（2）"Delete"键也可以删除绘图区域的图形对象，先选择对象，再按"Delete"键删除。

（3）"Esc"键用于取消当前的命令操作。

（4） 工具按钮取消前一个命令的操作效果，若前一个命令是"直线"，则取消刚画的直线；若前一个命令是"删除"，则恢复被删除的对象。

4.2.2　移动（move）

1. 作用

该命令可将选定的对象从一个位置移动到另一个位置。

2. 命令的调用

（1）功能区："默认"选项卡|"修改"面板|"移动"按钮。

（2）菜单栏："修改"|"移动"。

3. 命令的操作

执行该命令后，命令行提示如下：

命令：_move

选择对象：//选择要移动的对象。

选择对象：//按回车键结束对象选择操作。

指定基点或［位移（D）］ <位移>：//单击鼠标指定基点位置或直接输入基点坐标。

指定第二个点或<使用第一个点作为位移>：

//单击鼠标指定第二点位置或直接输入第二点坐标。

4. 应用举例

例 4.2 图 4.5（a）中左视图的位置偏右，向左移动其位置。

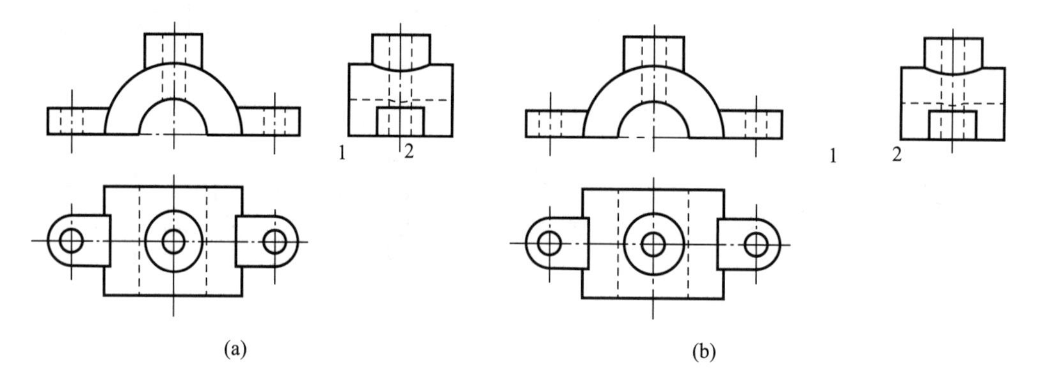

图 4.5 "移动"命令应用举例

（a）移动前的三视图；（b）移动后的三视图

操作步骤如下：

（1）确认状态栏中的"对象捕捉"图标处于"开"状态。

（2）单击功能区的"默认"选项卡|"修改"面板|"移动"按钮。

（3）此时命令行提示：

命令：_move

选择对象：//运用"窗口"或"窗交"方式选择对象，选中需要移动的左视图。

选择对象：//按回车键结束对象选择操作。

指定基点或［位移（D）］ <位移>：//选取图 4.5（a）中的 2 点作为基点。

指定第二个点或<使用第一个点作为位移>：//选取图 4.5（a）中的 1 点作为第二点。

移动结果如图 4.5（b）所示。

说明："基点"是移动时的定位点，应选择新位置易于准确定位的点作为基点。例如移动一个小圆使其与一个大圆同心，则基点应定在小圆的圆心。

4.2.3　复制（copy）

1. 作用

使用该命令可将选中的对象复制到指定的位置，可以连续复制多个新对象，原对象仍保留。

2. 命令的调用

（1）功能区："默认"选项卡|"修改"面板|"复制"按钮。

（2）菜单栏："修改"|"复制"。

3. 命令的操作

执行该命令后，命令行提示如下：

命令：_copy

选择对象://选择需要复制的对象。

选择对象://按回车键结束对象选择操作。

当前设置：复制模式 = 多个

指定基点或［位移（D）/模式（O）］<位移>：

其中：

（1）指定基点：确定复制的基点，即新对象的定位点。

（2）位移（D）：可指定新对象与原对象间的位移量。

（3）模式（O）：确定复制的模式。有"单个"和"多个"两种，单个模式指执行复制命令后只能对选择的对象执行一次复制；多个模式指可多次复制，该模式为默认模式。

指定第二个点或<使用第一个点作为位移>：

其中：

（1）在该提示下直接按回车键，AutoCAD将以基点作为第一点，其绝对坐标（x，y，z）分量作为复制的位移量复制对象。例如，基点绝对坐标为（100，150，0），x位移量为100，y位移量为150，新点坐标为（200，300，0）。

（2）如果指定第二个点，AutoCAD就会按指定位置复制所选对象。

4. 应用举例

例4.3　绘制图4.6（c）所示的图形。

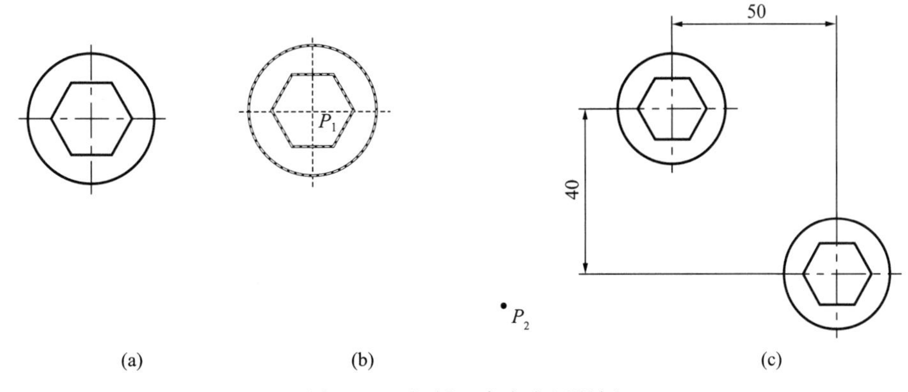

图4.6　"复制"命令应用举例

操作步骤如下：

（1）确认状态栏中的“对象捕捉”图标处于“开”状态。

（2）先绘制图4.6（a）所示的图形，即位于左上部的一组图形。

（3）单击功能区的“默认”选项卡|“修改”面板|“复制”按钮，此时命令行提示：

命令：_copy

选择对象：//选中需要复制的对象（圆、正六边形、两条中心线）。

选择对象：//按回车键结束对象选择操作。

当前设置：复制模式 = 多个

指定基点或［位移（D）/模式（O）］<位移>：//用鼠标捕捉图4.6（b）中的 P_1 点作为复制的基点。

指定第二个点或 <使用第一个点作为位移>：@50，－40//输入相对坐标确定 P_2 点，按回车键。

指定第二个点或［退出（E）/放弃（U）］<退出>：//按回车键结束复制。

复制结果如图4.6（c）所示。

说明：

“复制”命令与“移动”命令的用法很相似，前者产生新对象并保留原对象，后者产生新对象并去掉原对象。

4.2.4 旋转（rotate）

1. 作用

使用“旋转”命令可将选中的对象绕指定的基点（即旋转中心）旋转一定的角度。

2. 命令的调用

（1）功能区：“默认”选项卡|“修改”面板|“旋转”按钮。

（2）菜单栏：“修改”|“旋转”。

3. 命令的操作

执行该命令后，命令行提示如下：

命令：_rotate

UCS 当前的正角方向：ANGDIR = 逆时针 ANGBASE = 0

选择对象：//选择需要旋转的对象。

选择对象：//按回车键结束对象选择操作。

指定基点：//指定旋转中心点。

指定旋转角度，或［复制（C）/参照（R）］<默认值>：

其中：

（1）指定旋转角度：为默认项，系统将选定的对象绕基点转动该角度，角度值为正时，逆时针旋转，角度值为负时，顺时针旋转。

（2）复制（C）：以复制形式旋转对象，即创建出旋转对象后仍在原位置保留源对象。

（3）参照（R）：以参照方式旋转对象，需要依次指定参照方向的角度值和相对于参照方向的角度值。

4. 应用举例

例4.4　使用“旋转”命令将图4.7（a）修改为图4.7（c）。

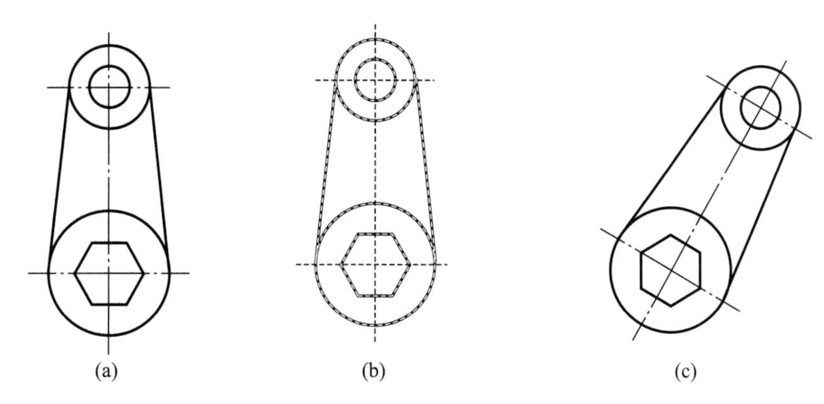

图4.7　“旋转”命令应用举例1

操作步骤：

（1）确认状态栏中的“对象捕捉”图标处于“开”状态。

（2）单击功能区的“默认”选项卡|“修改”面板|“旋转”按钮，此时命令行提示：

命令：_rotate

UCS当前的正角方向：ANGDIR = 逆时针 ANGBASE = 0

选择对象：//运用“窗口”或“窗交”方式选择对象，选中图4.7（a）中的所有对象，包括各条中心线。

选择对象：//按回车键结束对象选择操作。

指定基点：//选取六边形中心为旋转基点，效果如图4.7（b）所示。

指定旋转角度，或［复制（C）/参照（R）］ <默认值>：-30//输入旋转角度-30°，按回车键结束。

旋转结果如图4.7（c）所示。

例4.5　使用“旋转”命令将图4.8（a）修改为图4.8（c）。

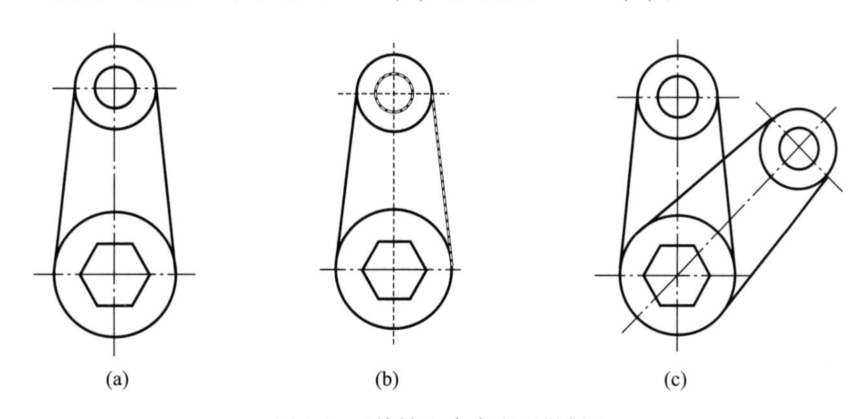

图4.8　“旋转”命令应用举例2

操作步骤如下：

(1) 确认状态栏中的“对象捕捉”图标处于“开”状态。

(2) 单击功能区的“默认”选项卡|“修改”面板|按钮 ，此时命令行提示：

命令：_rotate

UCS 当前的正角方向：ANGDIR = 逆时针 ANGBASE = 0

选择对象://运用“窗口”或“窗交”方式选择对象，不包括六边形和大圆。

选择对象://按回车键结束对象选择操作。

指定基点://选取六边形中心为旋转基点，效果如图 4.8 (b) 所示。

指定旋转角度，或［复制（C）/参照（R）］<默认值>：C //输入“C”后按回车键，表示采用“复制（C）”的方式。

指定旋转角度，或［复制（C）/参照（R）］<默认值>：-30//输入旋转角度 -30°，按回车键结束。

旋转结果如图 4.8 (c) 所示。

例 4.6 将图 4.9 (a) 中的图形旋转至图 4.9 (b) 中直线 AB 位置，修改结果如图 4.9 (d) 所示。

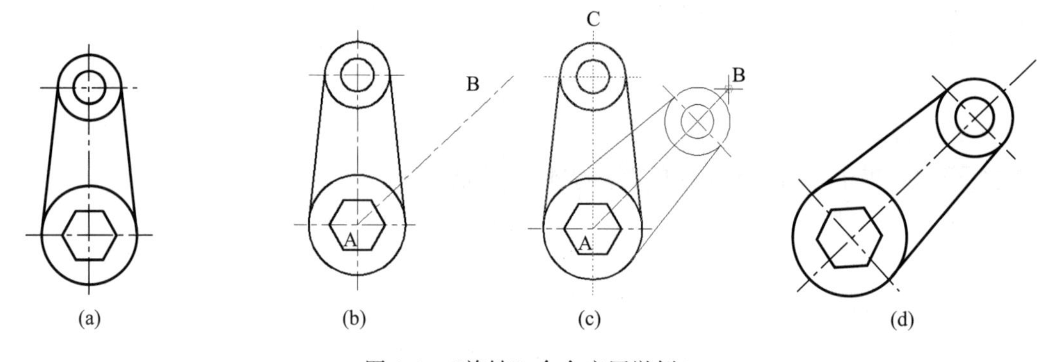

图 4.9 “旋转”命令应用举例 3

操作步骤如下：

(1) 确认状态栏中的“对象捕捉”图标处于“开”状态。

(2) 单击功能区的“默认”选项卡|“修改”面板|“旋转”按钮 ，此时命令行提示：

命令：_rotate

UCS 当前的正角方向：ANGDIR = 逆时针 ANGBASE = 0

选择对象://运用“窗口”或“窗交”方式选择对象，选中需要旋转的对象。

选择对象://按回车键结束对象选择操作。

指定基点://选取六边形中心为旋转基点，效果如图 4.9 (c) 所示。

指定旋转角度，或［复制（C）/参照（R）］<默认值>：R

//输入“R”后按回车键，表示采用“参照（R）”方式。

指定参照角<默认值>://用鼠标捕捉六边形中心，如图 4.9 (c) 中的 A 点。

指定第二点://用鼠标捕捉垂直中心线上的另一个点，如图 4.9 (c) 中的 C 点，AC 线形成原位置。

指定新角度或［点（P）］<默认值>://用鼠标捕捉图4.9（c）中的B点，AB线形成新位置。

旋转结果如图4.9（d）所示。

4.2.5 修剪（trim）

1. 作用

使用“修剪”命令是以一个或几个对象为剪切边，剪掉与其相交的对象的一部分。

2. 命令的调用

（1）功能区：“默认”选项卡|“修改”面板|“修剪”按钮。

（2）菜单栏：“修改”|“修剪”。

3. 命令的操作

执行该命令后，命令行提示如下：

命令：_trim

当前设置：投影=UCS，边=无

选择剪切边…

选择对象或<全部选择>://选择作为剪切边的对象，如果直接按回车键则选中全部对象。

选择对象://按回车键结束剪切边的选择。

选择要修剪的对象，或按住Shift键选择要延伸的对象，或［栏选（F）/窗交（C）/投影（P）/边（E）/删除（R）/放弃（U）］：

其中：

（1）选择要修剪的对象：为默认选项，系统将以设定的剪切边为边界，将被剪切对象上拾取点一侧的对象剪切掉。

（2）如果被剪切对象没有与剪切边相交，在该提示下按“Shift”键，然后选择对象，系统将其延伸到剪切边。

4. 应用举例

例4.7　将图4.10（a）所示图形修剪成图4.10（c）所示图形。

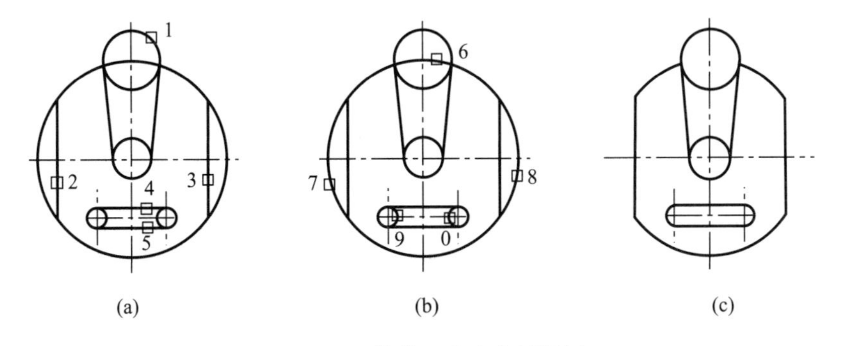

图4.10 “修剪”命令应用举例

（a）选择修剪边界；（b）选择修剪对象；（c）修剪后的图形

操作步骤如下：

单击“修剪”按钮，此时命令行提示：

命令：_trim

当前设置：投影 = UCS，边 = 无

选择剪切边…

选择对象或 <全部选择>：//用鼠标拾取圆 1 和线段 2、3、4、5，如图 4.10（a）所示。

选择对象：//按回车键结束剪切边的选择。

选择要修剪的对象，或按住 Shift 键选择要延伸的对象，或［栏选（F）/窗交（C）/投影（P）/边（E）/删除（R）/放弃（U）］：

//用鼠标拾取 6、7、8、9、0 点的位置（即要剪去的部分），如图 4.10（b）所示。

选择要修剪的对象，或按住 Shift 键选择要延伸的对象，或［栏选（F）/窗交（C）/投影（P）/边（E）/删除（R）/放弃（U）］：//按回车键结束修剪命令。

修剪的结果如图 4.10（c）所示。

说明：

（1）修剪边界选择完成后，一定要按回车键结束剪切边的选择，然后才能选择需要修剪的对象。

（2）在本例中，有可能 7、8 两段圆弧没有被修剪掉，最可能的原因是 2、3 两段直线与大圆没有相交。可用 4.2.6 节所介绍的延伸命令（extend）先将直线延伸至与大圆相交，再修剪。

4.2.6 延伸（extend）

1. 作用

使用“延伸”命令可以将对象延伸到指定的边界，与边界相交。

2. 命令的调用

（1）功能区：“默认”选项卡|“修改”面板|“延伸”按钮。

（2）菜单栏：“修改”|“延伸”。

3. 命令的操作

执行该命令后，命令行提示如下：

命令：_extend

当前设置：投影 = UCS，边 = 无

选择边界的边…

选择对象或 <全部选择>：//选择延伸边界，如果直接按回车键则将图形文件中的全部对象作为延伸边界

选择对象：//按回车键结束延伸边界的选择。

选择要延伸的对象，或按住 Shift 键选择要修剪的对象，或［栏选（F）/窗交（C）/投影（P）/边（E）/放弃（U）］：//选择要延伸的对象，拾取点一侧的对象被延伸到边界。

4. 应用举例

例 4.8 把图 4.11（a）中的圆弧延伸到水平中心线。

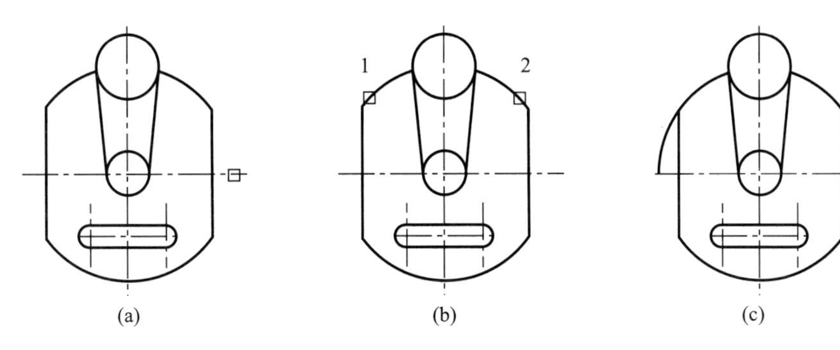

图4.11　“延伸”命令应用举例

(a) 选择延伸边界线；(b) 选择延伸对象；(c) 延伸后的图形

操作步骤如下：

单击“延伸”按钮，此时命令行提示：

命令：_extend

当前设置：投影 = UCS，边 = 无

选择边界的边…

选择对象或 <全部选择>：//选择图4.11 (a) 中的水平中心线作为延伸边界。

选择对象：//按回车键结束延伸边界的选择。

选择要延伸的对象，或按住 Shift 键选择要修剪的对象，或 [栏选 (F) /窗交 (C) /投影 (P) /边 (E) /放弃 (U)]：//用鼠标拾取图4.11 (b) 中的圆弧上1、2两点的位置。

选择要延伸的对象，或按住 Shift 键选择要修剪的对象，或 [栏选 (F) /窗交 (C) /投影 (P) /边 (E) /放弃 (U)]：//按回车键结束延伸命令。

最终效果如图4.11 (c) 所示。

说明：

(1) 在修剪命令中通过按住“Shift”键可以切换到延伸命令，同样，在延伸命令中通过按住“Shift”键可以切换到修剪命令。

(2) 若中心线过短，圆弧不能与其相交，1、2两段圆弧将不延伸。

4.2.7　镜像 (mirror)

1. 作用

使用“镜像”命令可以实现对象关于镜像线的镜像对称复制，镜像线由两个点确定。

2. 命令的调用

(1) 功能区：“默认”选项卡 |“修改”面板 |“镜像”按钮。

(2) 菜单栏：“修改” |“镜像”。

3. 命令的操作

执行该命令后，命令行提示如下：

命令：_mirror

选择对象://选择需要镜像复制的对象。

选择对象://按回车键结束对象选择操作。

指定镜像线的第一点://指定一个点，作为镜像线上的一个端点。

指定镜像线的第二点:

//指定第二点，与第一点确定一条直线，即镜像线。在操作时注意要打开“对象捕捉”以便准确捕捉点。

要删除源对象吗？[是（Y）/否（N）] <N>://设置在创建镜像对象的同时是否保留源对象。

4. 应用举例

例 4.9 将图 4.12（a）所示图形绘制为图 4.12（c）所示图形。

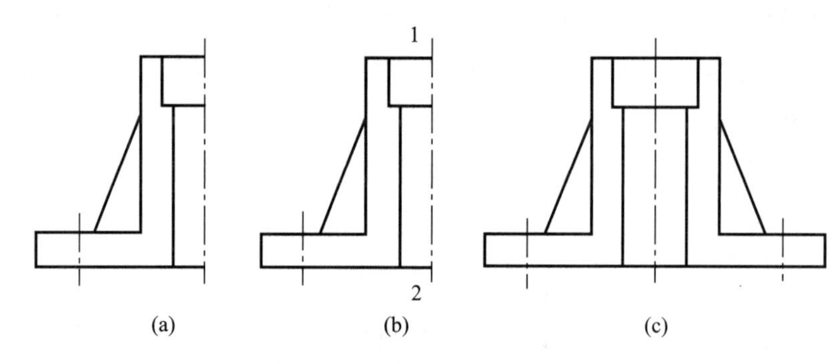

图 4.12 “镜像”命令应用举例

操作步骤如下：

（1）单击状态栏中的“对象捕捉”图标，使该功能处于“开”状态。

（2）单击“镜像”按钮 ，此时命令行提示：

命令：_mirror

选择对象://用“窗交”方式选择图 4.12（a）中除点画线外的所有图形。

选择对象://按回车键结束对象选择操作。

指定镜像线的第一点://用鼠标捕捉图 4.12（b）中点画线的端点 1。

指定镜像线的第二点://用鼠标捕捉图 4.12（b）中点画线的端点 2。

要删除源对象吗？[是（Y）/否（N）] <N>://按回车键，选择默认项（不删除源对象）。

最终效果如图 4.12（c）所示。

说明：

（1）镜像线的第一点和第二点可以是已经画好的一条直线的两个端点，如图 4.12（b）所示；也可以不存在，只是在命令执行过程中临时确定第一点和第二点。

（2）文字、属性和属性定义有可读镜像和不可读镜像两种方式，由系统变量 Mirrtext 的值控制。当 Mirrtext =0 时为可读镜像，如图 4.13（b）所示。当 Mirrtext = 1 时为不可读镜像，如图 4.13（c）所示，此值为默认设置。

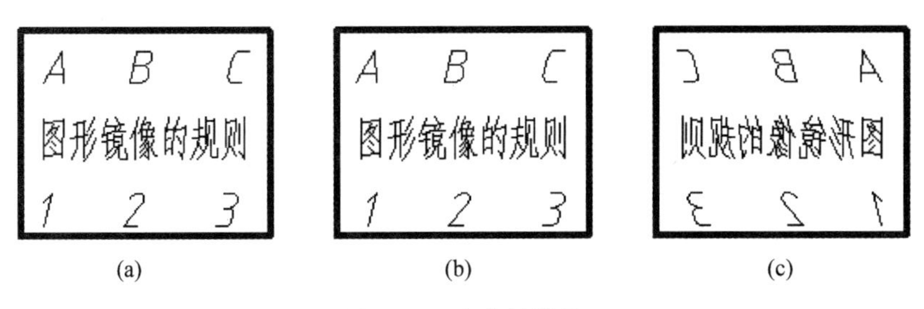

(a)　(b)　(c)

图 4.13　文字的镜像

（a）镜像前的文字；（b）Mirrtext = 0 时的镜像效果；（c）默认设置 Mirrtext = 1 的镜像效果

4.2.8　偏移（offset）

1. 作用

使用“偏移”命令可以创建形状相似、与选定对象平行的新对象，例如创建同心圆、平行线、等距曲线等。可以使用“偏移”命令的对象包括直线、矩形、正多边形、圆、圆弧、椭圆、椭圆弧、多段线、构造线和样条曲线。

2. 命令的调用

（1）功能区：“默认”选项卡 |“修改”面板 |“偏移”按钮。

（2）菜单：“修改”|“偏移”。

3. 命令的操作

执行该命令后，命令行提示如下：

命令：_offset

当前设置：删除源 = 否　图层 = 源　OFFSETGAPTYEP = 0

指定偏移距离或［通过（T）/删除（E）/图层（L）］<通过>://指定偏移距离为默认选项，输入一个数作为距离值偏移复制对象，其中：

（1）通过（T）：指定一个点作为新对象通过的点。

（2）删除（E）：确定偏移后是否删除源对象。

（3）图层（L）：可选择偏移产生的新对象是在当前层还是在源对象层上生成。缺省时 AutoCAD 在源对象层上生成新对象。

选择要偏移的对象，或［退出（E）/放弃（U）］<退出>://只能用拾取框拾取一个已有对象。

指定要偏移的那一侧上的点，或［退出（E）/多个（M）/放弃（U）］<退出>:

//在对象的一侧任意指定一点，确定偏移方向，将按指定的偏移距离创建一个新对象。

选择要偏移的对象，或［退出（E）/放弃（U）］<退出>://选择新产生的对象作为已有对象。

指定要偏移的那一侧上的点，或［退出（E）/多个（M）/放弃（U）］<退出>:

//与前一次同方向上确定一点，将产生第二个等距新对象。

多次响应以上提示可按指定的偏移距离创建多个偏移对象。按回车键可结束偏移命令。

4. 应用举例

例 4.10 绘制图 4.14（a）中有圆角的矩形。

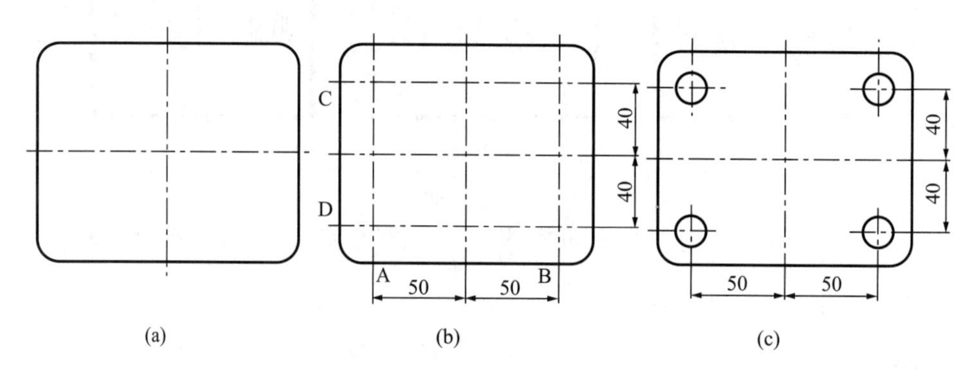

图 4.14 “偏移”命令使用举例

（1）由矩形的垂直中心线偏移出小圆的中心线，如图 4.14（b）所示。单击“偏移”按钮，此时命令行提示：

命令：_offset

当前设置：删除源 = 否　图层 = 源　OFFSETGAPTYEP = 0

指定偏移距离或［通过（T）/删除（E）/图层（L）］<通过>：50//设置偏移距离为 50 并按回车键确定。

选择要偏移的对象，或［退出（E）/放弃（U）］<退出>://选择矩形的垂直中心线为偏移对象。

指定要偏移的那一侧上的点，或［退出（E）/多个（M）/放弃（U）］<退出>：

//用鼠标单击垂直中心线左侧一点 A，生成左侧中心线，如图 4.14（b）所示。

选择要偏移的对象，或［退出（E）/放弃（U）］<退出>://选择矩形的垂直中心线为偏移对象。

指定要偏移的那一侧上的点，或［退出（E）/多个（M）/放弃（U）］<退出>：

//用鼠标单击垂直中心线右侧一点 B，生成右侧中心线，如图 4.14（b）所示。

指定要偏移的那一侧上的点，或［退出（E）/多个（M）/放弃（U）］<退出>://按回车键结束命令

（2）按回车键，继续“偏移”命令。此时命令行提示：

命令：_offset

当前设置：删除源 = 否　图层 = 源　OFFSETGAPTYEP = 0

指定偏移距离或［通过（T）/删除（E）/图层（L）］<通过>：40//设置偏移距离为 40 并按回车键确定。

选择要偏移的对象，或［退出（E）/放弃（U）］<退出>://选择矩形的水平中心线为偏移对象。

指定要偏移的那一侧上的点，或［退出（E）/多个（M）/放弃（U）］<退出>：

//用鼠标单击垂直中心线上侧一点 C，生成上侧中心线，如图 4.14（b）所示。

选择要偏移的对象，或［退出（E）/放弃（U）］<退出>://选择矩形的水平中心线

为偏移对象

指定要偏移的那一侧上的点，或［退出（E）/多个（M）/放弃（U）］<退出>：

//用鼠标单击垂直中心线下侧一点 D，生成下侧中心线，如图 4.14（b）所示。

指定要偏移的那一侧上的点，或［退出（E）/多个（M）/放弃（U）］<退出>：//按回车键结束命令。

（3）用“圆”命令绘制 4 个小圆。

（4）用“打断”命令去除中心线的中间部分。

说明：

（1）可以向同一侧偏移，生成一系列等距线，选择新生成的对象为下一次的偏移对象，偏移对象不同，偏移方向相同。

（2）可以在同一对象的两侧偏移出两条等距线，偏移对象是同一个，偏移方向不同。

4.2.9　阵列（array）

1. 作用

使用“阵列”命令可以进行有规则的多重复制。阵列方式分为矩形阵列、环形阵列和路径阵列。矩形阵列可以实现对象关于指定行数、列数及行间距、列间距的多重复制。环形阵列可以实现对象按照指定的阵列中心、阵列个数及包含角度进行多重复制。使用路径阵列可以实现沿路径和部分路径均匀分布复制。

2. 命令的调用

（1）功能区：“默认”选项卡|“修改”面板|“阵列”按钮。

（2）菜单栏：“修改”|“阵列”。

3. 矩形阵列

在启用功能区的情况下，在创建矩形阵列的过程中，可以在功能区面板的“阵列创建”选项卡中设置相关参数，如图 4.15 所示。

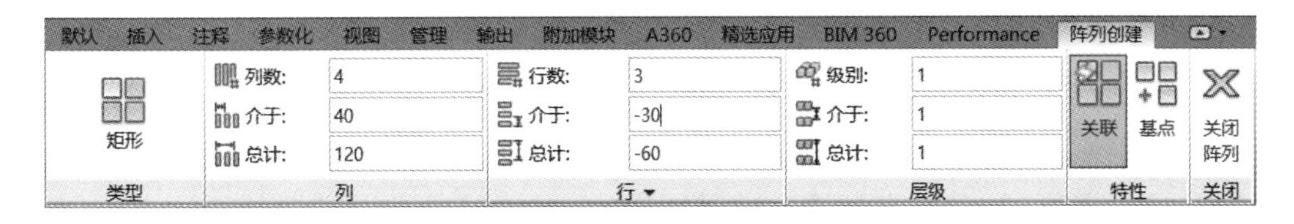

图 4.15　矩形阵列创建面板

（1）“矩形阵列创建”选项卡的主要参数设置介绍如下：

①“类型”选项，表示当前使用的阵列类型。

②“列”选项，包括“列数”“介于”和“总计”三个参数项。“列数”用于指定矩形阵列的列数；“介于”用于指定从每个对象的相同位置测量的每列之间的距离，即列间距；“总数”用于指定从开始和结束对象上的相同位置测量的起点和终点列之间的总距离。在设置时根据已知条件填入任意两个参数即可进行阵列。

③“行”选项，包括“行数”“介于”和“总计”三个参数项。“行数”用于指定矩形

阵列的行数；“介于”用于指定从每个对象的相同位置测量的每行之间的距离，即行间距；“总数”用于指定从开始和结束对象上的相同位置测量的起点和终点行之间的总距离。在设置时根据已知条件填入任意两个参数即可进行阵列。

④“层”选项用于指定三维矩形阵列的层数、z 方向层间距、z 方向总距离。

⑤“特性”选项，包括“关联”和“基点”两个参数项。“关联”按钮用于指定阵列中的对象是关联的还是独立的。如果为“关联”状态，则创建的阵列对象是一个整体，当对阵列源对象进行编辑时阵列中的其他对象也跟着进行变化。如果为“不关联”状态，则创建的阵列对象是单独的，更改一个对象不影响其他对象。软件默认状态为“关联”状态。“基点”按钮用于指定在阵列中放置对象的基点。

(2) 应用举例。

例 4.11 已绘出一个图形（位于图 4.16 左上角位置），用“矩形阵列”方法绘制图 4.16 所示图形，其中行距离为 30，列距离为 40。

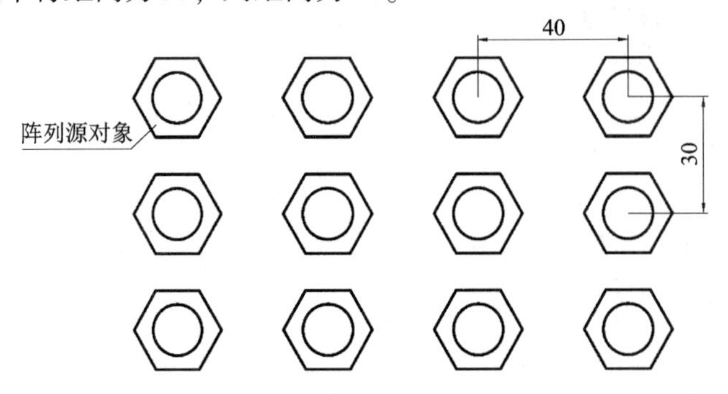

图 4.16 “矩形阵列”应用举例

操作步骤：

① 单击功能区的“默认”选项卡 |“修改”面板 |“阵列”按钮 |“矩形阵列”按钮 。

② 用鼠标选择事先绘制好的图形作为阵列对象。

③ 在功能区的“矩形阵列”选项卡中，进行相关设置，如图 4.15 所示。

④ 单击“关闭阵列”按钮，完成矩形阵列，如图 4.16 所示。

4. 环形阵列

环形陈列创建面板如图 4.17 所示。

图 4.17 环形阵列创建面板

(1)“环形阵列创建”选项卡的主要参数设置介绍如下：

①“类型”选项，表示当前使用的阵列类型。

②“项目”选项，包括“项目数”“介于”和“填充”三个参数项。“项目数”用于指定环形阵列的对象数量；“介于”用于指定相邻两个对象之间的夹角；“填充”用于指定环

形阵列的填充角度。在设置时根据已知条件填入任意两个参数即可进行阵列。

③“行”选项，包括“行数”“介于”和“总计”三个参数项。“行数”用于指定环形阵列的行数；“介于”用于指定从每个对象的相同位置测量的每行之间的距离，即行间距；“总数”用于指定从开始和结束对象上的相同位置测量的起点和终点行之间的总距离。在设置时根据已知条件填入任意两个参数即可进行阵列。

④“层”选项，用于指定三维环形阵列的层数、z 方向层间距、z 方向总距离。

⑤“特性”选项，包括“关联”“基点”“旋转项目”和“方向”四个参数项。“关联”按钮用于指定阵列中的对象是关联的还是独立的。如果为“关联”状态，则创建的阵列对象是一个整体，当对阵列源对象进行编辑时阵列中的其他对象也跟着进行变化。如果为“不关联”状态，则创建的阵列对象是单独的，更改一个对象不影响其他对象。软件默认状态为“关联”状态。“基点”按钮用于指定在阵列中放置对象的基点。“旋转项目”按钮用于控制在进行环形阵列时是否对阵列对象进行旋转。默认情况下是“旋转”状态。“方向”按钮用于确定环形阵列的方向，默认情况下是“逆时针”方向。

（2）应用举例。

例 4. 12　应用环形阵列绘制图 4. 18（b）所示的法兰上的孔和肋。

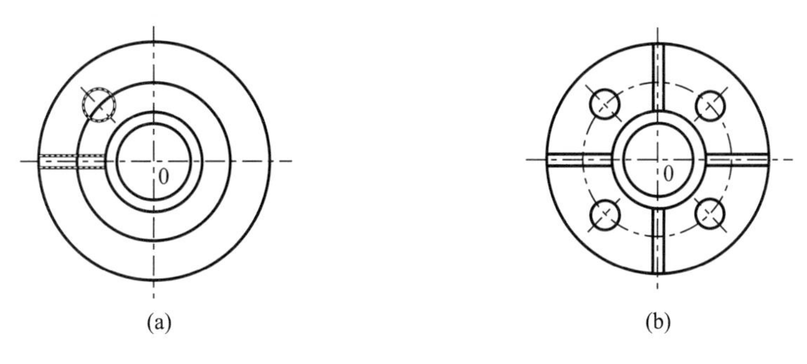

图 4. 18　“环形阵列”应用举例

操作步骤如下：

① 单击功能区的“默认”选项卡 |“修改”面板 |“阵列”按钮 |“环形阵列”按钮 。

② 用鼠标选择事先绘制好的图形作为阵列对象。

③ 指定环形阵列的中心点位置。

④ 在功能区的“环形阵列”选项卡中，设置“项目数”为 4，“填充角度”为 360，如图 4. 17 所示。

⑤ 单击“关闭阵列”按钮，完成环形阵列，如图 4. 18 所示。

5. 路径阵列

路径阵列创建面板如图 4. 19 所示。

图 4. 19　路径阵列创建面板

（1）“路径阵列创建”选项卡主要参数设置介绍如下：

①“类型”选项，表示当前使用的阵列类型。

②“项目”选项，包括“项目数”“介于”和“总计”三个参数项。“项目数”用于指定路径阵列的个数；“介于”用于指定相邻两个对象的相同位置测量的之间的距离；“总数”用于指定从开始和结束对象上的相同位置测量的起点和终点之间的总距离。可以输入的参数由路径阵列的方法确定。当“方法”为“定数等分”时，可通过输入数值或表达式指定阵列中的项目数。当“方法”为“定距等分”时，可通过输入数值或表达式指定阵列中的项目的距离。

在默认情况下，使用最大项目数填充阵列。如果需要，可以指定一个更小的项目数。也可以启用“填充整个路径”，以便在路径长度更改时调整项目数。

③“行”选项，包括“行数”“介于”和“总计”三个参数项。“行数”用于指定路径阵列的行数；“介于”用于指定从每个对象的相同位置测量的每行之间的距离，即行间距；“总数”用于指定从开始和结束对象上的相同位置测量的起点和终点之间的总距离。在设置时根据已知条件填入任意两个参数即可进行阵列。

④“层”选项，用于指定三维路径阵列的层数、相邻两层间距离、从第一层到最后一层的总距离。

⑤“特性”选项，包括“关联”“基点”“切线方向”“路径阵列方法”“对齐项目”和“z 方向”六个参数项。“关联”按钮用于指定阵列中的对象是关联的还是独立的。如果为“关联”状态，则创建的阵列对象是一个整体，当对阵列源对象进行编辑时阵列中的其他对象也跟着进行变化。如果为“不关联”状态，则创建的阵列对象是单独的，更改一个对象不影响其他对象。默认状态为“关联”状态。“基点”按钮用于指定在阵列中放置对象的基点。“路径阵列方法”按钮用于指定路径阵列是按等分方式还是按等距方式进行，默认的方式是等距方式。“对齐项目”用于指定每个阵列对象的方向是否与路径的方向相切对齐。默认方式是对齐方式。

（2）应用举例。

例 4.13 应用路径阵列绘制图 4.20（b）所示图形，已知路径曲线和阵列项数为 10。

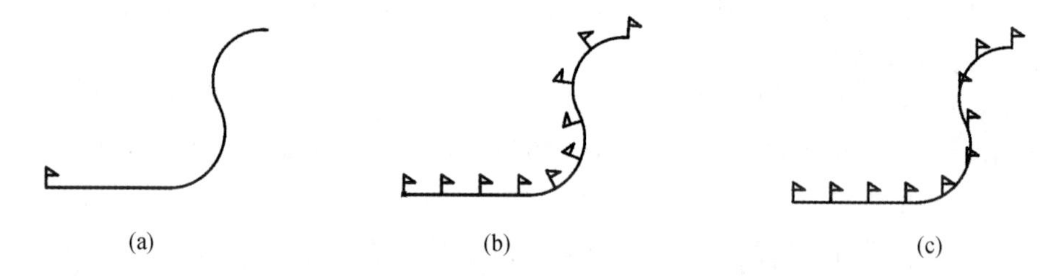

图 4.20 “环形阵列”应用举例

（a）阵列前图形；（b）采用对齐方式阵列后图形；（c）未采用对齐方式阵列后图形

操作步骤如下：

① 单击功能区的“默认”选项卡 |“修改”面板 |“阵列”按钮 |“路径阵列”按钮 。

② 用鼠标选择事先绘制好的图形作为阵列对象，选择完成后按回车键。

③ 用鼠标选择事先绘制好的图形作为阵列路径，选择完成后按回车键。

④ 在功能区的“路径阵列”选项卡中，设置路径阵列方式为“等分方式”，输入“项

目数”为10，如图4.19所示。

⑤ 单击“关闭阵列”按钮，完成环形阵列，如图4.20（b）所示。若将“对齐项目”按钮设置为“未亮”状态，则绘制的图形如图4.20（c）所示。

说明：

① 操作各阵列命令时，除了可以在功能区操作面板上进行各参数的设置外，还可以根据命令行的提示直接在命令行中输入相应参数。只是在功能区操作面板上进行操作会更直观一些。

② 对于一些AutoCAD的老用户来说，如果其更习惯原来对话框设置的方式，可以在命令行中直接输入命令“arrayclassic”，调取“阵列”对话框。在该对话框中只能进行矩形阵列和环形阵列的设置。

4.2.10　圆角（fillet）

1. 作用

用圆弧光滑连接两个对象，即倒圆角。圆角操作的对象包括直线、圆弧、圆、多段线、正多边形、矩形等。

2. 命令的调用

（1）功能区：“默认”选项卡|“修改”面板|“圆角”按钮 。

（2）菜单栏：“修改”|“圆角”。

3. 命令的操作

执行该命令后，命令行提示如下：

命令：_fillet

当前设置：模式=修剪，半径=0//说明了当前的绘制模式和当前圆角半径值。

选择第一个对象或[放弃（U）/多段线（P）/半径（R）/修剪（T）/多个（M）]://选择用于绘制圆角的第一个对象，为默认选项，其中：

（1）“半径（R）”选项：设定圆角半径值；

（2）“修剪（T）”选项：设定倒圆角的修剪模式，即绘制圆弧后是否对两个对象进行修剪，如图4.19所示。

（3）“多个（M）”选项：设置是否进行多个圆角的连续绘制操作。

选择第二个对象，或按住Shift键选择对象以应用角点或[半径（R）]：

//选择第二个对象完成圆角命令。

对图4.21（a）中的两条直线A、B绘制半径为10的圆角，结果如图4.21（b）、（c）所示。

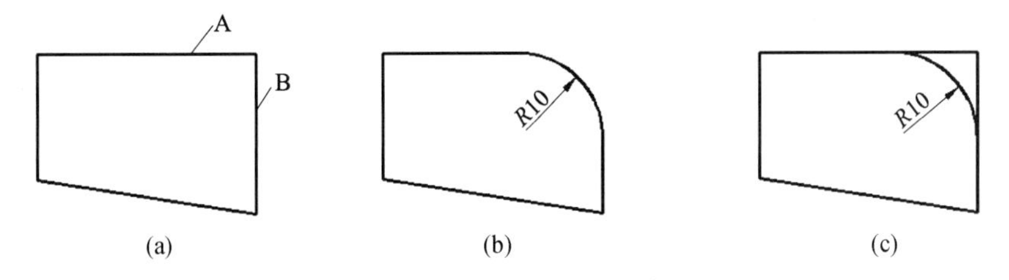

图4.21　圆角的两种修剪模式

（a）需绘制圆角的两个对象；（b）修剪模式绘制的圆角；（c）不修剪模式绘制的圆角

4. 应用举例

例 4.14 完成图 4.22（c）所示图形。

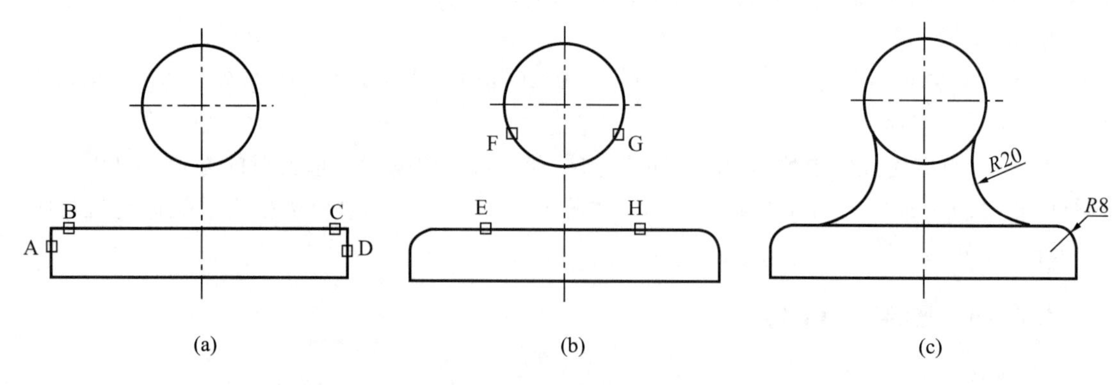

图 4.22 “圆角”命令应用举例

操作步骤如下：

（1）先绘制图 4.22（a）所示图形。

（2）设置“模式 = 修剪，半径 = 8”，执行两次“圆角”命令，圆角对象分别为 A 与 B、C 与 D，完成后如图 4.22（b）所示。

（3）设置“模式 = 不修剪，半径 = 20”，执行两次“圆角”命令，圆角对象分别为 E 与 F、G 与 H，完成后如图 4.22（c）所示。

说明：

（1）选择圆角对象时，拾取框尽量靠近需要画圆角的位置，如图 4.22（a）、（b）所示。

（2）应用“圆角”命令可以对平行的直线进行圆角操作，其效果如图 4.23 所示。在进行圆角操作时不需要设置圆角半径，系统会自动计算半径值。在绘制机械图时，键槽等类似结构可用此方法绘制。

图 4.23 对两条平行直线进行圆角操作

（a）进行圆角操作前的两条平行直线；（b）进行圆角操作后的结果

4.2.11 倒角（chamfer）

1. 作用

使用“倒角”命令可以在两条直线间绘制出直线倒角，操作对象是直线、多段线、矩形、正多边形等线性对象。

2. 命令的调用

（1）功能区：“默认”选项卡 |“修改”面板 |“倒角”按钮 。

（2）菜单栏：“修改”|“倒角”。

3．命令的操作

执行该命令后，命令行提示如下：

命令：_chamfer

（“修剪”模式）当前倒角距离1=0.00，距离2=0.00

//给出当前系统使用的倒角距离及修剪模式。

选择第一条直线或［放弃（U）/多段线（P）/距离（D）/角度（A）/修剪（T）/方式（E）/多个（M）］：

//选择进行倒角的第一条直线，为默认选项。其中：

（1）“距离（D）”选项：用于设置第一个倒角边距离和第二个倒角边距离。

（2）“角度（A）”选项：可根据倒角边长度和角度来设置倒角数值。

（3）“修剪（T）”选项：设置倒角的修剪模式，倒角后是否对倒角边进行修剪。其效果与“圆角”命令中的修剪模式类似。

（4）“多个（M）”选项：用于设置是否进行多个倒角的绘制操作。

选择第二条直线，或按住Shift键选择直线以应用角点或［距离（D）/角度（A）/方法（M）］：

//选择第二个对象。

4．应用举例

例4.15　给图4.24（a）所示的轴左、右两端面倒角，左端面倒角距离为C2，右端面倒角距离为4×30°最终效果如图4.24（b）所示。左侧选择的是“距离（D）”方式，给出两个倒角距离；右侧选择的是“角度（A）”方式，给出角度和倒角距离。

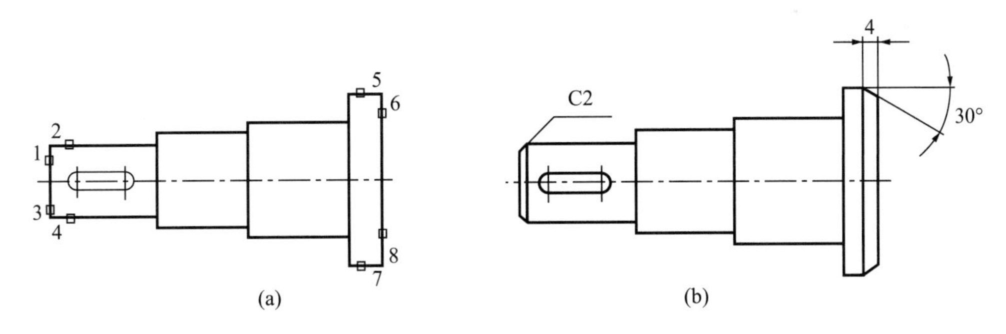

图4.24　“倒角”命令应用举例

操作步骤如下：

单击功能区的“默认”选项卡|“修改”面板|“倒角”按钮，此时命令行提示：

命令：_chamfer

（“修剪”模式）当前倒角距离1=0.00，距离2=0.00

//系统当前使用的倒角距离为0，默认模式为“修剪”模式。

选择第一条直线或［放弃（U）/多段线（P）/距离（D）/角度（A）/修剪（T）/方式（E）/多个（M）］：M

//输入“M”并按回车键，设置在本命令中进行多个倒角的绘制。

选择第一条直线或［放弃（U）/多段线（P）/距离（D）/角度（A）/修剪（T）/方式（E）/多个（M）］：D

//输入“D”并按回车键，选择用“距离（D）”方式绘制倒角。

指定第一个倒角距离 <当前值>：2//输入“2”并按回车键，设置第一个倒角距离为 2。

指定第二个倒角距离 <2.0000>：

//直接按回车键，设置第二个倒角距离为 2（直接采用“< >”内的值）。

选择第一条直线或［放弃（U）/多段线（P）/距离（D）/角度（A）/修剪（T）/方式（E）/多个（M）］：

//选择直线 1，如图 4.24（a）所示。

选择第二条直线，或按住 Shift 键选择以应用角点或［距离（D）/角度（A）/方法（M）］：

//选择直线 2，完成左上倒角。

选择第一条直线或［放弃（U）/多段线（P）/距离（D）/角度（A）/修剪（T）/方式（E）/多个（M）］：

//选择直线 3，如图 4.24（a）所示。

选择第二条直线，或按住 Shift 键选择以应用角点或［距离（D）/角度（A）/方法（M）］：

//选择直线 4,，如图 4.24（a）所示，完成左侧端面的倒角。

选择第一条直线或［放弃（U）/多段线（P）/距离（D）/角度（A）/修剪（T）/方式（E）/多个（M）］：A

//输入“A”并按回车键，选择用“角度（A）”方式绘制倒角。

指定第一条直线的倒角长度 <2.0000>：4//设定倒角边距离为 4。

指定第一条直线的倒角角度 <0.0000>：30//设定倒角角度为 30°。

选择第一条直线或［放弃（U）/多段线（P）/距离（D）/角度（A）/修剪（T）/方式（E）/多个（M）］：

//选择直线 5，如图 4.24（a）所示

选择第二条直线，或按住 Shift 键选择直线以应用角点或［距离（D）/角度（A）/方法（M）］：

//选择直线 6，如图 4.24（a）所示。

选择第一条直线或［放弃（U）/多段线（P）/距离（D）/角度（A）/修剪（T）/方式（E）/多个（M）］：

//选择直线 7，如图 4.24（a）所示。

选择第二条直线，或按住 Shift 选择直线以应用角点或［距离（D）/角度（A）/方法（M）］：

//选择直线 8，如图 4.24（a）所示，完成右侧端面的倒角。

说明：

“倒角”和“圆角”两个命令的特殊用法是当两个倒角距离均为 0 或圆角半径为 0，且在“修剪”模式时，操作的效果是两条直线相交，而不产生倒角或圆角。

4.2.12　打断（break）

1. 作用

使用“打断”命令可以将对象在两点之间打断，即删除位于两点之间的部分对象。

2. 命令的调用

（1）功能区：“默认”选项卡|“修改”面板|“打断”按钮。

（2）菜单栏：“修改”|“打断”。

3. 命令的操作

执行该命令后，命令行提示如下：

命令：_break

选择对象：//只能用“点选”方式直接拾取对象，且拾取点能够作为第一个打断点。

指定第二个打断点或［第一点（F）］：//确定第二个打断点位置，此时系统默认选择对象时的拾取点作为第一个打断点。其中“第一点（F）”选项用于重新确定第一个打断点位置。

4. 应用举例

例4.16　对图4.25（a）进行编辑，最终效果如图4.25（c）所示。

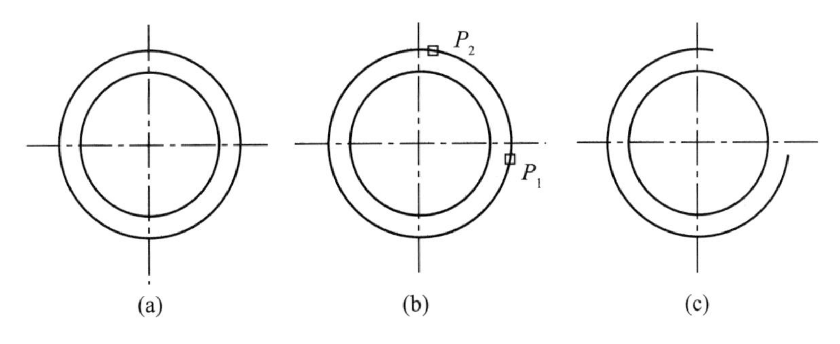

图4.25　“打断”命令应用举例

操作步骤如下：

单击功能区的“默认”选项卡|“修改”面板|打断”按钮，此时命令行提示如下：

命令：_break

选择对象：//用鼠标在图4.25（a）中大圆的任何位置上点取。

指定第二个打断点或［第一点（F）］：F//输入“F”并按回车键，重新设定第一个打断点。

指定第一个打断点：//用鼠标在大圆上单击图4.25（b）中P_1点的位置。

指定第二个打断点：//用鼠标在大圆上单击图4.25（b）中P_2点的位置。

说明：

（1）如果需要在一点上将对象打断，则应使第一个打断点和第二个打断点重合，在输入第二个点时，仅需要输入一个“@”即可；

（2）在拾取打断点的时候，建议将对象捕捉关闭，以免影响非捕捉点的拾取；
（3）在封闭的对象上进行打断时，打断部分按逆时针方向从第一点到第二点断开。

4.2.13 打断于点（break）

1. 作用

使用“打断于点”命令可以在指定点把对象一分为二。

2. 命令的调用

（1）功能区：“默认”选项卡 |“修改”面板 |“打断于点”按钮。
（2）菜单栏：“修改”|“打断于点”。

3. 命令的操作

执行该命令后，命令行提示如下：
命令：_break
选择对象://只能用“点选”方式直接拾取对象。
指定第二个打断点或［第一点（F）］：-f
指定第一个打断点://指定第一个打断点。
指定第二个打断点：@//拾取第一个打断点后，命令自动结束。

说明：

（1）本命令实际上是打断命令的一个特例，即第一个打断点与第二个打断点重合的情况。
（2）对于封闭对象，例如圆，不能使用本命令。

4.2.14 拉伸（stretch）

1. 作用

使用“拉伸”命令可以将对象进行拉伸或压缩，改变图形的形状和大小。

2. 命令的调用

（1）功能区：“默认”选项卡 |“修改”面板 |“拉伸”按钮。
（2）菜单栏：“修改”|“拉伸”。

3. 命令的操作

执行该命令后，命令行提示如下：
命令：_stretch
以交叉窗口或交叉多边形选择要拉伸的对象…
选择对象://一定要用交叉窗口的方式选择需要拉伸的对象。
选择对象://按回车键，结束对象选择操作。
指定基点或［位移（D）］<位移>://指定拉伸基点。
指定第二个点或<使用第一个点作为位移>://指定第二个点以确定拉伸的距离。

4. 应用举例

例 4.17 将图 4.26（a）中的右侧部分向右拉伸 20mm，修改为图 4.26（c）所示的图形。

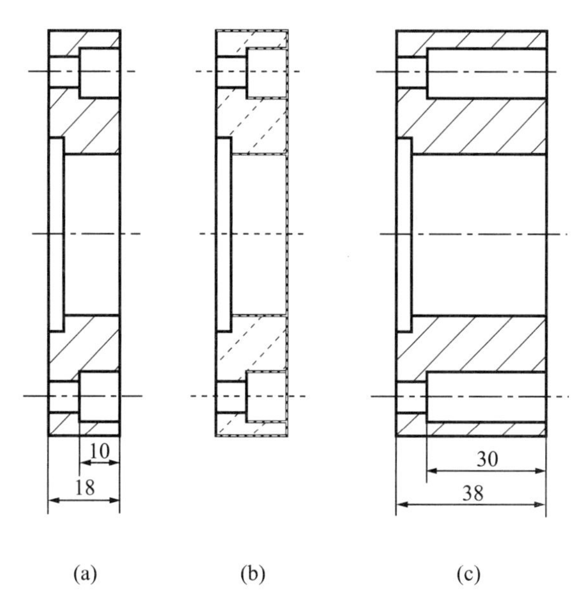

图 4.26　“拉伸”命令应用举例

操作步骤如下：

（1）确定状态栏中的“对象捕捉”图标处于“开”状态。

（2）确定状态栏中的“正交”图标处于“开”状态。

（3）单击功能区的“默认”选项卡|“修改”面板|“拉伸”按钮，此时命令行提示如下：

命令：_stretch

以交叉窗口或交叉多边形选择要拉伸的对象…

选择对象：//用交叉窗口的方式选择需要拉伸的对象，如图 4.26（b）所示。

选择对象：//按回车键，结束对象选择操作。

指定基点或［位移（D）］<位移>：//用鼠标捕捉图形的右上角点作为基点。

指定第二个点或<使用第一个点作为位移>：20

//向右水平拖动光标并保持，输入“20”并按回车键确定。

说明：

（1）在选择拉伸对象时，必须用交叉窗口的方式或交叉多边形来选择需要拉伸或压缩的对象。

（2）拉伸的一般原则是：与选取窗口相交的对象会被拉长或压缩；完全在选取窗口外的对象不会有任何改变；完全在选取窗口内的对象将发生移动；选择圆时，若圆心不在窗口内，则圆保持不变，若圆心在窗口内，则圆只作平移；选择文字时，若文字行的起点不在窗口内，则文字行保持不变，若文字行的起点在窗口内，则文字行只作平移。选择剖面线，剖面线作为一个整体且与边界相关，则剖面线如图 4.26（c）所示。

4.2.15 缩放（scale）

1. 作用

使用“缩放”命令可以将图形对象在X、Y、Z方向按指定的比例因子相对于基点进行放大或缩小。图形对象进行缩放后，其大小发生了改变，结构不发生变化。

2. 命令的调用

（1）功能区：“默认”选项卡 |“修改”面板 |“缩放”按钮。

（2）菜单栏：“修改”|“缩放”。

3. 命令的操作

执行该命令后，命令行提示如下：

命令：_scale

选择对象://选择需要缩放的图形。

选择对象://按回车键，结束对象选择操作。

指定基点://指定缩放基点。

指定比例因子或［复制（C）/参照（R）］<1.0000>：

其中：

（1）“指定比例因子”：输入一个数，作为缩放比例，输入0.5，可将图形缩小一半，输入2，可将图形放大2倍。

（2）“复制（C）”选项：以复制的形式进行缩放，创建出缩小或放大的对象后仍在原位置保留源对象。

（3）“参照（R）”选项：以参照方式缩放对象。系统根据参照长度与新长度的值自动计算比例因子（比例因子=新长度值/参照长度值），然后按该比例因子缩放相应的对象。

4. 应用举例

例4.18 将图4.27（a）中的五角星边长由线段12长度放大为线段13长度，效果如图4.27（c）所示。

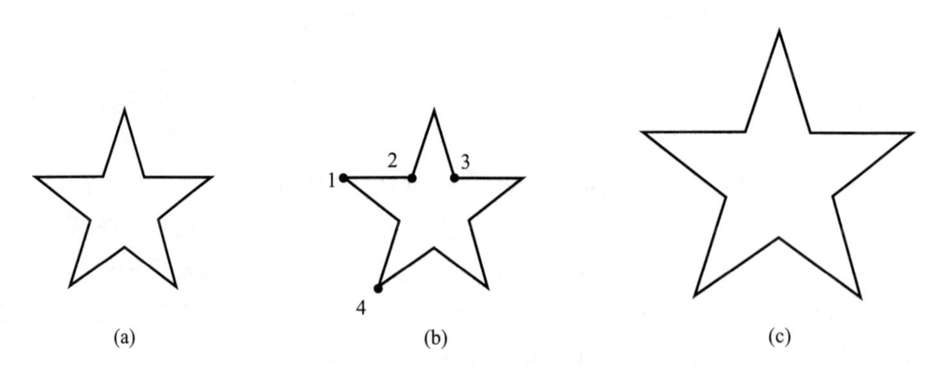

图4.27 “缩放”命令应用举例

（a）放大前的图形；（b）指定基点及参照点；（c）放大效果

操作步骤如下：

（1）单击状态栏中的“对象捕捉”图标，使该功能处于“开”状态。

（2）单击功能区的“默认”选项卡|“修改”面板|“缩放”按钮。

（3）此时命令行提示如下：

命令：_scale

选择对象://选择需要缩放的图形。

选择对象://按回车键，结束对象选择操作。

指定基点://用鼠标捕捉4点作为基点，如图4.27（b）所示。

指定比例因子或［复制（C）/参照（R）］<1.0000>：R//输入“R”并按回车键，选择参照方式缩放对象。

指定参照长度<1.0000>://捕捉1点，如图4.27（b）所示。

指定第二点://捕捉2点，如图4.27（b）所示，1、2两点的距离为参考长度。

指定新的长度或［点（P）］<1.0000>://捕捉3点，如图4.27（b）所示，1、3两点的距离为新长度。

效果，如图4.27（c）所示。

说明：scale命令和zoom命令均可实现图形的缩放，其中：

（1）scale命令是改变图形对象的尺寸大小，而Zoom命令仅改变图形显示的大小，图形对象的实际尺寸并没有改变。

（2）基点是缩放时的不动点，scale命令的本质是将图形对象的各点坐标相对于基点坐标进行缩放变换。

4.2.16　分解（explode）

1. 作用

该命令可将一个整体对象分解为多个单一对象。整体对象包括多段线（polyline）、多线（mline）、矩形（rectangle）、正多边形（polygon）、图块（block）、剖面线（hatch）、尺寸（dimension）、多行文字（mtext）等，这些对象被分解后，可对各单一对象编辑。

2. 命令的调用

（1）功能区：“默认”选项卡|“修改”面板|“分解”按钮。

（2）菜单：“修改”|“分解”。

3. 命令的操作

执行该命令后，命令行提示如下：

命令：_explode

选择对象://选择要分解的对象。

选择对象://在完成选择对象后，按回车键，系统对图形进行分解。

说明：使用“分解”命令后，有时会丢失一些信息，如多段线的线宽；分解带有属性的块时，所有的属性会恢复到未组合为块之前的状态，显示为属性标记；分解尺寸标注时会丢失尺寸与当前图形的关联性，即当图形大小变化时，尺寸数值不自动跟随变化。

4.2.17 合并（join）

1. 作用

使用“合并”命令可以将对象合并，以形成一个完整的对象。可实现的合并效果如图 4.28 所示。

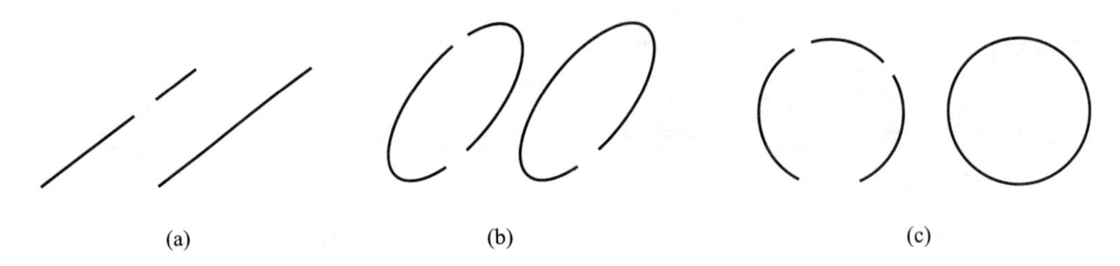

(a) (b) (c)

图 4.28 “合并”命令的应用效果

（a）合并直线；（b）合并椭圆；（c）合并圆，三次合并

2. 命令的调用

（1）功能区：“默认”选项卡|“修改”面板|“合并”按钮。

（2）菜单栏：“修改”|“合并”。

3. 命令的操作

执行该命令后，命令行提示如下：

命令：_join

选择源对象：//选择源对象。

选择要合并到源的直线：//选择要合并的一段线。

选择要合并到源的直线：//选择要合并的另一段线。

4.2.18 创建面域（region）

1. 作用

面域是在一个封闭边界内形成的二维闭合区域，其边界可由直线、圆、圆弧、多段线、样条曲线组成。面域具有面积、周长和形心等几何特征，可以利用查询命令查询图形的面积、周长等信息。

2. 命令的调用

（1）功能区：“默认”选项卡|“修改”面板|“创建面域”按钮。

（2）菜单栏：“绘图”|“创建面域”。

3. 命令的操作

执行该命令后，命令行提示如下：

命令：_region

选择对象：//拾取围成封闭区域的图形对象。

选择对象：//选择完成后按回车键结束选择操作。

AutoCAD 将选择集的闭合多段线、直线和曲线进行转换，以形成面域。创建的面域可通过布尔运算形成组合面域。

4. 应用举例

例 4.19　图 4.29 所示的图形由圆和矩形生成，将其转化为面域，然后进行并集运算形成组合面域，如图 4.30 所示。

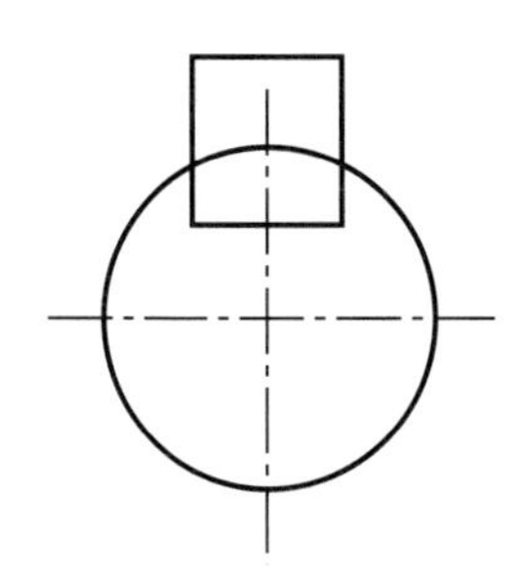

图 4.29　创建面域应用举例

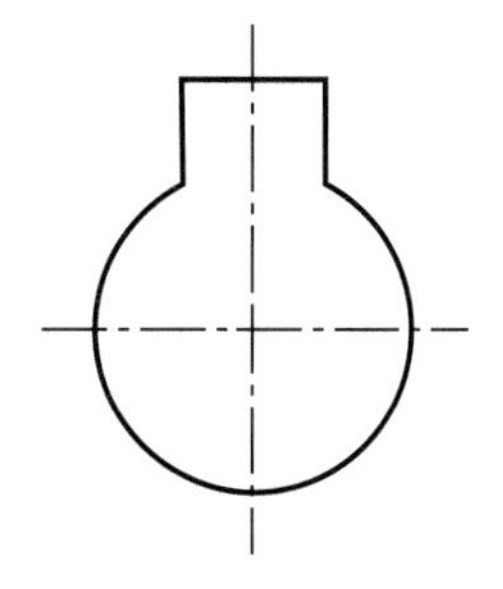

图 4.30　创建组合面域应用举例

操作步骤如下：

(1) 单击功能区的“默认”选项卡|“修改”面板|“创建面域”按钮，此时命令行提示如下：

命令：_region

选择对象：//拾取圆。

选择对象：//拾取矩形。

选择对象：//按回车键结束选择操作。

已提取 2 个环。

已创建 2 个面域。//此时形成两个面域：圆围成的面域和矩形围成的面域。

(2) 输入 union（并集）命令

命令：union

选择对象：//拾取步骤（1）中形成的圆面域。

选择对象：//拾取步骤（1）中形成的矩形面域。

选择对象：//按回车键结束选择操作。

此时 AutoCAD 对两个面域进行并集计算，形成图 4.30 所示的组合面域。

4.3　利用“特性”选项板编辑图形

利用“特性”选项板可以查看图形的周长、面积等属性，并可以对图形进行编辑。可使用“特性”选项板进行编辑的对象包含各种图形、尺寸、文字、图块和面域等。本节只介绍对图形的编辑，对其他对象的编辑可参看本书相关章节。

1. 命令的调用

(1) 功能区：“视图”选项卡|“选项板”面板|“特性”按钮。

（2）菜单栏：“工具”|“选项板”|“特性”。

（3）在选中图形对象的情况下，单击鼠标右键，从弹出的快捷菜单中选择“特性”。

（4）双击图形对象。

2. “特性”选项板

运用以上的方法都可以打开“特性”选项板。但前两种方法，可以在未选择图形对象的情况下打开“特性”选项板，此时在选项板中列出当前的主要绘图环境设置，如图 4.31 所示。当在选择了图形对象后，在选项板中会列出所选对象的相关特性。如图 4.32 所示，在该图中显示出一个圆的相关特性。

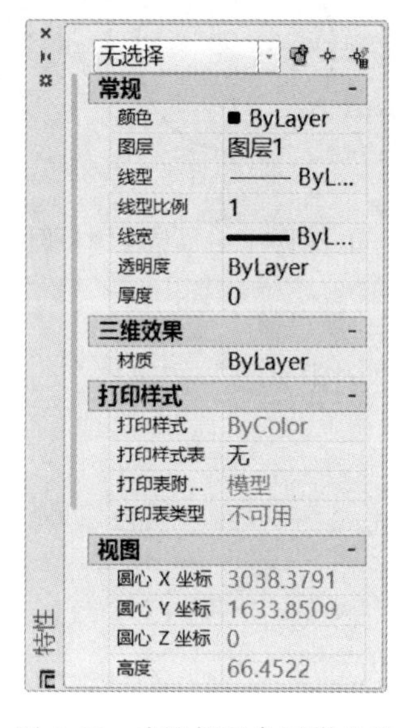

图 4.31 未选择对象时弹出的“特性”选项板

图 4.32 选择对象为圆时弹出的“特性”选项板

利用“特性”选项板可对选中对象的常规属性，如对象的颜色、所在图层、线型、线型比例、线宽等进行编辑修改，也可以修改图形对象的几何信息或其他属性。如图 4.32 所示，可在该“特性”选项板中对圆的半径、直径、圆心坐标进行修改，以实现对圆的编辑。

3. 应用举例

例 4.20 调整线型比例，将图 4.33（a）中的对称轴线修改为图 4.33（b）所示。

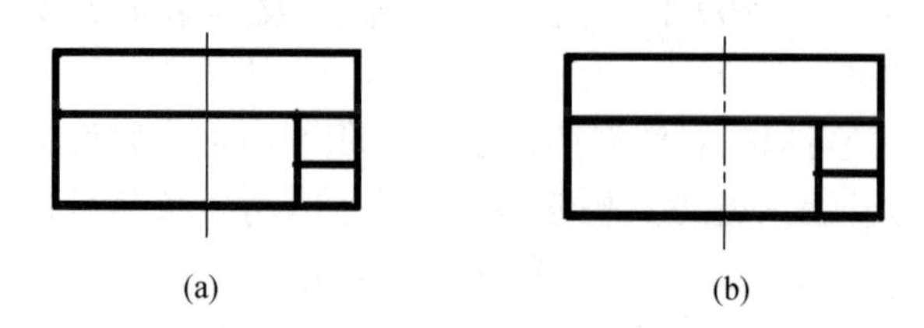

图 4.33 “特性”选项板编辑图形应用举例 1

操作步骤如下：

（1）双击图中的轴线，打开“特性”选项板，选项板显示了轴线的特性及几何信息，如图4.34（a）所示；

（2）用鼠标单击“线型比例”文本框，将“1”改为“0.25”并按回车键（将轴线的线型比例由“1”修改为“0.25”），如图4.34（b）所示。

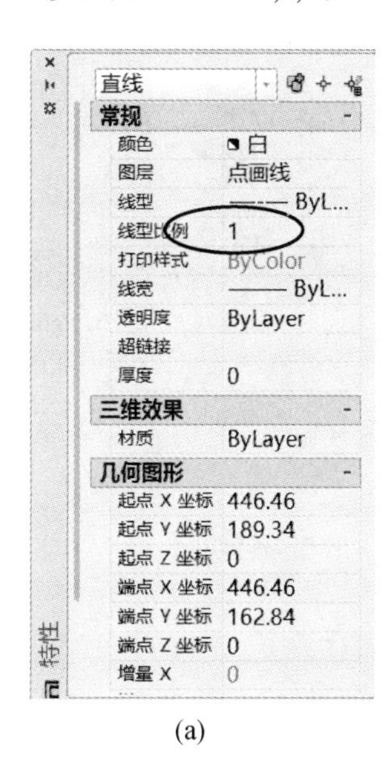

(a)

(b)

图4.34　“特性”选项板显示的相关特性

例4.21　将图4.35（a）中的圆半径值由“4”修改为“6”。

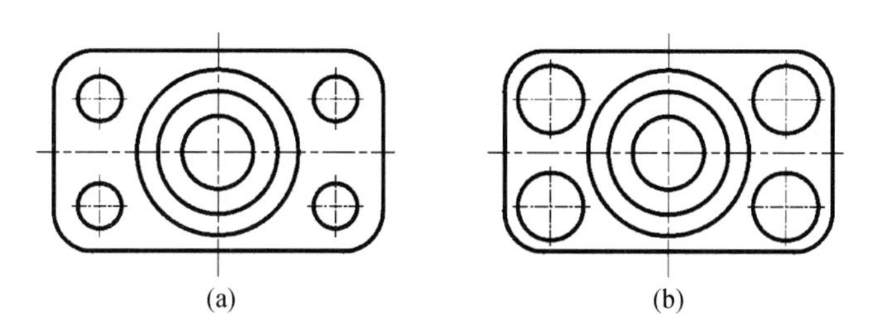

(a)　(b)

图4.35　“特性”选项板编辑图形应用举例2

操作步骤如下：

（1）双击图中的圆，弹出的“特性”选项板中显示了圆的所有特性，如图4.36（a）所示。

（2）用鼠标单击“半径”文本框，将“4”改为“6”并按回车键，如图4.36（b）所示。

修改后的效果如图4.35（b）所示。

例4.22　利用“特性”选项板查看图4.30中面域的面积和周长。

操作步骤：在“特性”选项板中查看面域的面积和周长，其面积和周长如图4.37所示。

(a)

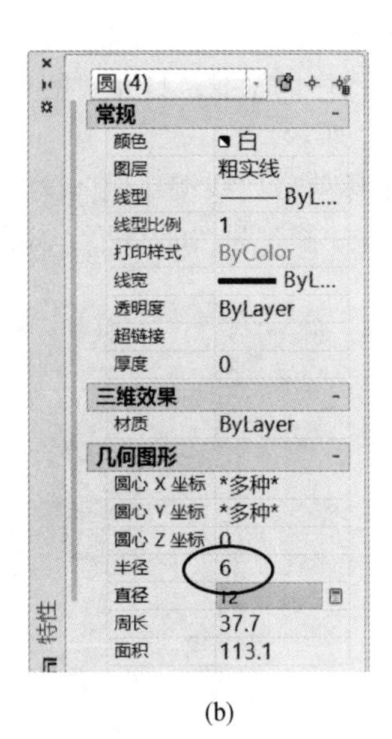

(b)

图 4. 36 “特性”选项板显示的相关特性

图 4. 37 用“特性”选项板查看特性

4. 4　利用夹点编辑图形

1. 图形的夹点

在未执行任何命令之前直接选择图形对象，在被选择对象的某些位置显示蓝色的小方框，这些小方框即夹点（默认状态下小方框颜色为蓝色）。图 4. 38 所示为一些基本图形的夹点。

激活一个夹点，即可直接进入夹点编辑状态，可使用“移动”“旋转”“缩放”“拉伸”和“镜像”编辑命令。

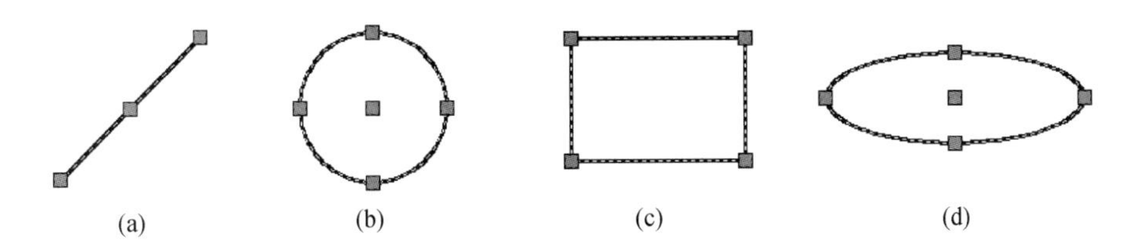

图4.38　一些基本图形的夹点

(a) 直线；(b) 圆；(c) 矩形；(d) 椭圆

2. 进入夹点编辑状态

在不执行任何命令的情况下选择直线，显示其夹点，如图4.38 (a) 所示，然后将光标移进端点处的夹点框，单击鼠标左键，夹点被激活为红色，进入夹点编辑状态。此时，AutoCAD 自动将激活的夹点作为拉伸的基点，进入"拉伸"编辑模式，命令行将显示如下提示信息：

* * 拉伸 * *

指定拉伸点或 [基点 (B) /复制 (C) /放弃 (U) /退出 (X)]://若直接按回车键，则进入"移动"编辑模式。

* * 移动 * *

指定移动点或 [基点 (B) /复制 (C) /放弃 (U) /退出 (X)]://若直接按回车键，则进入"旋转"编辑模式。

* * 旋转 * *

指定旋转角度或 [基点 (B) /复制 (C) /放弃 (U) /参照 (R) /退出 (X)]://若直接按回车键，则进入"缩放"编辑模式。

* * 缩放 * *

指定比例因子或 [基点 (B) /复制 (C) /放弃 (U) /参照 (R) /退出 (X)]://若直接按回车键，则进入"镜像"编辑模式。

* * 镜像 * *

指定第二点或 [基点 (B) /复制 (C) /放弃 (U) /退出 (X)]:

3. 应用举例

例4.23　使用夹点拉伸对象

使用夹点编辑方法将图4.39 (a) 中的水平中心线拉长至合适位置（根据国家标准规定，中心线应超出轮廓线3~5mm)。

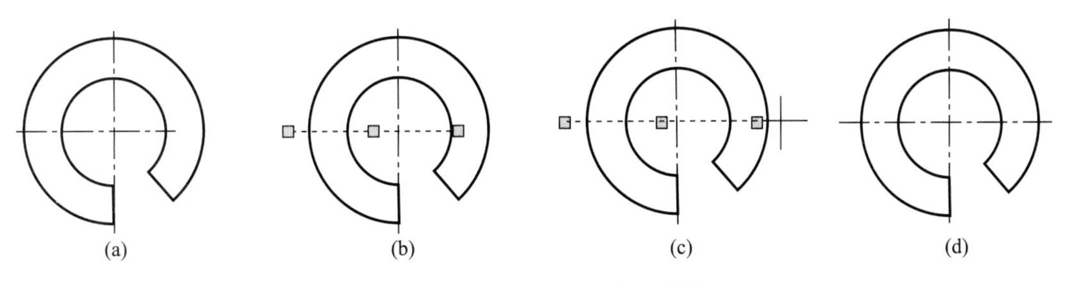

图4.39　夹点拉伸编辑应用举例

操作步骤如下：

（1）用光标直接选择水平中心线，则在该线段上显示 3 个夹点，分别为两个端点和线段中点，如图 4. 39（b）所示。

（2）将光标移至右侧夹点位置，光标被吸进夹点，单击鼠标左键以激活该夹点，该点变为红色。

（3）确定状态栏中的“对象捕捉”图标处于“关”状态。

（4）确定状态栏中的“正交”图标处于“开”状态。

（5）移动鼠标将激活的夹点拉伸至适当位置，再单击鼠标左键以确定激活夹点的新位置，如图 4. 39（c）所示。

（6）按“Esc”键取消夹点显示。

编辑后的效果如图 4. 39（d）所示。

例 4. 24 完成如图 4. 40（d）所示图形。

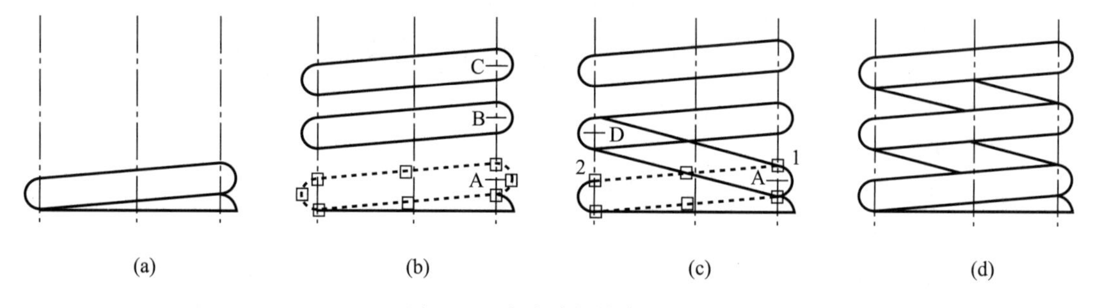

图 4. 40 夹点编辑综合应用

（1）先完成图 4. 40（a）所示的图形。

（2）选择图 4. 40（b）中的两条直线和两个圆弧，在众多夹点中任意激活一个夹点，进入夹点编辑状态，命令提示行出现如下提示：

＊＊拉伸＊＊

指定拉伸点或［基点（B）/复制（C）/放弃（U）/退出（X）]： //按回车键，进入“移动”编辑模式。

＊＊移动＊＊

指定移动点或［基点（B）/复制（C）/放弃（U）/退出（X）]：b//输入“b”，重新确定基点。

指定基点： <对象捕捉开> //打开对象捕捉按钮，捕捉右侧圆弧的圆心，如图 4. 40（b）中的 A 点。

＊＊移动＊＊

指定移动点或［基点（B）/复制（C）/放弃（U）/退出（X）]：c//输入“c”，使用“移动＋复制”功能。

＊＊移动（多重）＊＊

指定移动点或［基点（B）/复制（C）/放弃（U）/退出（X）]：

//向上移动光标，到 B 点，单击鼠标左键确定。

＊＊移动（多重）＊＊

指定移动点或［基点（B）/复制（C）/放弃（U）/退出（X）］：

//向上移动光标，到C点，单击鼠标左键确定。

* * 移动（多重）* *

指定移动点或［基点（B）/复制（C）/放弃（U）/退出（X）］：　//按“Esc”键，退出夹点编辑状态。

完成的图形如图4.40（b）所示。

（3）选择图4.40（c）中的两条直线，在众多夹点中任意激活一个夹点，进入夹点编辑状态，命令提示行出现如下提示：

* * 拉伸 * *

指定拉伸点或［基点（B）/复制（C）/放弃（U）/退出（X）］://按两次回车键，进入“旋转”编辑模式。

* * 旋转 * *

指定旋转角度或［基点（B）/复制（C）/放弃（U）/参照（R）/退出（X）］：b//输入“b”，重新指定旋转基点。

指定基点://捕捉右侧圆弧的圆心，如图4.40（b）中的A点。

* * 旋转 * *

指定旋转角度或［基点（B）/复制（C）/放弃（U）/参照（R）/退出（X）］：c//输入“c”，使用“旋转+复制”功能。

* * 旋转（多重）* *

指定旋转角度或［基点（B）/复制（C）/放弃（U）/参照（R）/退出（X）］：r　//输入“r”，使用参考方式。

指定参照角<0.0000>：　//捕捉1点。

指定第二点：　//捕捉2点，1、2连线是参照角度，即旋转前的角度。

* * 旋转（多重）* *

指定新角度或［基点（B）/复制（C）/放弃（U）/参照（R）/退出（X）］：

//捕捉D点，A、D连线是新角度，即旋转后的角度。

* * 旋转（多重）* *

指定新角度或［基点（B）/复制（C）/放弃（U）/参照（R）/退出（X）］：　//按“Esc”键，退出夹点编辑状态。

（4）修改新生成的两条线的长度，再向上复制一组，完成的图形如图4.40（d）所示。

本章思考题

选择题

1. 下面哪种操作是不能擦除图形对象的？（　　）

A. 删除（erase）命令

B. 直接选择图形对象，按键盘上的“Delete”键

C. 直接选择图形对象，按鼠标右键，在快捷菜单中选择“删除”或“剪切”

D. 直接选择图形对象，按键盘上的空格键

2. 在 AutoCAD 2017 中进行移动操作时，选择一个图形对象圆，圆心为（52，35），给定“位移（D）”选项，然后给定坐标（30，-55），则现在圆心位置为（　　）。

A. 82，60　　B. 82，-20

C. 52，35　　D. 30，-55

3. 利用“旋转”命令中的“复制（C）”选项可以（　　）。

A. 将对象旋转并复制　　B. 将对象旋转

C. 将对象复制　　D. 将对象旋转并复制多个对象

4. 下面不可以实现复制的是（　　）。

A. “旋转”（rotate）命令　　B. “移动”（move）命令

C. “复制”（copy）命令　　D. 选择图形对象后按鼠标右键拖动

5. 默认的环形阵列方向是（　　）。

A. 顺时针　　B. 逆时针

C. 取决于阵列方法　　D. 无所谓方向

6. 利用偏移不可以（　　）。

A. 复制直线　　B. 创建等距曲线

C. 删除图形　　D. 画平行线

7. 画一直线的平行线可用多种方法，下列哪种方法不适合？（　　）

A. 偏移直线

B. 复制直线

C. 用直线命令画线，使用平行捕捉

D. 移动

8. 在进行修剪操作时，首先要定义修剪边界，若没有选择任何对象，而是直接按回车键或单击鼠标右键或按空格键，则（　　）。

A. 无法进行下面的操作　　B. 系统继续要求选择修剪边界

C. 修剪命令马上结束　　D. 所有显示的对象作为潜在的剪切边

9. 在进行打断操作时，系统要求指定第二打断点。这时输入了“@”，然后按回车键结束，结果是（　　）。

A. 没有实现打断

B. 在第一打断点处将对象一分为二，打断距离为零

C. 系统继续要求指定第二打断点

D. 从第一打断点处将对象另一部分删除

10. 对两条平行的直线倒圆角（fillet），其结果是（　　）。

A. 不能倒圆角　　B. 按设定的圆角半径倒圆

C. 死机　　D. 画出半圆，其直径等于线间距离

11. 将“圆角”命令中的半径设为 0，对图形进行圆角处理，结果是（　　）。

A. 无法圆角，不作任何处理

B. 系统提示必须给定不为 0 的半径

C. 将图形进行圆角，圆角半径为 0，但并没有圆弧被创建

D. 系统报错退出

12. 倒角的当前倒角距离为 10、8，在选择对象时按住“Shift”键，结果是（　　）。

A. 倒出 10、8 角　　B. 倒出 8、10 角

C. 倒出 10、10 角　　D. 倒出 0、0 角

13. 一条直线有 3 个夹点，拖动中间的夹点可以（　　）。

A. 更改直线长度

B. 移动直线、旋转直线、镜像直线等

C. 更改直线的颜色

D. 更改直线的斜率

14. 执行命令后，需要选择对象，在下列对象选择方式中，（　　）方式可以快速全选绘图区中所有的对象。

A. esc　　B. box

C. all　　D. zoom

15.“分解”命令对（　　）图形实体无效。

A. 剖面线　　B. 正多边形

C. 圆　　D. 尺寸标注

16. 使用交叉窗口的方式（crossing）选择对象时，所产生的选择集（　　）。

A. 仅为窗口的内部的实体

B. 仅为与窗口相交的实体（不包括窗口的内部的实体）

C. 同时与窗口四边相交的实体加上窗口内部的实体

D. 以上都不对

第5章

利用绘图辅助工具精确绘图、图形显示控制

按尺寸准确绘图是工程图设计的基本要求，AutoCAD提供了高效的精确绘图功能，其中包括捕捉、对象捕捉、追踪、极轴、栅格、正交等。合理应用这些功能，将大大提高绘图的速度与精度。

5.1 捕捉与栅格

“捕捉”功能是锁定光标移动的最小距离，并锁定坐标的精度。例如，捕捉间距设置X=Y=5，则状态行显示的坐标个位数是0或5，所有小数位均为0，如图5.1所示。

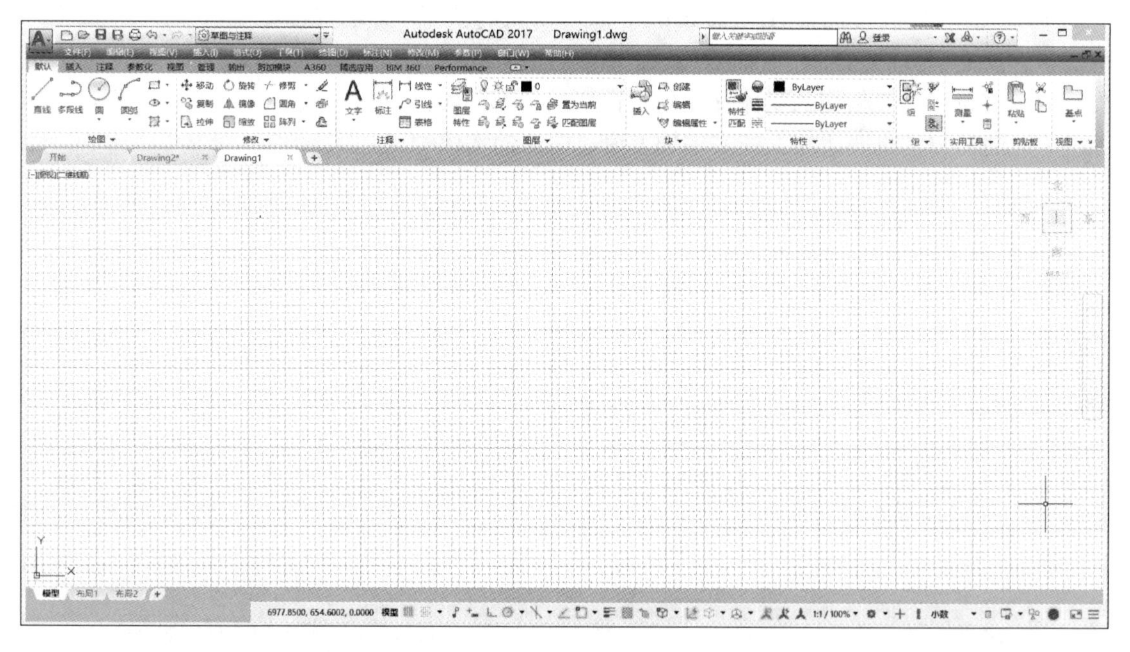

图5.1 显示栅格

栅格是屏幕绘图区显示的网格，如图5.1所示。它不是图形的一部分，所以不会打印。使用栅格能直观显示对象之间的距离，用户可以直观地参照栅格绘制图形。如果放大或缩小图形，可能需要调整栅格间距，使其更适合新的比例。

若栅格间距与捕捉间距设置相同，则光标移动时准确地落在栅格点上。通常将栅格间距与捕捉间距设置为相同，这样的组合功能使绘图最有效，绘图者仿佛在间距确定的坐标纸上绘图，即准确又快捷。

1. 打开或关闭“栅格”“捕捉”功能

（1）单击状态栏中的“栅格”图标和“捕捉”图标。

（2）按“F7”键（栅格），按“F9”键（捕捉）。

2. 栅格和捕捉间距的设置

（1）菜单栏：“工具”|“绘图设置”。

（2）用鼠标右键单击状态栏中的“栅格”图标，选择“网格设置”或用鼠标右键单击状态栏中的“捕捉”图标，选择“捕捉设置”，在弹出的“草图设置”对话框中选择“捕捉和栅格”选项卡，可以设置捕捉间距、栅格间距、捕捉类型等，如图 5.2 所示。

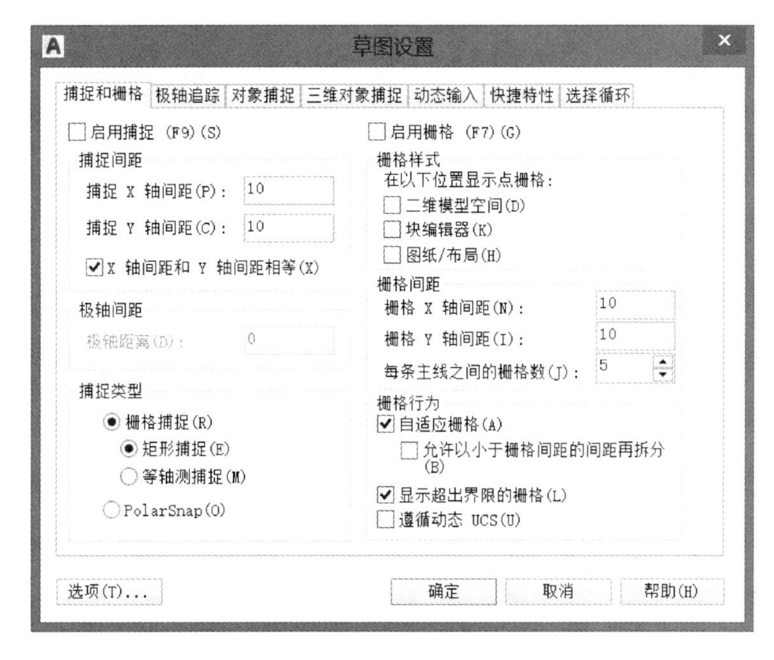

图 5.2　“草图设置”对话框的“捕捉和栅格”选项卡

说明：

（1）捕捉间距的大小应根据图形的尺寸精度设置，即尺寸数值的个位数。例如，图形中的尺寸是 38、57、120 等，则捕捉间距设为 X = Y = 1；若图形中有 Φ45 这样的尺寸，则捕捉间距设为 X = Y = 0.5 合适。

（2）若栅格间距过小，在屏幕上将不能显示栅格点，因此通常将栅格间距设为捕捉间距的整数倍，例如 5 或 10。

（3）栅格的打开与关闭并不影响光标捕捉功能的使用，同时也不影响绘制图形。

5.2　正交与极轴追踪

“正交”功能使光标沿 X 轴或 Y 轴的平行方向动态拖动，而极轴可以追踪更多的角度方向。

5.2.1 正交

使用“正交”功能可以精确地画出水平或竖直的线条，也可以将对象仅沿水平或竖直方向移动或复制。

打开或关闭“正交”功能的方法：

（1）单击状态栏中的“正交”按钮 。

（2）按“F8”键。

图 5.3 说明了使用与不使用“正交”功能的区别。点 1 是绘制直线时指定的第一个点，点 2 是绘制直线时指定第二个点时光标所在的位置。当使用“正交”功能后，绘制直线时，指定直线第二个点时产生的橡皮筋线已不是两点间的连线［如图 5.3（a）所示］，而是从点 1 向点 2 引出的水平方向和垂直方向两条线段中较长的那段线［如图 5.3（b）所示］。

图 5.3 “正交”功能

（a）关闭“正交”功能绘制直线；（b）启用“正交”功能绘制直线

5.2.2 极轴追踪

使用“极轴追踪”功能可以在系统要求指定第二个点时，按预先设置的角度显示一条无限延伸的辅助线，这时可沿辅助线追踪得到所需的点。通过极轴角的设置，可以在绘图时捕捉到各种设置好的角度方向。

如图 5.4 所示，绘制一条从点 1 到点 2 的两个单位的直线，然后绘制一条到点 3 的两个单位的直线，并与第一条直线成45°角。如果设置了 45°极轴角增量，当光标跨过 0°或 45°角时，将显示对齐路径和工具栏提示。当光标从该角度移开时，对齐路径和工具栏提示消失。

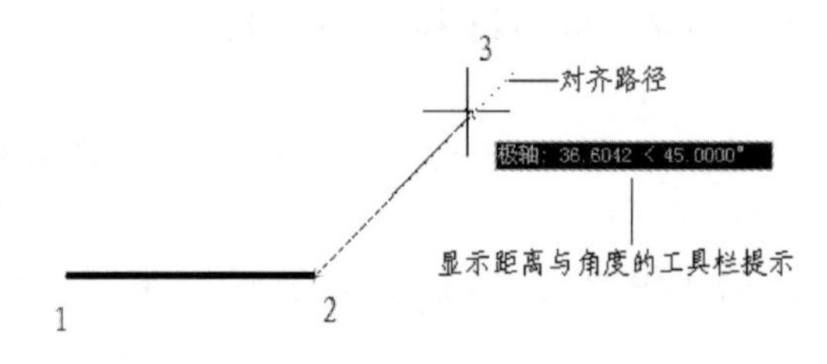

图 5.4 “极轴追踪”功能举例

1. 打开或关闭“极轴追踪”功能

（1）单击状态栏中的“极轴”按钮 。

（2）按“F10”键。

2. 极轴追踪的设置：

（1）菜单栏："工具"|"绘图设置"。

（2）用鼠标右键单击状态栏中的"极轴"按钮，会弹出快捷菜单，如图5.5所示。在弹出的菜单中列出了常用的极轴设置，可直接进行选择。如果要进行其他极轴角度的设置，可选择"正在进行极轴设置"，会弹出"草图设置"对话框，可在"极轴追踪"选项卡上进行设置，如图5.6所示。

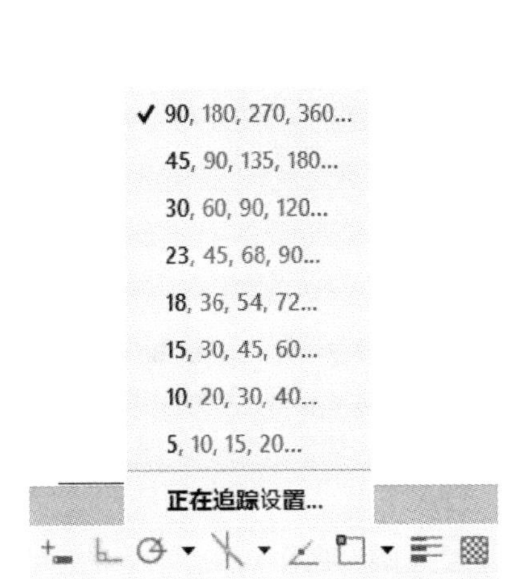

图5.5　"极轴追踪"快捷菜单

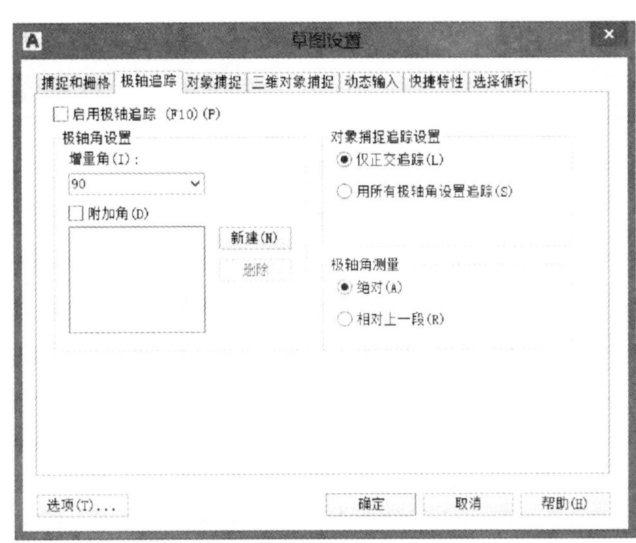

图5.6　"草图设置"对话框的"极轴追踪"选项卡

①"启用极轴追踪"复选框用于确定是否启用极轴追踪功能。

②"极轴角设置"选项组用于确定极轴追踪的追踪方向，其中：

a. "增量角"下拉列表：确定极轴追踪的角度增量。可以从下拉列表中选择一个增量角，也可以直接输入一个新角度，这样所有0°和增量角的整数倍角度都会被追踪到。

b. "附加角"复选框：确定附加的单独追踪方向。单击"新建"按钮，输入数值即可。极轴追踪只能追踪设置的附加角角度方向，而不能追踪附加角的整数倍角度方向。例如，设增量角为15，附加角为7，则能追踪的角度是7、15、30、45等。

③"极轴角测量"选项组用于设定极轴追踪时角度测量的参考系，其中：

a. "绝对"：表示根据当前用户坐标系（UCS）确定极轴追踪角度；

b. "相对上一段"：表示根据上一个绘制线段确定极轴追踪角度。

④"对象捕捉追踪设置"选项组用于确定对象捕捉追踪的模式，其中：

a. "仅正交追踪"：表示当对象捕捉追踪打开时，仅显示已获得的对象捕捉点的正交（水平/垂直）对象捕捉追踪路径；

b. "用所有极轴角设置追踪"：表示如果对象捕捉追踪打开，则当指定点时，允许光标沿已获得的对象捕捉点的任何极轴角的追踪路径进行追踪。

说明：正交模式和"极轴追踪"功能不能同时打开。打开"极轴追踪"功能将关闭正交模式，打开正交模式将关闭“极轴追踪”功能。其打开与关闭操作可以在“命令”提示状态下进行，也可以在命令执行过程中进行。

5.2.3　应用举例

例 5.1　绘制图 5.7（a）所示图形。

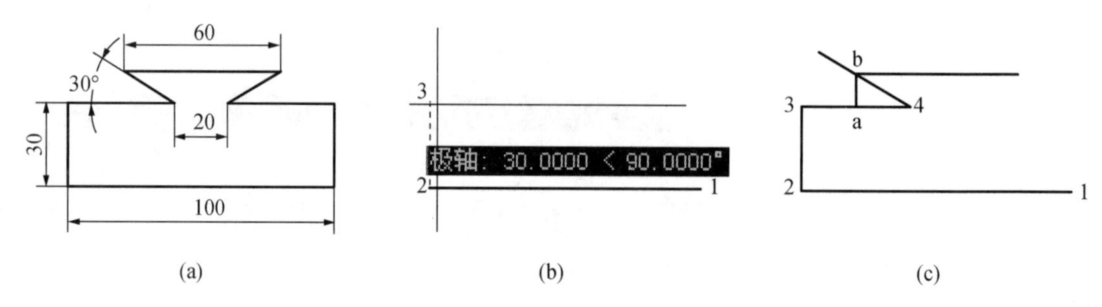

图 5.7　正交与极轴追踪应用举例

（1）打开“捕捉”功能，设捕捉间距为 10。

（2）打开“极轴追踪”功能，选择追踪增量角为 30，60，90，120 的一组选项。

（3）打开“对象捕捉”“对象追踪”功能，捕捉模式是“交点”（见本书 5.3 节“对象捕捉”）。

（4）第 1 次画直线（从右下角 1 点开始）

命令：_ line 指定第一点：　//用光标拾取 1 点，如图 5.7（b）所示。

指定下一点或［放弃（U）］：　//向左、水平拖动光标，追踪到 100 <180°的点 2，单击鼠标左键。

指定下一点或［放弃（U）］：

//向上拖动光标，追踪到 30 <90°的点 3，如图 5.7（b）所示，单击鼠标左键。

指定下一点或［闭合（C）/放弃（U）］：

//向右、水平拖动光标，追踪到 40 <0°的点 4，单击鼠标左键。

指定下一点或［闭合（C）/放弃（U）］：

//向左上拖动光标，追踪到 150°方向，足够长，单击鼠标左键。

指定下一点或［放弃（U）］：　//直接按回车键，结束绘制直线命令。

（5）第 2 次画直线（从 3 点追踪到 a 点），如图 5.7（c）所示。

命令：_ line 指定第一点：

//光标捕捉 3 点，立即向右拖动，追踪到 20 <0°的 a 点，单击鼠标左键。

指定下一点或［放弃（U）］：　//向上拖动光标，追踪到与斜线的交点 b，单击鼠标左键。

指定下一点或［放弃（U）］：　//向右、水平拖动光标，追踪到 60 <0°的点，单击鼠标左键结束。

指定下一点或［放弃（U）］：　//直接按回车键，结束绘制直线命令。

（6）利用修剪、删除等命令去除多余的线段，利用镜像命令得到余下的线段，如图 5.7（a）所示。

5.3　对象捕捉

在绘图过程中，经常要指定已有对象上的特殊点，如端点、交点、中点、圆心等。如果只凭观察来拾取，很难准确找到这些点。“对象捕捉”功能可以迅速、准确地捕捉到这些特殊点，而无须了解这些点的精确坐标，它是精确绘图时不可缺少的辅助工具。

在绘图过程中有两种“对象捕捉”功能可以使用，一个为“执行对象捕捉”，另一为“捕捉替代”。

5.3.1　执行对象捕捉

在绘图时，经常会频繁地捕捉一些相同类型的特殊点，可先预设这些特殊点，启用“执行对象捕捉”功能。“执行对象捕捉”与“捕捉替代”这两种捕捉方式的区别是：“执行对象捕捉”方式是只要“对象捕捉”按钮处于打开状态，所设置的对象捕捉类型对后继的命令都有效。“捕捉替代”方式是一种临时性的捕捉，是对“执行对象捕捉”的补充，选择的捕捉模式只对当前有效，对后继的操作或命令无效。

1. 启用或关闭“执行对象”捕捉功能

（1）单击状态栏中的“对象捕捉”图标 。

（2）按“F3”键。

2. 对象捕捉的设置

（1）菜单栏：“工具”|“绘图设置”。

（2）用鼠标右键单击状态栏中的“对象捕捉”图标 或图标旁边的向下箭头，从打开的菜单列表中选择所需的对象捕捉类型，如图 5.8 所示。打钩的为选中状态，无钩的为未选中状态。

（3）用鼠标右键单击状态栏中的“对象捕捉”图标 或图标旁边的向下箭头，从打开的菜单列表中选择“对象捕捉设置…”，在弹出的“草图设置”对话框中选择“对象捕捉”选项卡，如图 5.9 所示。在选项卡中选择对象捕捉类型，然后单击“确定”按钮即可。选项卡中共有 13 种捕捉类型，常用的是端点、中点、圆心、交点。

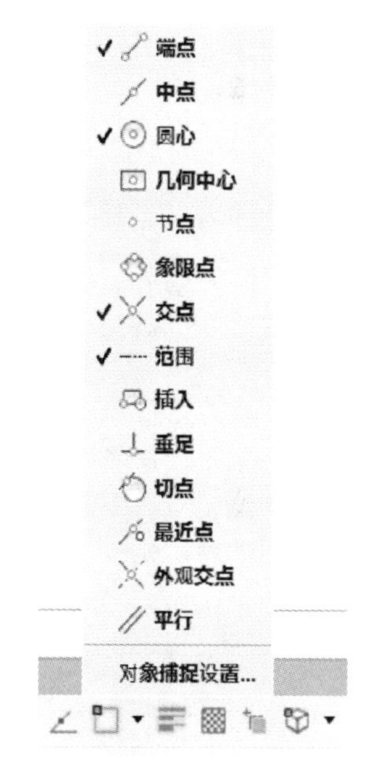

图 5.8　单击状态栏中“对象捕捉”图标弹出的快捷菜单

5.3.2　捕捉替代

捕捉替代是在命令执行过程中，指定待捕捉点的类型，再继续执行命令，该操作只对指定的下一点有效。

1. 启动“捕捉替代”功能的方法

（1）按住“Shift”键或“Ctrl”键单击鼠标右键，调出“对象捕捉”快捷菜单，如图 5.10（a）所示。

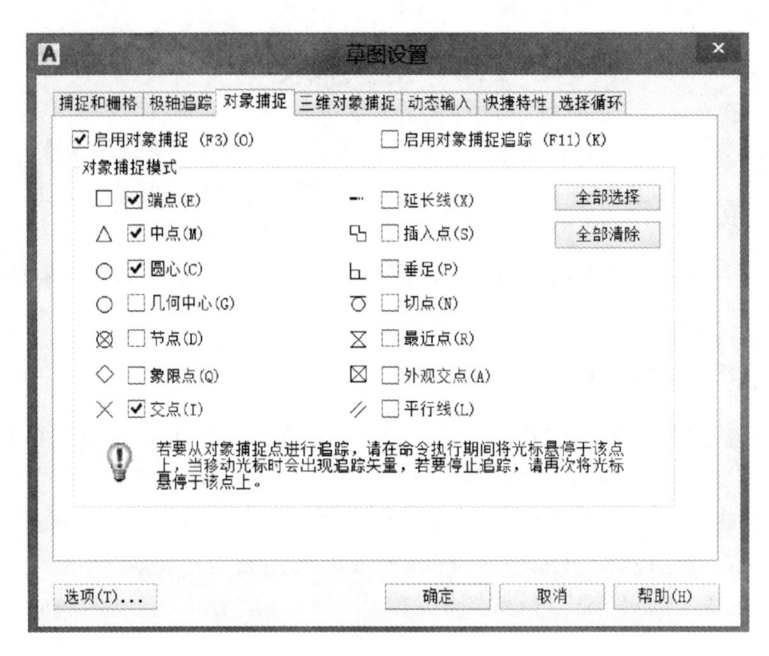

图 5.9　“草图设置”对话框的“对象捕捉”选项卡

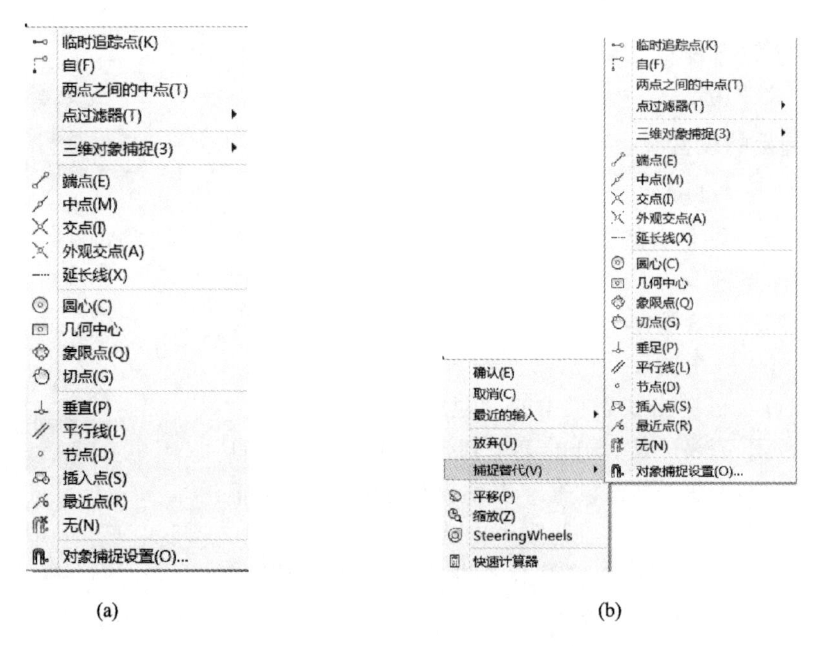

图 5.10　启动“捕捉替代”操作界面

(a)“对象捕捉”快捷菜单；(b)“捕捉替代”子菜单

(2) 单击鼠标右键，从“捕捉替代”子菜单选择对象捕捉，如图 5.10 (b) 所示。

说明：

(1) 进行“执行对象捕捉”设置时如果选择的捕捉类型太多，使用起来并不方便，因为邻近的对象上可能会同时捕捉到多个捕捉类型而相互干扰。因此，除了常用的捕捉类型(如端点、中点、交点、圆心等)，最好不要过多选择其他的捕捉类型。

（2）AutoCAD 2017 默认绘图状态是使用自动捕捉功能的。在这种状态下不论何时命令提示“输入点”，当光标移到对象的对象捕捉位置时，将显示标记和工具提示。自动捕捉所能捕捉的对象捕捉类型是通过设置“执行对象捕捉”来实现的。绘图时，一般将最常用的对象捕捉类型用“执行对象捕捉”设置，其他偶尔使用的特殊点可用“捕捉替代”来完成。

3. 应用举例

例 5.2　画出图 5.11（c）中的线段 12 和线段 34。

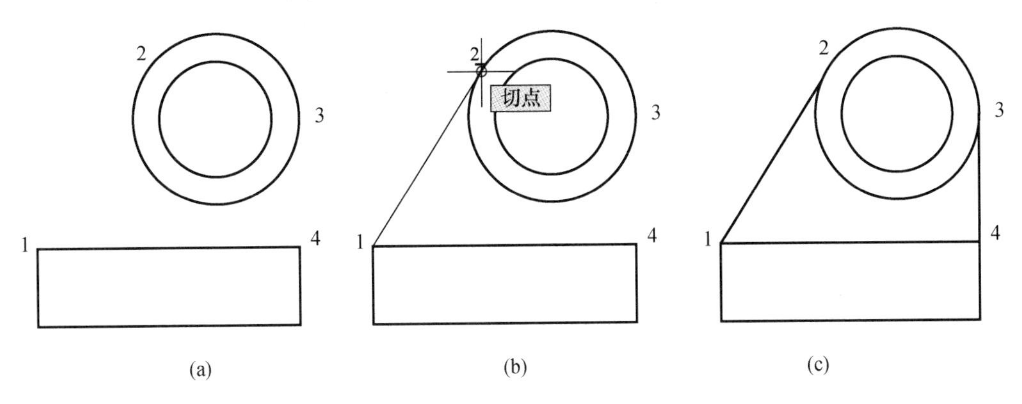

图 5.11　对象捕捉综合应用举例

操作步骤如下。

1）设置“执行对象捕捉”

（1）用鼠标右键单击状态栏中的“对象捕捉”图标，在快捷菜单中设置“执行对象捕捉”对象捕捉类型，选择“端点”“中点”“交点”“圆心”捕捉类型。

（2）此时状态栏上的“对象捕捉”按钮变为蓝色，即启用了自动对象捕捉。

2）画线

（1）单击功能区的“默认”选项卡|“绘图”面板|“直线”按钮。

（2）此时，命令行提示如下：

命令：_ line

指定第一点：　　//移动光标靠近点 1，显示交点标记，直接拾取该点。

指定下一点或［放弃（U）］：

//移动光标靠近圆，按住“Shift”键或“Ctrl”键单击鼠标右键，调出“对象捕捉”快捷菜单，选择切点，当光标移至 2 处时，软件会显示切点标记，单击鼠标左键直接拾取，如图 5.11（b）所示。

指定下一点或［放弃（U）］：　　//直接按回车键，结束直线命令。

同样画出 3、4 点之间的直线。

5.4　对象捕捉追踪

使用“对象捕捉追踪”功能，可以沿着基于对象捕捉点的对齐路径进行追踪，产生追踪线，以方便地捕捉到指定对象点延长线上的任意点。

如图 5.12（a）所示，要在一个矩形的几何中心绘制一个圆。通常可能需要绘制两条辅助线，先找到圆心的位置，然后再绘制圆。现在只需要使用“对象捕捉追踪”功能，找到矩形横、竖两条线段中线的交点作为圆心就可以了，任何辅助线都不用画就可以一步绘制出圆来，如图 5.12（b）所示。

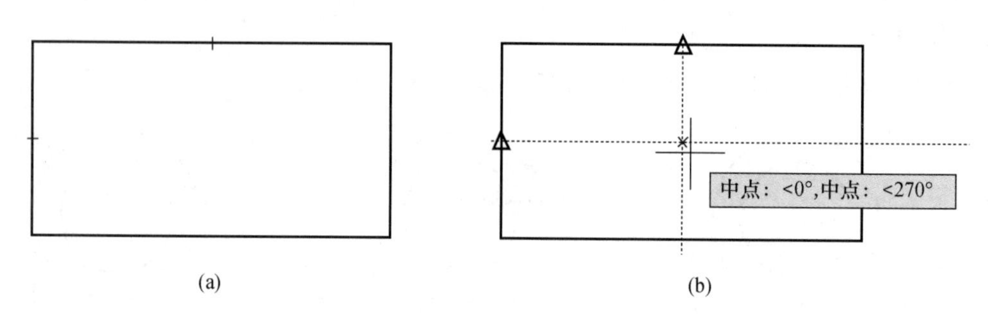

图 5.12 利用“对象捕捉追踪”功能找出圆心

1. 打开或关闭“对象捕捉追踪”功能

（1）单击状态栏中的“对象捕捉追踪”图标 。

（2）按“F11”键。

说明：“对象捕捉追踪”必须配合“自动对象捕捉”完成，也就是说，使用对象追踪的时候必须将状态栏上的“对象捕捉”也打开，并且设置相应的捕捉类型。

2. 应用举例

例 5.3 绘制图 5.13（a）所示的主、俯两个视图。

操作步骤如下：

（1）单击状态栏上的“对象捕捉” 和“对象捕捉追踪” 两个按钮，打开“对象捕捉”和“对象捕捉追踪”功能；设置“执行对象捕捉”类型，捕捉“交点”。

（2）按照尺寸先绘制俯视图投影，如图 5.13（b）所示。

（3）绘制主视图，采用“对象捕捉追踪”，保证“长对正”的投影关系。绘制实线的 3 个追踪点，如图 5.13（c）所示，绘制虚线孔的 4 个追踪点，如图 5.13（e）所示。

① 设“粗实线”层为当前图层，命令行提示如下：

命令：_ line 指定第一点：//用光标捕捉大圆与中心线的左侧交点，向上追踪到合适位置，单击鼠标左键，确定投影起点。

指定下一点或［放弃（U）］：//移动光标，捕捉圆弧与中心线的交点，向上追踪，并与线段起点水平对齐，如图 5.13（b）所示，单击鼠标左键，画出水平线。

指定下一点或［放弃（U）］：//垂直向上移动光标，极轴追踪到 10 < 90°，单击鼠标左键，画出垂直线。

指定下一点或［放弃（U）］：//直到绘制完所有粗实线。

② 设“虚线”层为当前图层，命令行提示如下：

命令：_ line 指定第一点：//用光标捕捉 $\phi16$ 圆与中心线的交点，向上追踪到与实线相交，单击鼠标左键，如图 5.13（d）所示。

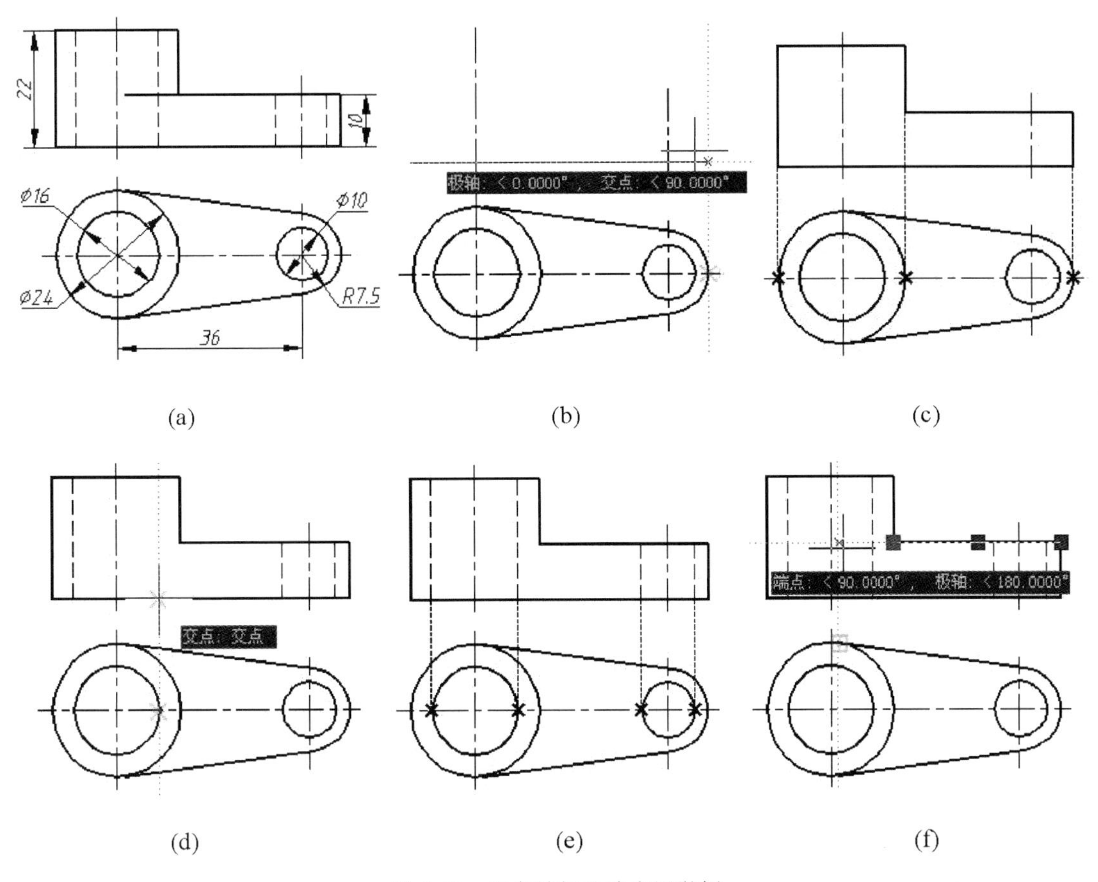

图 5.13　对象捕捉追踪应用举例

指定下一点或 [放弃 (U)]://垂直向上移动光标，追踪到上面实线的交点，单击鼠标左键，画出垂直的孔轮廓线。结束直线命令。

依次完成 4 条虚线。

(4) 利用夹点编辑的拉伸模式将主视图的切线投影拉长到切点位置，如图 5.13 (f) 所示。

先选中实线，将左端夹点激活，此时命令行提示：

* * 拉伸 * *

指定拉伸点或 [基点 (B) /复制 (C) /放弃 (U) /退出 (X)]：//用光标捕捉俯视图的切点，向上追踪，与实线水平，如图 5.13 (f) 所示，单击鼠标左键，完成拉伸。

5.5　动态输入

使用“动态输入”功能可以在光标附近显示标注输入和命令提示等信息，该信息会随着光标移动和使用命令的不同而动态更新，以帮助用户专注于绘图区域，而无须看命令行的提示。

1. 打开或关闭“动态输入”功能

（1）单击状态栏的“动态输入”图标 。

（2）按“F12”键。

2. 动态输入的设置

动态输入主要由指针输入、标注输入、动态提示三部分组成，如图 5. 14 所示。

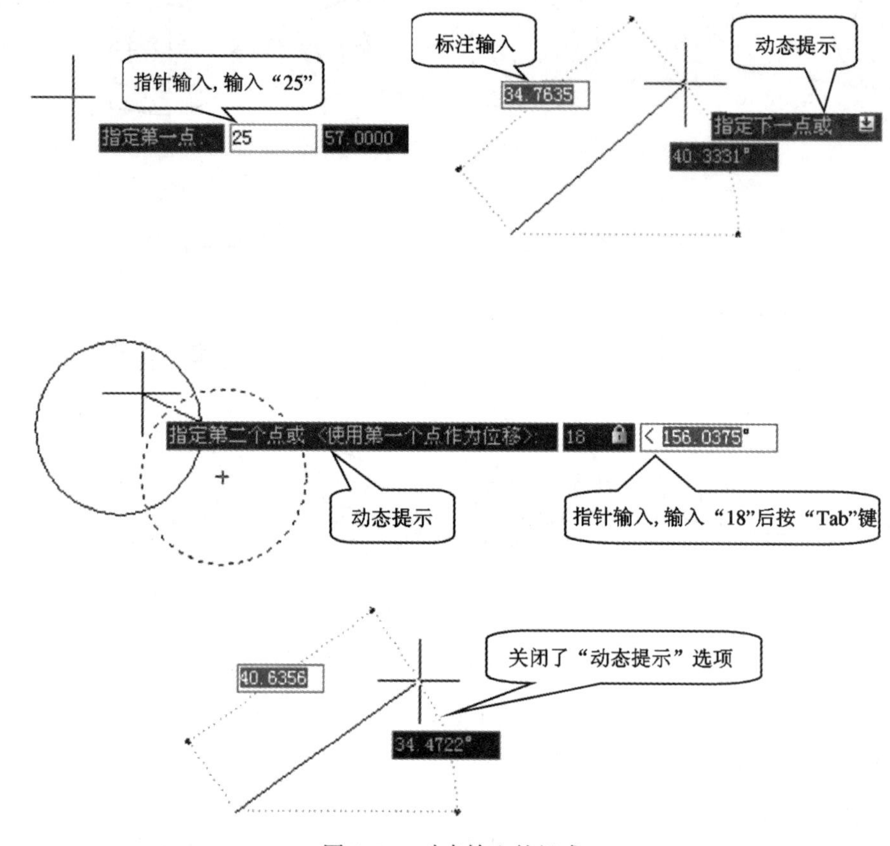

图 5. 14　动态输入的组成

1）调用动态输入设置的便捷方法

（1）菜单栏：“工具”|“绘图设置”。

（2）右键单击状态栏中的“动态输入”图标 ，选择“动态输入设置…”，在弹出“草图设置”对话框中选择“动态输入”选项卡，如图 5. 15 所示。

2）“动态输入”选项卡的设置

（1）“指针输入”选项组：设置是否在光标附近显示坐标并设置其显示方式。单击该选项组中的“设置”按钮可对指针输入的方式进行设置，如图 5. 16 所示。

（2）“标注输入”选项组：设置是否在光标附近显示距离和角度值并设置其显示方式。单击选项组中的“设置”按钮可对标注输入的方式进行设置，如图 5. 17 所示。标注输入可用于绘制直线、多段线、圆、圆弧、椭圆等命令。

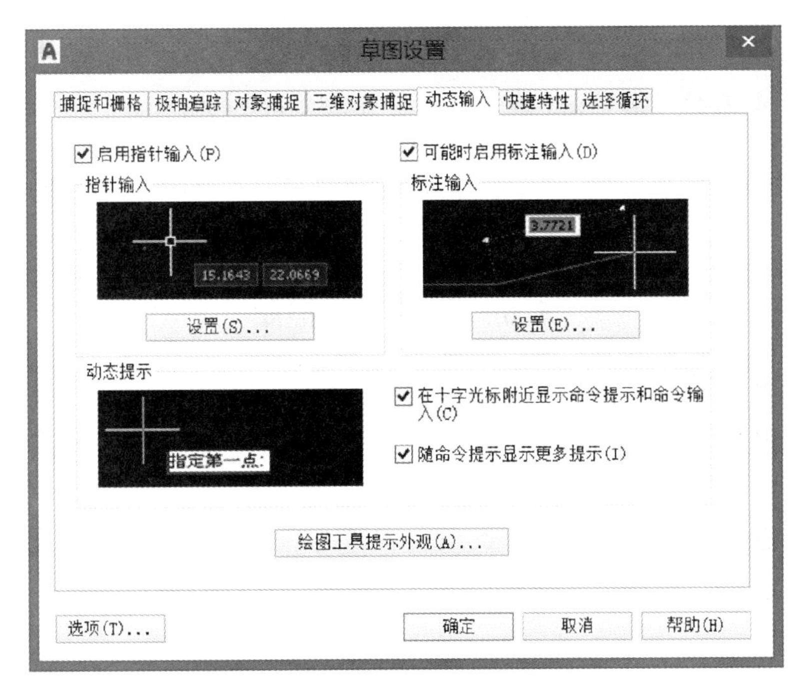

图 5. 15　“草图设置”对话框的“动态输入”选项卡

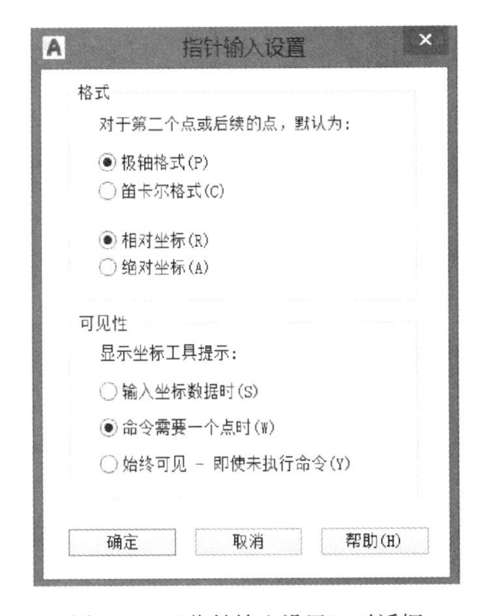

图 5. 16　“指针输入设置”对话框

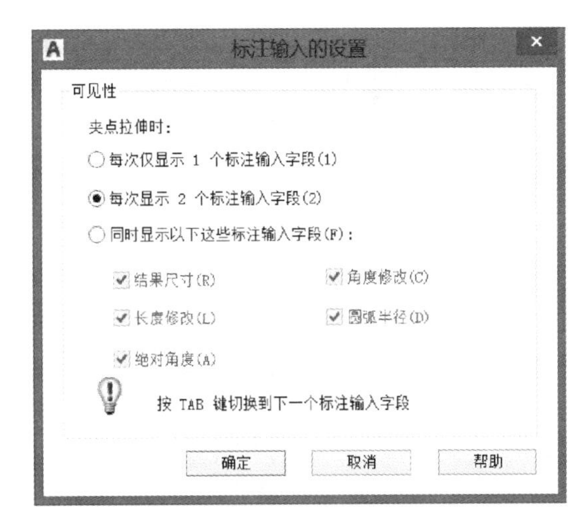

图 5. 17　“标注输入的设置”对话框

（3）“动态提示”选项组：选中“在十字光标附近显示命令提示和命令输入”复选框，则可启用“动态提示”功能，如图 5. 15 所示。

3. “动态输入”功能的使用

当启用“动态输入”功能后，光标附近的文本框中将显示键盘输入的命令、动态提示、输入的选择项、输入的数据等，命令窗口中也显示相应的命令提示。

输入数据时，使用“Tab”键在两个文本框中进行切换。

当出现动态提示时，可在光标附近的文本框中输入相应的数据，也可按键盘上的“↓”键查看和选择其他选项，按键盘上的“↑”键可以显示最近的输入。

说明：

“动态输入”功能可以在绘图过程中随时打开或关闭，并且可以随时修改设置以适应绘图需求。

5.6 图形显示控制

由于绘图屏幕的尺寸有限，而绘制的图形大小不一，往往需要调整图形对象在绘图区中显示的大小，以方便绘制图形或观察绘制的整个图形或局部。图形显示控制命令即可实现这一功能。

5.6.1 图形显示缩放

图形显示缩放仅仅是改变了绘图区中图形显示的大小，并没有改变图形对象的实际尺寸。

1. 调用图形显示缩放命令的快捷方式

(1) 使用带滚轮的鼠标，滚动鼠标滚轮则可实现实时缩放功能。此时的实时缩放是以当前光标所在的位置为中心进行缩放操作的。这种操作方式在绘图过程中比较方便。

(2) 使用软件界面“绘图区域”右侧的导航栏“缩放”按钮，如图 5.18 所示。

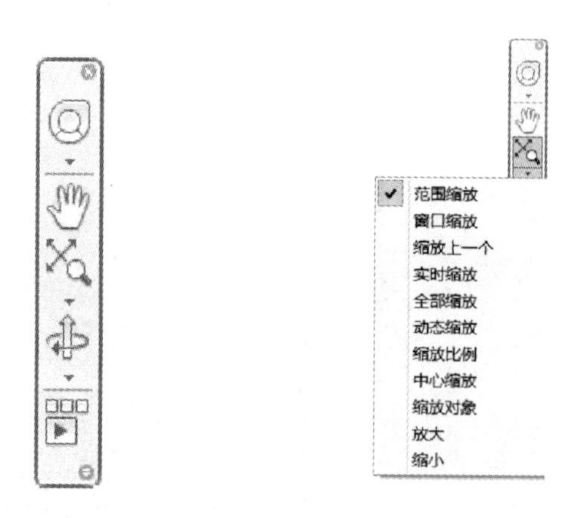

图 5.18 导航栏命令按钮

2. 缩放命令的操作

AutoCAD 提供了多种方式的缩放操作，在实际操作时可根据情况选用。

1) 实时缩放

单击“实时缩放”按钮后，出现矩形视图框，视图框表示视图，可以更改它的大小，或在图形中移动。调整视图框的大小，可将其中的视图缩放，以充满整个视口。要更改视图框的大小，可单击后调整其大小，然后再次单击以接受视图框的新大小。

2）窗口缩放

单击“缩放窗口”按钮后，在启用动态输入功能后，会提示如下：

指定第一角点//在绘图区指定一点，如图 5. 19（a）中的 A 点。

指定对角点：　//接着再指定一个对角点，如图 5. 19（a）中的 B 点。

这样指定的矩形窗口区域中的图形放大，使其充满显示窗口，如图 5. 19（b）所示。这个工具可以连续使用，直到用户想看的图形清晰地显示在屏幕上。

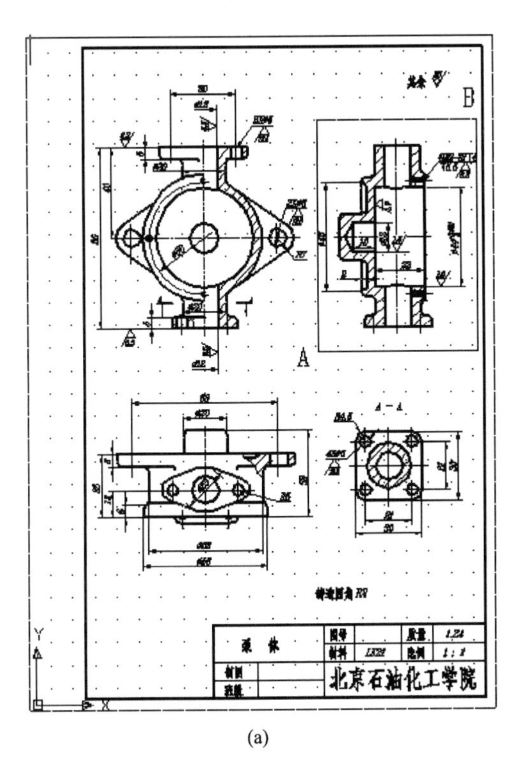

(a)

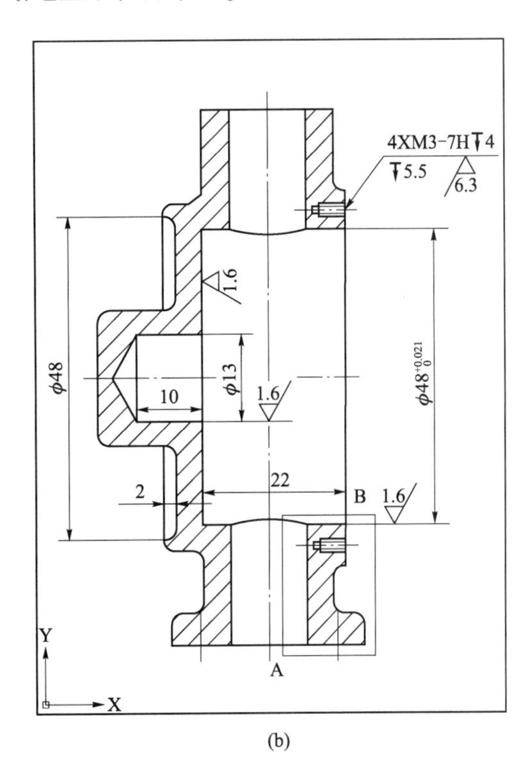

(b)

图 5. 19　窗口缩放命令应用举例

（a）选择缩放窗口 AB；（b）屏幕显示的图形

3）比例缩放

比例缩放是以指定的比例因子缩放显示。单击“比例缩放”按钮，在启用动态输入功能后，会提示如下：

输入比例因子（nx 或 nxp）：　//输入比例后按回车键，即可实现比例缩放。

说明：

（1）输入的值后面跟着 x，根据当前视图指定比例。例如，输入“0. 5x”可使屏幕上的每个对象显示为当前屏幕显示大小的二分之一。

（2）输入的值后面跟着 xp，指定相对于图纸空间单位的比例。例如，输入“0. 5xp”可以图纸空间单位的二分之一显示模型空间。可以创建每个视口以不同的比例显示对象的布局。关于“图纸空间”本书未介绍，可参考相关资料。

（3）输入一个数值，指定相对于图形界限的比例（此选项很少用）。例如，先缩放到图形界限，再输入比例因子“2”，将以对象原来尺寸的两倍显示对象。

4）全部缩放

全部缩放用于显示绘制的全部图形对象。单击“全部缩放”按钮，当绘制的全部图形对象均在所设置的图形界限中时，则在绘图区域中按照图形界限的范围显示；如果有图形对象在设置的图形界限外，显示的范围将会扩大，以便将超出图形界限的部分也显示在绘图区域中。

5）范围缩放

范围缩放用于将已绘制的图形对象充满绘图区域。此时的缩放与设置的图形界限无关，而与图形对象充满绘图区域的大小相关。

5.6.2 图形实时平移显示

图形的平移显示是通过移动整张图纸来实现的，执行平移显示时，图纸相对于屏幕窗口的位置改变了，但图形在图纸上的实际位置、图形的大小都不发生变化。

单击绘图区右侧导航栏上的“实时平移”按钮，十字光标变为手形，拖曳鼠标图形便随之移动；松开鼠标，移动便会停止；可以向上、下、左、右拖动图形，不改变图形的大小，按回车键或“Esc”键退出实时平移模式。

说明：

AutoCAD 支持带滚轮的鼠标，按住鼠标滚轮拖动鼠标，则可实现“实时平移显示”功能。这种操作方式在绘图过程中比较方便。

本章思考题

一、选择题

1. 在 AutoCAD 2017 中，用于打开/关闭正交方式的功能键是（　　）。

A. F6　　B. F7

C. F8　　D. F9

2. 在 AutoCAD 2017 中，用于打开/关闭“动态输入”的功能键是（　　）。

A. F9　　B. F8

C. F11　　D. F12

3. 在提示指定下一点时开启动态输入，输入“43”，然后输入逗号，则下面输入的数值是（　　）。

A. X 坐标值　　B. Y 坐标值

C. Z 坐标值　　D. 角度值

4. 当启用“动态输入”时，将在光标附近的工具栏提示下一步操作，如何打开操作中的选项？（　　）

A. 用“Tab”键　　B. 用键盘上的“↑”键

C. 用键盘上的“↓”键　　D. 用鼠标单击

5. 对“极轴追踪”进行设置，把增量角设为30°，把附加角设为15°，采用极轴追踪时，不会显示极轴对齐的是（　　）。

A. 15°　　B. 30°

C. 45°　　D. 60°

6. “比例缩放”（scale）命令和“视图缩放”（zoom）命令的区别是（　　）。

A. “比例缩放”更改图形对象的大小，“视图缩放”只对其显示大小更改，不改变真实大小

B. “视图缩放”可以更改图形对象的大小

C. 线宽会随“比例缩放”而更改

D. 两者本质上没有区别

7. “移动”命令和“平移”命令区别是（　　）。

A. 都是移动命令，效果一样

B. “移动”速度快，“平移”速度慢

C. “移动”命令的对象是视图，“平移”命令的对象是物体

D. “移动”命令的对象是物体，“平移”命令的对象是视图

二、问答题

1. “对象捕捉”辅助工具的作用是什么？应如何使用？

2. “正交”辅助工具的作用是什么？

3. “对象捕捉追踪”功能的作用是什么？如何进行设置？

4. “动态输入”功能的作用是什么？

第6章

图案填充

在工业产品设计中，经常会通过图案填充来区分物体的各部分或表现其材质。在机械制图中，表示零件剖切断面的剖面线可使用“图案填充”命令来绘制，如图6.1所示。

用户可以使用AutoCAD预先设置好的图案填充，也可以使用自定义的图案填充，还可以创建渐变色填充，如图6.2所示。渐变色填充在颜色的不同灰度之间或两种颜色之间进行过渡，可以增强演示图形的效果。

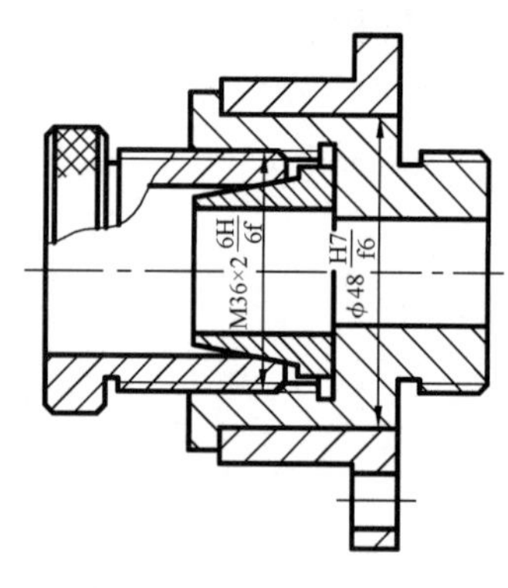

图6.1　图案填充效果

图6.2　渐变色填充效果

在进行图案填充时，用户需要确定的内容有三个：一是填充的区域，二是填充的图案及参数，三是图案填充方式。AutoCAD 2017提供了比较方便的图案填充功能，下面具体介绍。

6.1　图案填充（bhatch）

1. 命令的调用

（1）功能区：“默认”选项卡|“绘图”面板|“图案填充”按钮。

（2）菜单栏：“绘图”|“图案填充”。

2. “图案填充创建”选项卡

单击功能区的“默认”选项卡|“绘图”面板|“图案填充”按钮，会在功能区显示“图案填充创建”选项卡，如图6.3所示。其主要内容介绍如下：

（1）“图案”选项：用于选定图案填充图案。在机械图中，常选用ANSI31（45度平行线）来填充封闭区域。

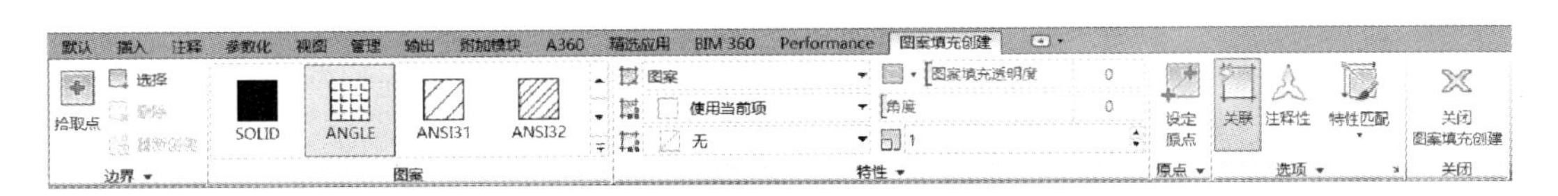

图6.3　“图案填充创建”选项卡

(2)“特性”选项：用于确定图案填充的类型、图案填充的颜色、图案填充的背景色以及图案填充的相应参数，包括图案填充的透明度、图案填充的角度和比例。

①“类型”下拉列表：用于设置图案的类型。列表中有“预定义”“用户定义”和“自定义”三种。其中，预定义图案是AutoCAD提供的图案。

②“图案填充颜色”：设置当前图案填充的颜色。

③“图案填充背景色”：设置当前图案填充的背景色。

④“图案填充透明度”：设置当前图案填充的透明度。

⑤“角度”：用于指定图案填充时图案的旋转角度。对于机械图中常选用的ANSI31图案来说，一般选择0°或90°。

⑥“比例”：指定填充图案时的图案比例，即放大或缩小预定义或自定义的图案。对于ANSI31图案来说，设定“比例”就是设定剖面线上相邻两条线之间距离的比例系数，比例系数越大，则距离越大。

(3)“边界”选项：用于确定填充边界。确定填充“边界”的方式有两种：

①“拾取点”方式：在屏幕上的封闭区域内任意拾取一点，AutoCAD将在现有对象中自动检测距该点最近的边界，构成一个封闭区域，并将该封闭区域作为填充剖面线的边界。如图6.4所示，选择矩形内的点A，则填充范围是矩形内由矩形、圆及椭圆围成的封闭区域。

②“选择”方式：通过选择构成封闭区域的对象来确定边界。如图6.5所示，选择矩形作为对象，则填充范围是全部矩形内部。

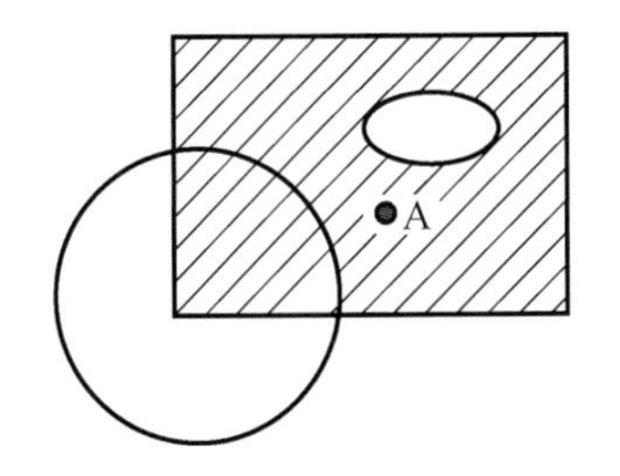

图6.4　以“拾取点”方式指定边界

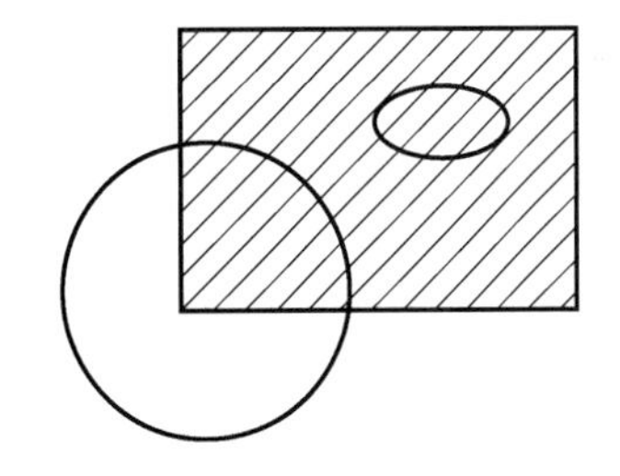

图6.5　以“选择”方式指定边界

(4)“选项”选项：用于控制常用的图案填充设置。

①“关联”按钮：表示在修改填充边界后，图案填充将自动随边界作出相应的改变，用填充图案自动填充新的边界，如图6.6(b)所示。不关联时，图案填充不随边界的改变而变化，仍保持原来的形状，如图6.6(c)所示。

② 允许的间隙：通常情况下，在进行图案填充时要求选择的图案填充区域为封闭区域，但在AutoCAD 2017中允许对实际上并没有完全封闭的边界进行图案填充。允许的最大间隙值可在“选项”面板的“允许的间隙”中进行设置，如图6.7所示。任何小于等于指定值的间隙都将被忽略，并将边界视为封闭。

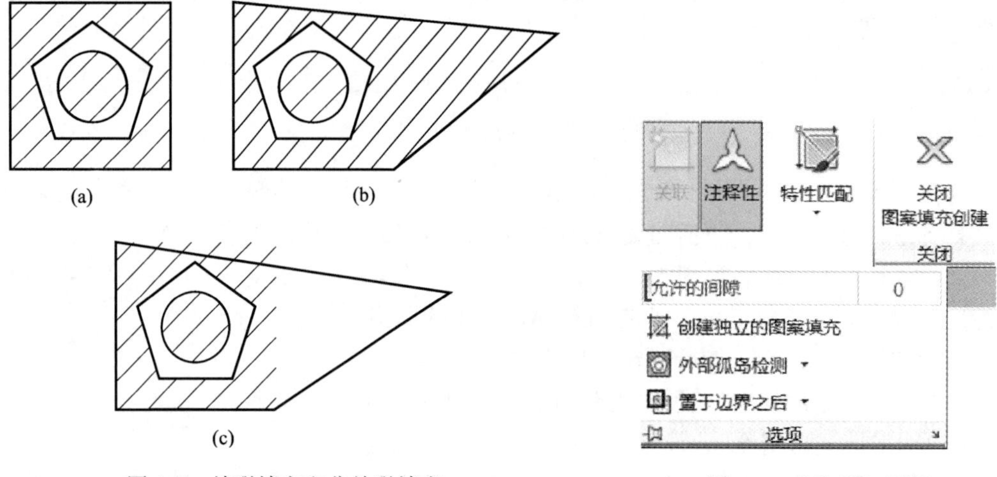

图 6.6 关联填充和非关联填充

（a）填充的图案；（b）关联填充；（c）非关联填充

图 6.7 “选项”面板

3. “图案填充和渐变色”对话框

在关闭功能区后，如果在菜单栏的“绘图”菜单中选择“图案填充”命令，将会弹出“图案填充和渐变色”对话框，如图 6.8 所示。

图 6.8 “图案填充和渐变色”对话框的“图案填充”选项卡

“图案填充和渐变色”对话框有两个选项卡，一个是“图案填充”，另一个是“渐变色”。

1）“图案填充”选项卡

（1）“类型和图案”选项组：用于确定图案填充的类型和图案。

①“类型”下拉列表：用于设置图案的类型。列表中有“预定义”“用户定义”和“自定义”三种。其中，预定义图案是 AutoCAD 提供的图案。

②“图案”下拉列表：列出有效的预定义图案，以供选择。可直接通过下拉列表选择图案，也可单击其后面的 [...] 按钮，在弹出的“填充图案选项板”对话框中选择，如图 6.9 所示。该对话框中提供了四个选项卡，分别为“ANSI”（美国国家标准学会标准）、“ISO”（国际标准）、“其他预定义”和“自定义”。在机械图中，常选用 ANSI31（45 度平行线）来填充封闭区域。

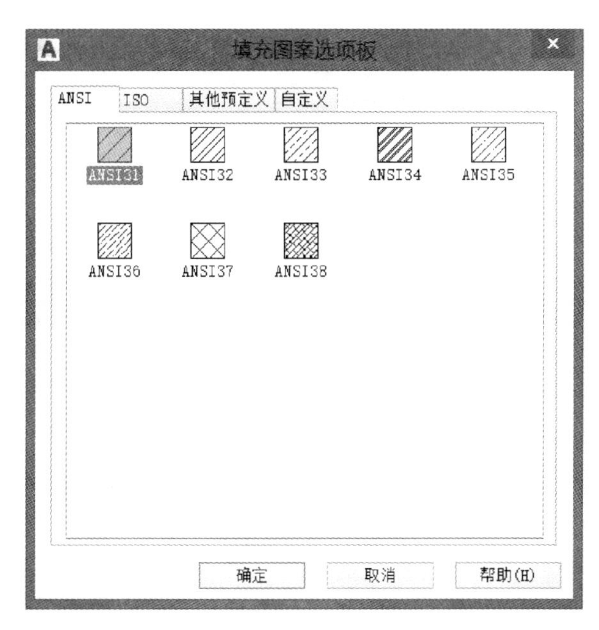

图 6.9　“填充图案选项板”对话框

（2）“角度和比例”选项组：用于指定图案填充时图案的旋转角度和比例，详见 6.1.2 节。

（3）“边界”选项组：用于确定填充边界，详见 6.1.2 节。

（4）“选项”选项组：用于控制常用的图案填充设置，详见 6.1.2 节。

（5）允许的间隙：

通常情况下，在进行图案填充时要求选择的图案填充区域为封闭区域，但在 AutoCAD 2017 中允许对实际上并没有完全封闭的边界进行图案填充。允许的最大间隙值可在“图案填充和渐变色”对话框中进行设置，如图 6.10 所示。任何小于等于指定值的间隙都将被忽略，并将边界视为封闭。

说明：虽然可以设置“允许的间隙”值，但这一功能还是十分有限的。为保证图案填充操作的正确性，最好在绘图时保证绘图的准确性，避免出现图案填充区域不封闭的情况。

图 6.10　展开的“图案填充和渐变色”对话框

2）应用举例

例 6.1　给图 6.11（a）所示图形填充剖面线，效果如图 6.11（b）所示。

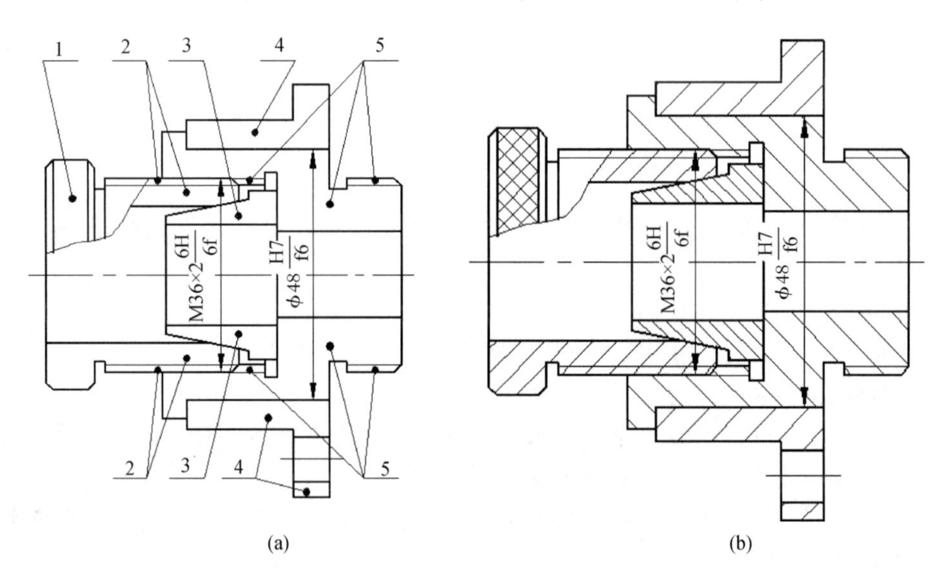

图 6.11　图案填充举例

操作步骤如下：

(1) 绘制图 6.11（a）所示的图形，然后填充剖面线。

（2）打开“图案填充创建”选项卡，设置如下：

“图案”选择“ANSI37”，这是双方向的 45°斜线，“角度”选择“0°”，“比例”选择“7”，在封闭区域内拾取 1 点，剖面线填充 1 点周围封闭的区域，效果如图 6. 11（b）所示。

（3）按回车键，继续执行“图案填充”命令。“图案”选择“ANSI31”，“角度”选择“0°”，“比例”选择“10”，在封闭区域内拾取 2 点，共拾取 4 次，包括外螺纹的细实线区域，剖面线填充 2 点周围封闭的区域，效果如图 6. 11（b）所示。

（4）按回车键，继续执行“图案填充”命令。“图案”选择“ANSI31”，“角度”选择“90°”，“比例”选择“6”，在封闭区域内拾取 3 点，共拾取 2 次，尺寸线不影响封闭区域的选择，剖面线填充 3 点周围封闭的区域，效果如图 6. 11（b）所示。

（5）按回车键，继续执行“图案填充”命令。“图案”选择“ANSI31”，“角度”选择“90°”，“比例”选择“14”，在封闭区域内拾取 4 点，共拾取 3 次，尺寸线不影响封闭区域的选择，剖面线填充 4 点周围封闭的区域，效果如图 6. 11（b）所示。

（6）按回车键，继续执行“图案填充”命令。“图案”选择“ANSI31”，“角度”选择“0°”，“比例”选择“14”，在封闭区域内拾取 5 点，共拾取 6 次，包括内螺纹、外螺纹的细实线区域，剖面线填充 5 点周围封闭的区域，效果如图 6. 11（b）所示。

说明：尺寸对剖面线封闭区域的影响有三种情况：

（1）尺寸是整体状态，且只有尺寸线或尺寸界线、尺寸箭头在封闭区域内，不影响封闭区域的选择。

（2）尺寸是整体状态，但尺寸数字也在封闭区域内，则点选封闭区域时，尺寸数字自动被选中，剖面线将在数字部分自动断开，如图 6. 12（a）所示。

（3）尺寸是分解状态，尺寸线、尺寸界线是直线图形，将被视为封闭边界，如图 6. 12（b）所示。

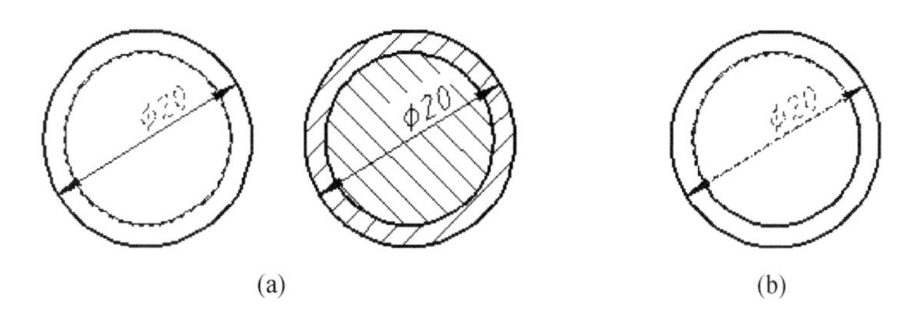

(a)　　(b)

图 6. 12　尺寸对剖面线封闭区域的影响

（a）整体尺寸选择封闭边界及填充结果；（b）分解尺寸选择封闭边界

6. 2　图案填充的编辑

当绘制的填充图案需要更改时，可以通过图案填充编辑命令进行。

1. 命令的调用

（1）单击要编辑的对象。

（2）双击要编辑的对象。

（3）菜单栏：“修改”|“对象”|“图案填充”。

2. 命令的操作

如果通过菜单栏选择图案填充编辑命令后，在命令行提示如下：

命令：_ hatchedit

选择图案填充对象： //选择需要编辑的填充图案

此时会弹出“图案填充编辑”对话框。“图案填充编辑”对话框中显示了选定图案填充或填充对象的当前特性，可以对这些参数进行修改，修改完后按“确定”按钮。

如果通过单击图案填充对象的方式进入编辑状态，则会在功能区显示“图案填充编辑”面板，可以对相应参数进行修改，修改完后按“关闭图案填充编辑器”按钮。

如果通过双击图案填充对象的方式进入编辑状态，则会在功能区显示“图案填充编辑”面板，同时在绘图区出现该图案填充对应的“特性”选项板，可以选择一个对相应参数进行修改，修改完后按“关闭图案填充编辑器”按钮或“关闭”按钮。

3. 应用举例

例 6.2 在图 6.13（a）中，填充的剖面线间距有些稀疏，需改成图 6.13（b）所示的形式。

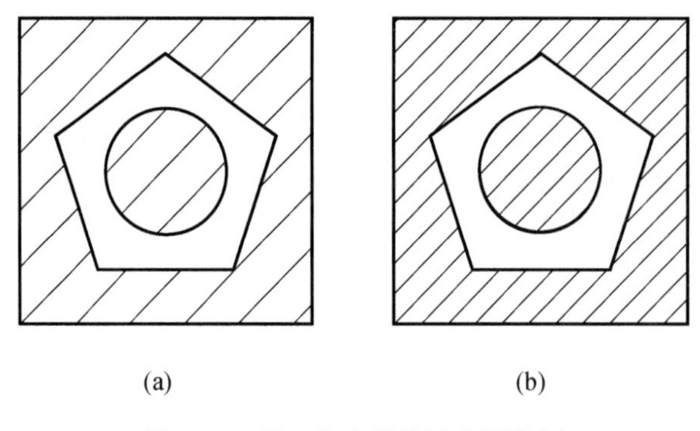

(a) (b)

图 6.13 图案填充的编辑应用举例

操作步骤如下：

（1）单击图 6.13（a）中的剖面线，会在功能区出现“图案填充编辑器”面板。

（2）在“图案填充编辑”面板中把比例值由 1.5 改为 0.7，如图 6.14 所示。

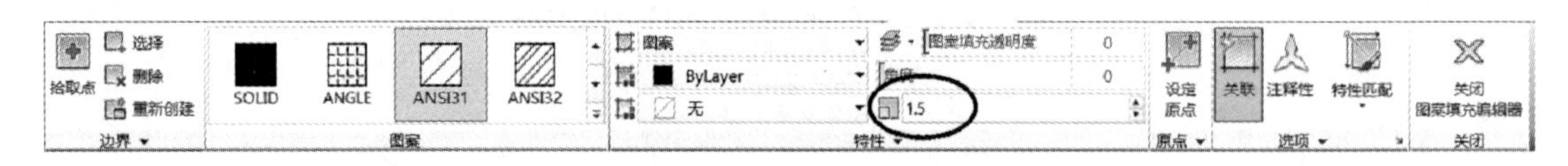

图 6.14 修改图案填充参数

（3）单击“关闭图案填充编辑器”按钮，完成对剖面线的编辑。

说明：对图案填充的编辑也可在“特性”选项板中进行。

操作步骤如下：

（1）单击图 6.13（a）中的剖面线，并按鼠标右键，在弹出的快捷菜单中选择“特性”。

（2）在弹出的“特性”选项板中把比例值由 1.5 改为 0.7 并按回车键，如图 6.15 所示。

（3）按“Esc”键退出编辑状态。

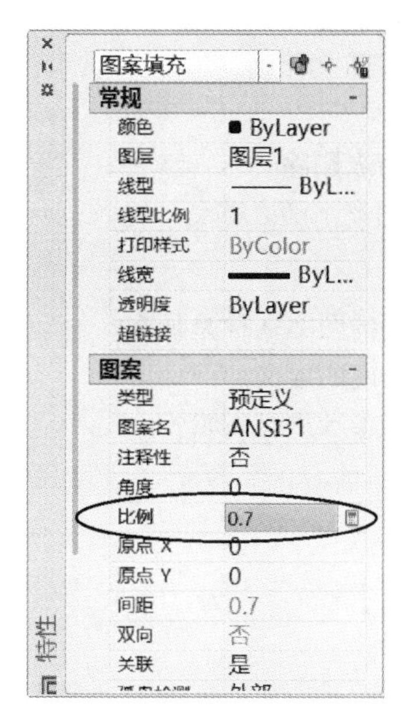

图 6.15　在“特性”选项板中修改图案填充参数

本章思考题

一、选择题

1. 在 AutoCAD 2017 中，有如图 6.16 所示图形，能否对其进行图案填充？（　　）

A. 不可以，边界不封闭

B. 可以，但必须将间隙去除，变为封闭边界

C. 可以，用“添加：选择对象”创建边界

D. 可以，可以在“允许的间隙”中设置间隙的合适“公差”来忽略间隙

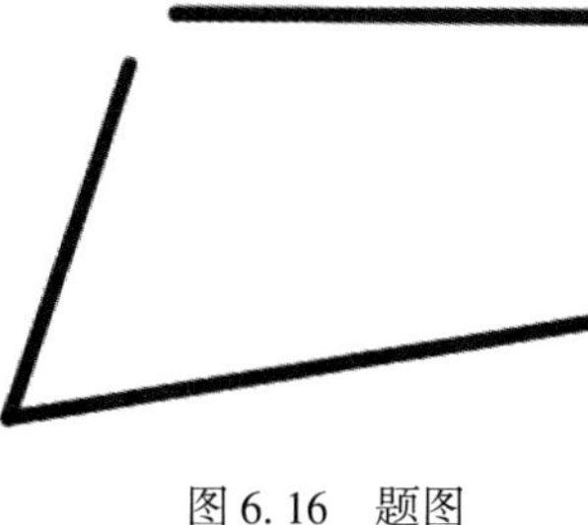

图 6.16　题图

2. 图案填充的“角度”是（　　）。

A. 对 X 轴正方向为零度，顺时针为正

B. 对 Y 正方向为零度，逆时针为正

C. 对 X 轴正方向为零度，逆时针为正

D. ANSI31 的角度为 45°

3. 在使用图案 ANSI31 进行填充时，设置“角度”为 15°，则填充的剖面线是（　　）。

A. 45°　　B. 60°　　C. 15°　　D. 30°

4. 填充的图案与当前图层的（　　）无关。

A. 颜色　　B. 线型　　C. 线宽　　D. 图层名称

5. 在 AutoCAD 2017 中，能否对填充的图案进行裁剪？(　　)

A. 不可以，图案是一个整体　　B. 可以，将其分解后

C. 可以，直接修剪　　D. 不可以，图案是不可以编辑的

6. 系统默认的填充图案与边界是（　　）。

A. 关联的，边界移动，图案随之移动

B. 不关联

C. 关联，边界删除，图案随之删除

D. 关联，内部孤岛移动，图案不随之移动

二、思考题

1. 图案填充在机械图中采用的图案名称是什么？

2. 说明图案填充中比例和角度的含义。

3. 进行图案填充后如何对其参数进行编辑？

第7章

文　字

书写文字是绘制各种工程图时必不可少的内容，本章介绍如何利用 AutoCAD 2017 来书写文字。

7.1　AutoCAD 中可以使用的文字

7.1.1　形（SHX）字体

早期的 AutoCAD 是在 DOS 环境下工作的，它使用编译形（SHX）这一专用字体来书写文字（图 7.1），形字体的特点是字形简单、占用计算机资源量少，形字体文件的后缀是“. shx”。在 AutoCAD 2000 中文版以后，提供了符合《技术制图》国家标准要求的中西文工程形字体，分别是：西文正体“gbenor. shx”、西文斜体“gbeitc. shx”、中文长仿宋体“gbcbig. shx”。建议采用这几种形字体，其既符合国标，又避免了在其他计算机上显示为问号或乱码的麻烦。

1234567890　abcdefg　ABCDEFG

1234567890　abcdefg　ABCDEFG

技术要求　制图　审核　校核　材料

图 7.1　形字体

7.1.2　TureType 字体

AutoCAD 可以直接使用由 Windows 操作系统提供的 TureType 字体（图 7.2），该字体的特点是字型美观，但占用计算机资源量较多，并且 TureType 字体不完全符合《技术制图》国家标准要求，一般情况下不推荐使用。TureType 字体文件的后缀是“. ttf”，较适合选用的字体是仿宋_ GB2312。

1234567890 abcdefg ABCDEFG

技术要求　制图　审核　校核　材料

图 7.2　TrueType 字体

说明：用上面介绍的两种字体书写文字，产生的效果不同：

（1）用形字体书写的文字，字体笔画的粗细是由其所在图层的线宽决定的。字高较大的字与字高较小的字的笔画粗细是一样的。

（2）用 TrueType 字体书写的文字，字体笔画的粗细会随字高的大小而自动调整，即字高较大的字对应的笔画较粗，字高较小的字对应的笔画较细。

7.2 定义文字样式

文字样式用于确定书写文字时所采用的字体以及相关的文字效果参数。在绘制工程图之前，应先定义符合国家标准的文字样式。本节介绍了基于两种不同字体文件的文字样式的定义方式，读者可在实际使用时任选一种进行定义。

定义文字样式主要包括三项内容：新建样式名称、选择字体文件、设置效果参数。

7.2.1 命令的调用

定义文字样式需在“文字样式”对话框中进行设定，如图 7.4 所示。调用“文字样式”对话框的便捷方法如下：

（1）功能区：“默认”选项卡|“注释”面板|“文字样式”下拉框，如图 7.3（a）所示。

（2）功能区：“注释”面板|“文字样式”下拉框|“管理文字样式…”选项，如图 7.3（b）所示。

（3）菜单栏：“格式” | “文字样式”。

(a)

(b)

图 7.3 “文字样式”对话框调用界面

7.2.2　创建 AutoCAD 形文件（SHX）的字样

该种字样即可写汉字，又可写数字（使用大字体文件写汉字）。

操作步骤如下：

（1）新建样式名称。

① 单击“文字样式”对话框中的“新建…”按钮，如图 7.4 所示。

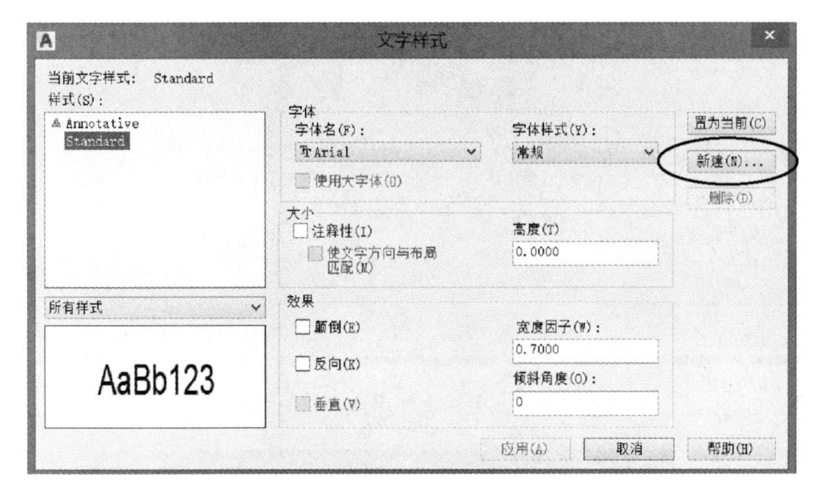

图 7.4　“文字样式”对话框

② 在弹出的“新建文字样式”对话框中将文字样式命名为“工程字”，如图 7.5 所示。

③ 单击“新建文字样式”对话框中的“确定”按钮，返回“文字样式”对话框。

（2）选择字体文件。

选择“字体名”为“gbeitc. shx”，选择“使用大字体”，选择“大字体”为“gbcbig. shx”，如图 7.6 所示。

（3）设置宽度因子为“1”，倾斜角度为“0”，高度为“0.0000”，如图 7.6 所示。

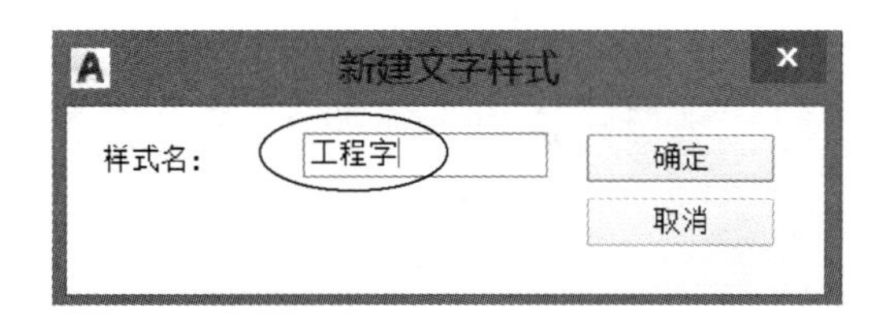

图 7.5　“新建文字样式”对话框

7.2.3　创建 Windows Truetype 字体文件的字样

需要设置两种字样，一种写汉字，另一种写数字与字母（不使用大字体文件写汉字）。

操作步骤如下。

1. 创建汉字字样

（1）单击“文字样式”对话框中的“新建…”按钮，如图 7.4 所示；在弹出的“新建文字样式”对话框中将文字样式命名为“长仿宋汉字”，如图 7.7 所示；再单击“新建文字样式”对话框中的“确定”按钮。

（2）选择“字体名”为“仿宋_ GB2312”，如图 7.8 所示。

（3）设置宽度因子为“0.71”，倾斜角度为“0”，高度为“0.0000”，如图 7.8 所示。

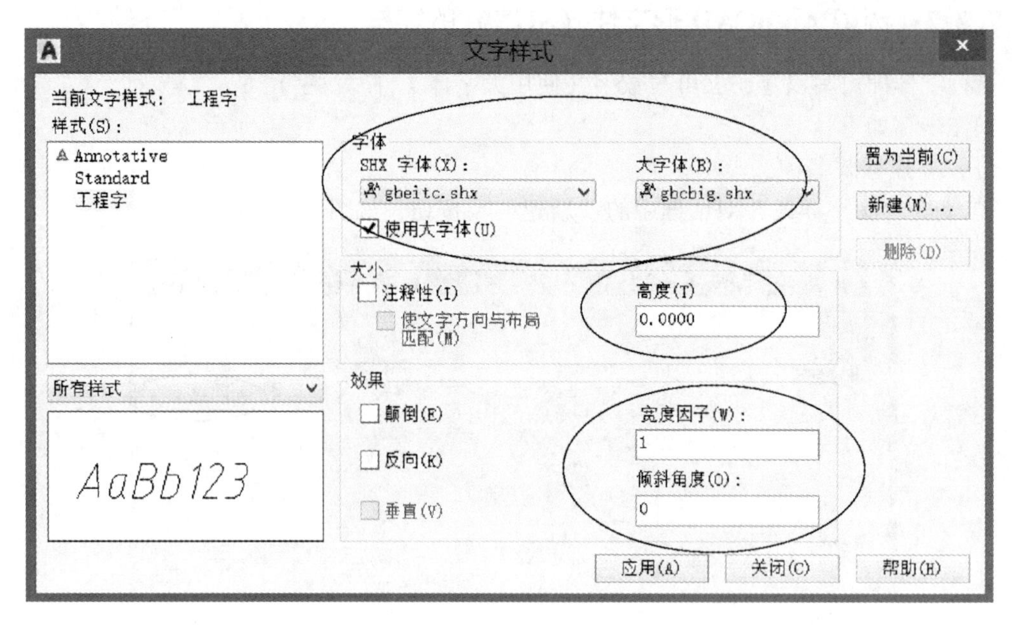

图 7.6　设定“工程字”字体及相关字体参数

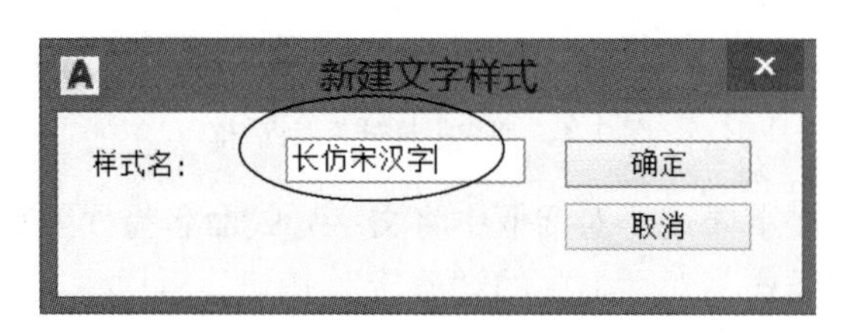

图 7.7　“新建文字样式”对话框

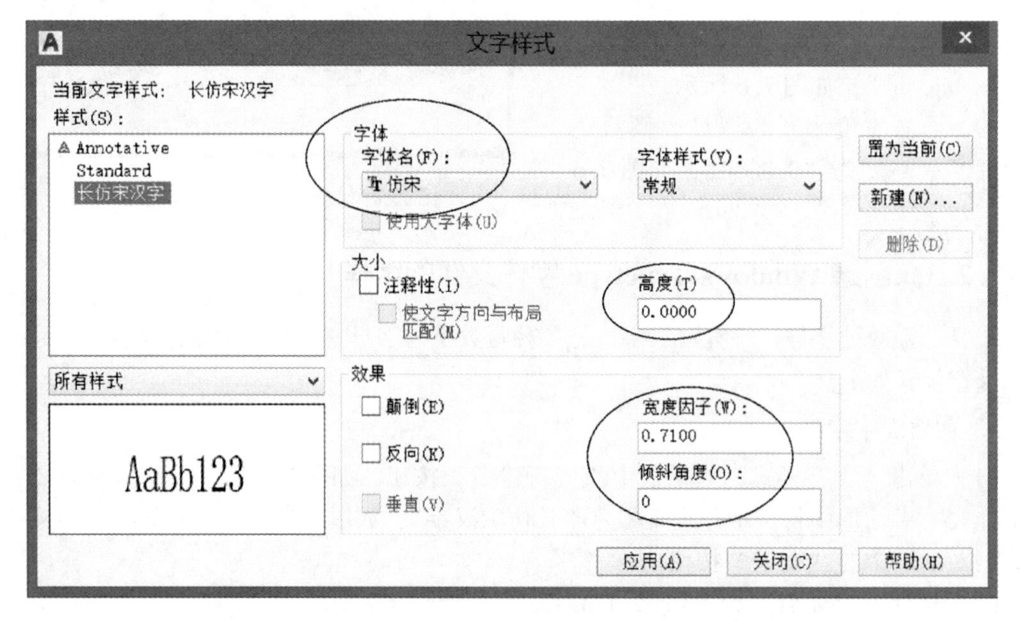

图 7.8　设定“长仿宋汉字”字体及相关字体参数

2. 创建数字/字母字样

(1) 单击“文字样式”对话框中的“新建…”按钮，如图7.4所示；在弹出的“新建文字样式”对话框中将文字样式命名为“罗马数字和字母”，如图7.9所示；再单击“新建文字样式”对话框中的“确定”按钮。

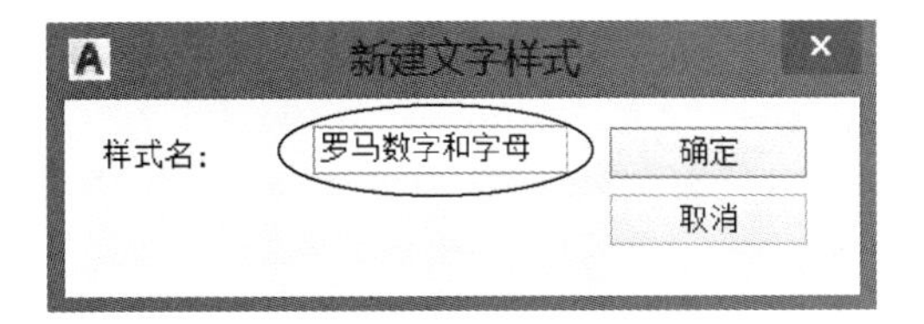

图7.9 “新建文字样式”对话框

(2) 选择“字体名”为“Romantic”，如图7.10所示。

(3) 设置宽度因子为“0.71”，倾斜角度为“15”，高度为“0.0000”，如图7.10所示。

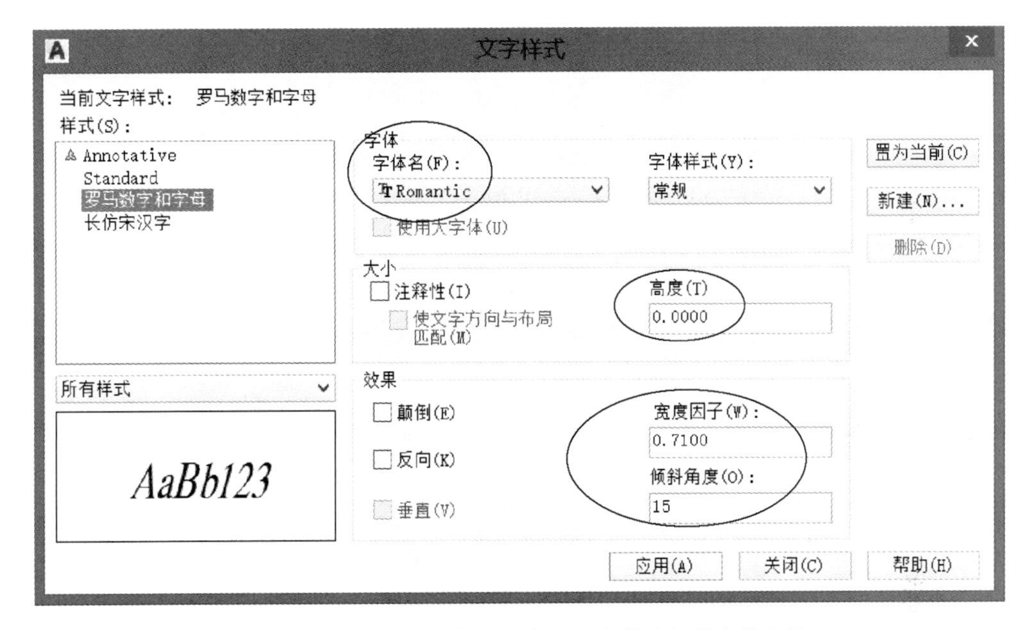

图7.10 设定“罗马数字和字母”字体及相关字体参数

说明:

(1) 在创建文字样式时，一般将字高设为0，其作用是使所创建文字样式的字高是可变的，在书写文字时可通过设定字高操作来改变书写文字的高度。

(2) 当使用形字体定义文字样式时，由于形字体的字高与字宽的比是按1∶$h/\sqrt{2}$定义的，已符合我国国家标准的规定，因此将“宽度因子”设为1；而使用TrueType字体定义文字样式时，由于TrueType字体的字高与字宽的比是按1∶1定义的，不符合我国国家标准的规定，因此将“宽度因子”设为0.71。

7.2.4 选择当前使用的文字样式

在完成创建文字样式后，在功能区的“默认”选项卡|“注释”面板|“文字样式”下拉框|“文字样式”下拉列表中就有了刚刚创建的文字样式，如图7.11所示。若要在书写文字时应用该文字样式，则需对该文字样式进行“置为当前”的操作。

最简捷的操作是在“文字样式”下拉列表中将该文字样式选中。如图7.11所示，在文字样式”下拉列表中将“工程字”文字样式选中，则“工程字”文字样式为当前的文字样式，使用单行或多行文字命令来写文字时，就会按此文字样式书写文字。

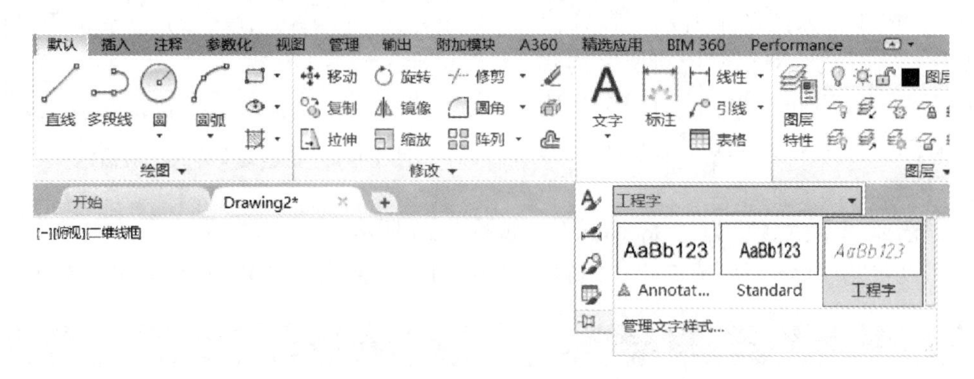

图 7.11　“文字样式”下拉列表

7.3　书写文字

AutoCAD 中提供了两种书写文字的命令，即写单行文字和写多行文字。对不需要多种字体且输入内容比较简短的文字，可以使用单行文字命令来实现；对带有格式且有较长的输入内容的文字，使用多行文字命令来实现比较合适。

7.3.1　书写单行文字

1. 命令的调用

（1）功能区：“默认”选项卡 |“注释”面板 |“单行文字”按钮 A 。

（2）功能区：“注释”面板 |“单行文字”按钮 A 。

（3）菜单栏：“绘图” |“文字” |“单行文字”。

2. 命令的操作

执行该命令后，命令行提示如下：

命令：dtext

当前文字样式：“工程字”当前文字高度：　2.5000 注释性：否　对正：左

//该行说明了当前所使用的文字样式是“工程字”，当前写文字的高度为 2.5 mm，当前文字样式不是注释性样式，字的对齐方式为左下角点对齐。

指定文字的起点或［对正（J）/样式（S）］：

//指定单行文字书写的起点（默认为左下角点）、对正方式和文字样式，详见 7.3.1.1 节。

指定高度 <2.5000 >：

//指定文字的高度值，如果在创建文字样式时指定的文字高度不为 0，则没有此提示。

指定文字的旋转角度 <0 >：　　//指定文字行的旋转角度，如图 7.12 所示。

输入文字：　　//输入书写的文字内容，详见 7.3.1.2 节、7.3.1.3 节。

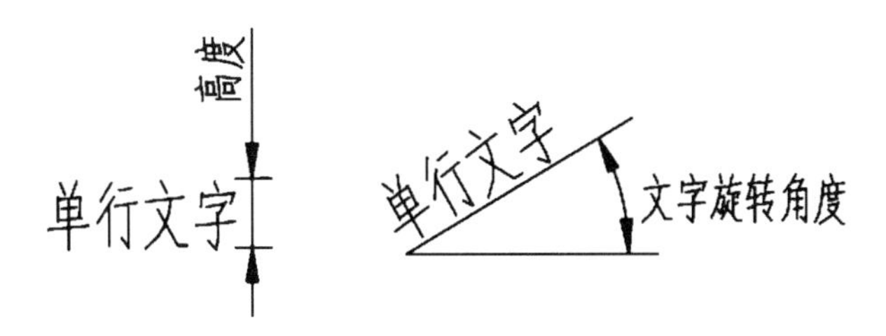

图7.12　单行文字的高度和文字的旋转角度示例

7.3.1.1　对正（j）的提示项

指定文字的对正方式，类似于用 Microsoft Word 对文字进行排版时使文字左对齐、居中、右对齐等。在该提示下，输入“j”，则 AutoCAD 提示如下：

输入选项

［左（L）/居中（C）/右（R）/对齐（A）/中间（M）/布满（F）/左上（TL）/中上（TC）/右上（TR）/左中（ML）/正中（MC）/右中（MR）/左下（BL）/中下（BC）/右下（BR）］：

（1）对正（j）的多个选项用于决定一行文字的哪一点与指定的起点对齐。在 AutoCAD 中用3条竖线、4条横线的交点及一个中间点共13点定义单行文字的书写定位，如图7.13所示。

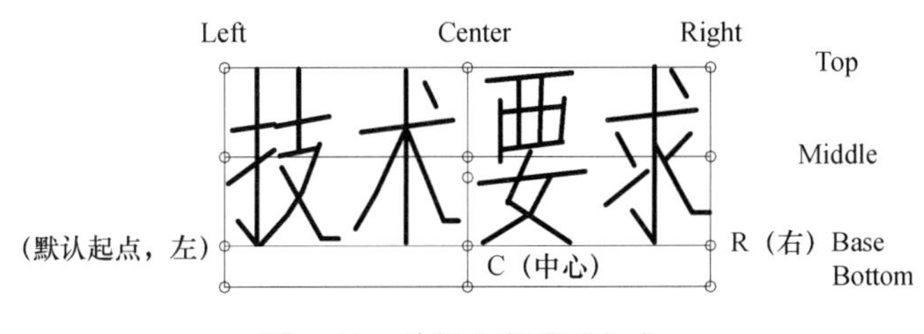

图7.13　单行文字对正方式

（2）对齐（A）：要求指定文字的起点和终点，输入的文字均匀分布于指定的两点之间，文字行的旋转角度由两点间连线的旋转角度确定，字高根据两点间的距离、字符的多少、字的宽度比例自动确定。当所写文字较多或较少时，通过减小或增大文字的高度来适应所定义的长度，如图7.14所示。

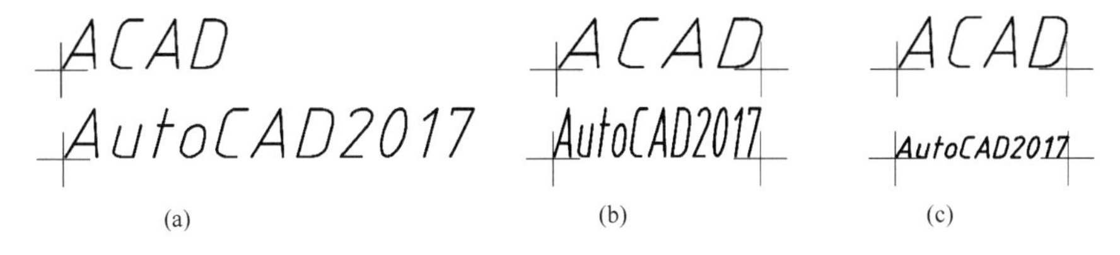

图7.14　三种对正方式比较

（a）“左”对齐方式；（b）“F”布满方式；（c）“A”对齐方式

（3）布满（F）：要求指定文字的起点、终点和文字的高度（如果文字样式中指定的文字高度为0的话）。输入的文字均匀分布于指定的两点之间，文字行的旋转角度由两点间连线的旋转角度确定。字高为用户指定的高度，字宽由所确定两点间的距离与字的多少自动确定，如图7.14所示。

7.3.1.2 在“输入文字:”的提示下

用户输入需要书写的一行文字后，可按回车键换行，或用鼠标指定新的文字位置接着书写新的一行文字。也就是说，虽然该文字命令被称作“单行文字”，但可以用该命令连续写出多行文字，而且每一行文字是一个独立的图形对象。

连续按两次回车键，则为结束命令，完成文字的标注。

7.3.1.3 特殊字符的写法

书写文字时，有时需要写一些特殊符号，这些特殊符号不能从键盘上直接找到。为解决这样的问题，AutoCAD 提供了专门的控制符。这些控制符由两个百分号（%%）和一个字符构成。其中：

(1)%%C：用于书写直径符号“ϕ”；

(2)%%P：用于书写公差正负号“±”；

(3)%%D：用于书写度符号“°”。

例如：输入文字“%%C150%%P0.023”，屏幕显示效果是“ϕ150±0.023”。

7.3.2 书写多行文字

与单行文字命令相比，多行文字命令的编辑选项比较多，可在文字书写的过程中对字体、颜色、字高、字体格式进行修改，可以创建堆叠文字（如分数或公差）。因此，在实际应用中通常使用多行文字来创建较为复杂的文字内容。多行文字命令书写的文字无论行数多少，都被认为是一个图形对象。

1. 命令的调用

（1）功能区：“默认”选项卡|“注释”面板|“多行文字”按钮 A 。

（2）功能区：“注释”面板|“多行文字”按钮 A 。

（3）菜单栏：“绘图”|“文字”|“多行文字”。

2. 命令的操作

执行该命令后，命令行提示如下：

命令：_ mtext

指定第一角点： //用鼠标左键指定多行文字输入区的第一个角点，如图 7.15 所示。

指定对角点或［高度（H）/对正（J）/行距（L）/旋转（R）/样式（S）/宽度（W）/栏（C）］：

//指定对角点为默认选项，系统还另外给出 7 个选项。用户可用鼠标左键指定文字输入区的另一个对角点，以确定书写多行文字对象的宽度，如图 7.15 所示。

当指定了对角点之后，在软件默认设置的情况下，功能区处于活动状态，此时将在功能区中显示“文字编辑器”选项卡，如图 7.15 所示。

如果功能区未处于使用状态，将弹出图 7.16 所示的多行文字编辑器，用户可以在编辑框中输入相关的文字。可通过“文字样式”下拉列表框、“字体”下拉列表框、“字高”下拉列表框、“文字颜色”下拉列表框来设置当前使用的文字样式、字体类型、字体高度、字体颜色等。

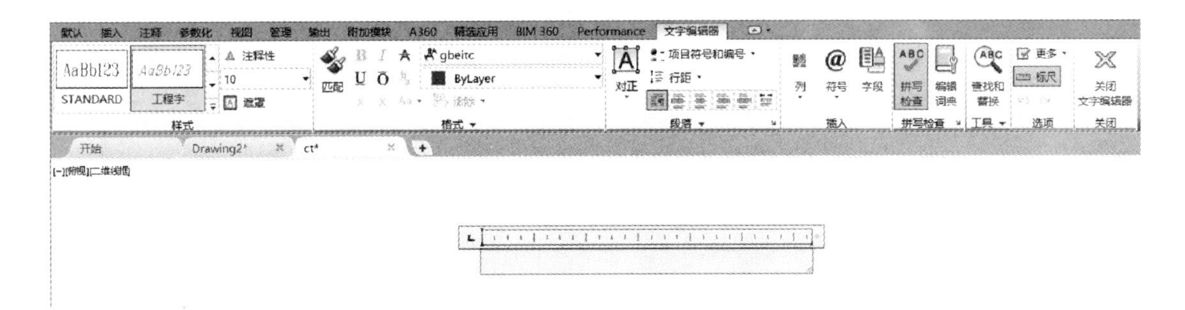

图 7.15　功能区的“文字编辑器”选项卡

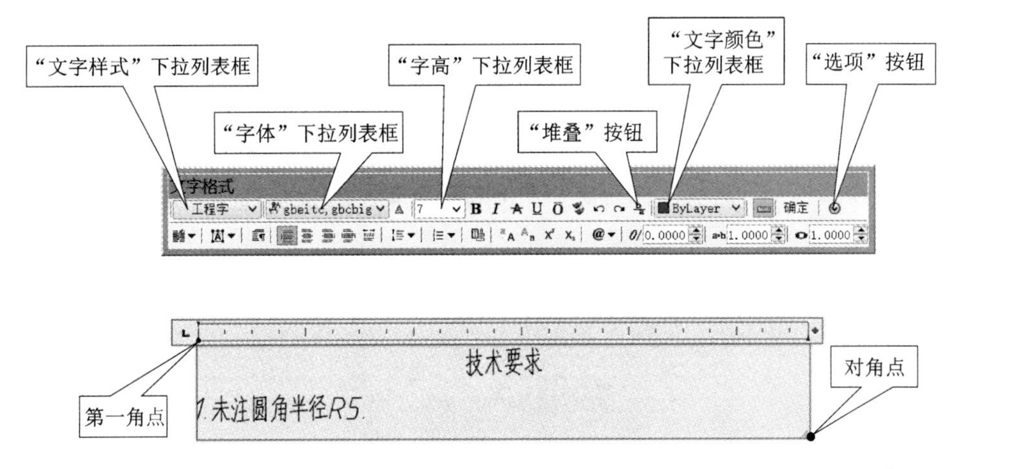

图 7.16　多行文字编辑器

3. 书写堆叠文字

在机械图中，经常会有如图 7.18 所示的文字组合（即堆叠文字）。堆叠是对分数、公差和配合的一种位置控制方式，应采用 AutoCAD 提供的下列三种字符堆叠控制码来实现：

(1) “/”字符：产生的堆叠形式为分式形式。如输入“2/3”，采用堆叠后显示为“$\frac{2}{3}$”。

(2) “#”字符：产生的堆叠形式为比值形式。如输入“2#3”，采用堆叠后显示为“2/3”。

(3) “^”字符：产生的堆叠形式为上下排列的形式。如输入“+0.02^-0.03”，采用堆叠后显示为“$^{+0.02}_{-0.03}$”。

例 7.1　用多行文字书写 $\phi 100^{+0.023}_{+0.015}$。

操作步骤如下：

(1) 单击功能区的“默认”选项卡|“注释”面板|“多行文字”按钮 **A**。

(2) 在绘图区内用鼠标左键指定文字输入区的两个对角点，以确定多行文字的宽度。

(3) 在文字输入区内输入“%%c100+0.023^+0.015”。

(4) 用鼠标在文字输入区中选择“+0.023^+0.015”，单击“文字”选项板上的“堆叠”按钮，如图 7.17 所示。

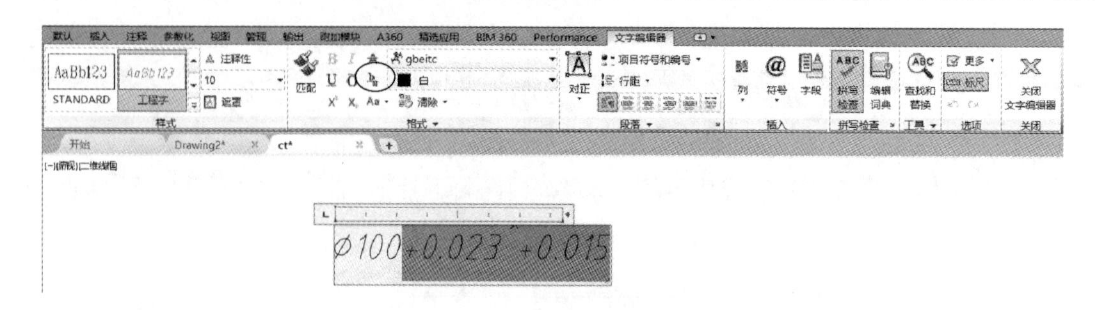

图 7.17　多行文字堆叠举例

（5）单击文字编辑器上的“关闭文字编辑器”按钮，则显示的效果如图 7.18 所示。

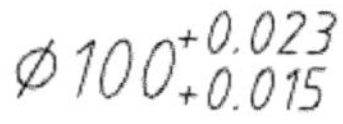

$\varnothing 100^{+0.023}_{+0.015}$

图 7.18　显示效果

4. 特殊字符的插入

前面介绍了利用控制符来书写特殊字符的方法，用这种方法时必须要记住这些控制符。在文字编辑器中，提供了直接插入这些特殊字符的工具。

方法 1：在输入文字时按鼠标右键，弹出右键菜单，选“符号”菜单，会弹出“符号”菜单，菜单中包括一些常用的符号。

方法 2：单击文字编辑器上的“符号”按钮 @，会弹出图 7.19 所示的“符号”菜单，菜单中包括一些常用的符号。

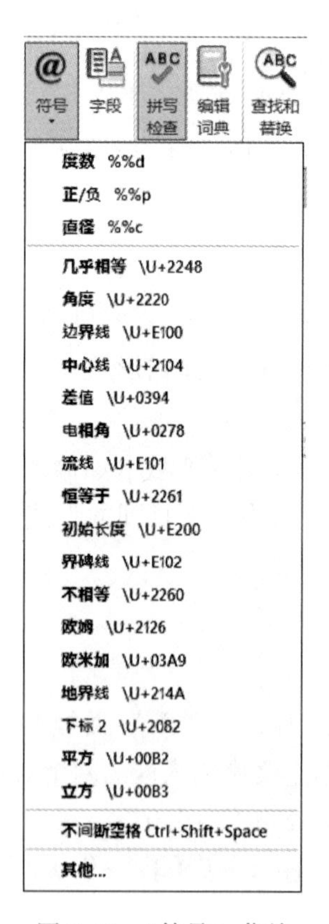

图 7.19　“符号”菜单

7.4　编辑文字

7.4.1　编辑文字内容

(1) 双击单行文字对象，进入 ddedit 命令编辑文字内容。

(2) 双击多行文字对象，打开多行文字编辑器，如图7.17所示，可以直接修改文字内容。

7.4.2　编辑堆叠文字

双击待编辑的堆叠文字，此时将打开多行文字编辑器。有两种方法可实现对堆叠文字的编辑：

方法1：在多行文字编辑器中用鼠标选择堆叠文字，单击"堆叠"按钮以取消堆叠效果，在修改堆叠的文字内容后重新单击"堆叠"按钮以实现堆叠效果。

方法2：在多行文字编辑器中用鼠标选择堆叠文字，单击鼠标右键，从弹出的快捷菜单中选择"堆叠特性"，在"堆叠特性"对话框中可以编辑堆叠文字以及修改堆叠文字的类型、对正和大小等设置，如图7.20所示。

7.4.3　编辑文字参数

要改变文字高度、对正方式、字体样式、文字宽度因子（只对单行文字有效）等时，可以使用"特性"选项板进行编辑。

操作步骤如下：

(1) 选择需编辑的文字。

(2) 单击鼠标右键，选择"特性"选项。

(3) 在弹出的"特性"选项板中修改相关内容，如图7.21所示。

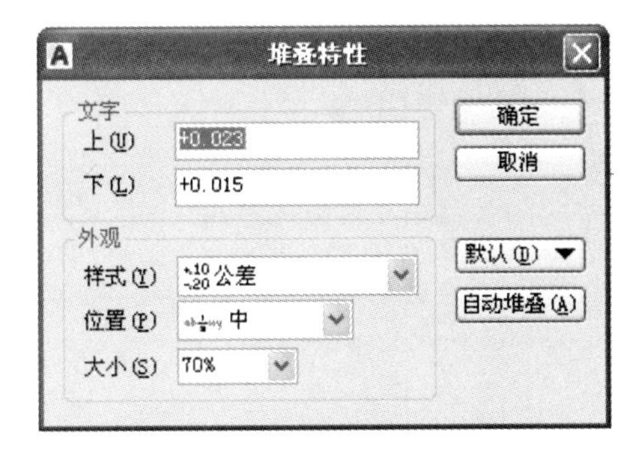

图7.20　"堆叠特性"对话框

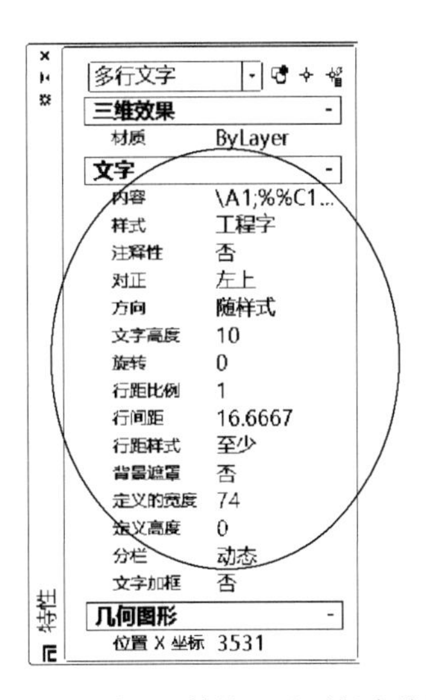

图7.21　利用"特性"选项板来编辑文字

本章思考题

一、选择题

1. 工程图样上所用的国家标准大字体 SHX 字体文件是（　　）。

A. isoct. shx　　　　B. gdt. shx

C. gbcbig. shx　　　　D. gothice. shx

2. 在文字输入过程中，输入“1/2”，运用（　　）命令可以把此分数形式改为水平分数形式。

A. 单行文字　　　　B. 对正文字

C. 多行文字　　　　D. 文字样式

二、思考题

1. 为什么要设置文字样式？

2. 如何设置文字样式？

3. 多行文字命令和单行文字命令的区别是什么？

4. 如何书写 $\phi 100^{+0.25}_{-0.05}$ 、 $\frac{A-A}{1:2}$ 、 $60^{\circ} \pm 0.2^{\circ}$ ？

第8章

图　块

在工程图中，经常会遇到需要重复使用的图形对象，例如标题栏，机械图中的表面粗糙度符号及螺钉、螺母等标准件，建筑图中的门、窗等，这时可以把需要经常使用的图形创建成块（也称为“图块”），并根据需要为块创建属性，指定块的名称、用途等信息，在需要时直接插入它们，从而增加绘图的准确性，提高绘图效率和减小文件的占用空间。

8.1　创建块

块是一个或多个对象组成的对象组合，常用于绘制复杂、重复的图形。每个块定义应包含：图块名称、一个或多个图形对象、用于插入块的基点坐标值和所有相关的属性数据。

1. 命令的调用

（1）功能区：“默认”选项卡|“块”面板|“创建”按钮。

（2）功能区：“插入”选项卡|“创建块”按钮。

（3）菜单栏：“绘图”|“块”|“创建”。

2. “块定义”对话框

调用创建块命令后，会弹出“块定义”对话框，在该对话框中可以对图块的名称、基点、对象、方式、说明等进行设置，如图8.1所示。该对话框的各选项功能如下：

图8.1　“块定义”对话框

（1）“名称”：指定块的名称。名称最多可以包含 255 个字符，包括字母、数字、空格等。

（2）“基点”：指定块的插入点。可以选择在屏幕上指定或直接输入插入点的 X、Y 和 Z 坐标值。

（3）“对象”选项组：用来指定新块中要包含的对象，以及创建块之后如何处理这些对象，是保留还是删除选定的对象，或者将它们转换成块实例。

（4）其他设置：

①“按统一比例缩放”：指定块在 X、Y 方向上是否按统一比例缩放。

②“允许分解”：指定块是否可以被分解。

③“块单位”：指定块的插入单位。

④“超链接”：打开“插入超链接”对话框，可以使用该对话框将某个超链接与块定义相关联。

3. 应用举例

例 8.1 创建图 8.2（a）所示的名为“螺钉”的图块。

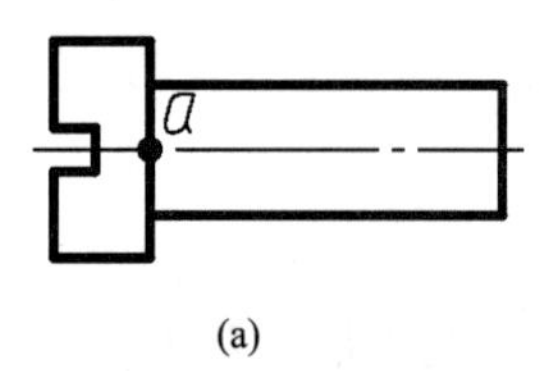

(a)

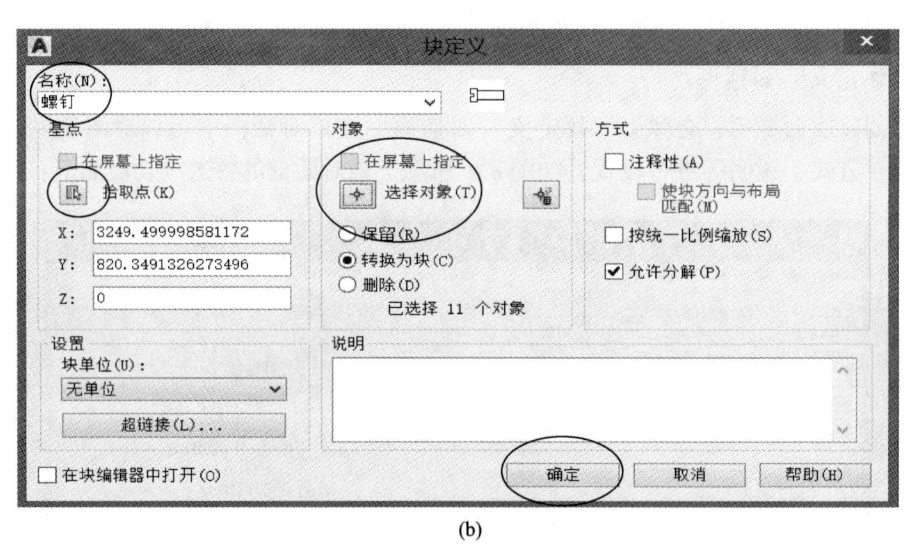

(b)

图 8.2 创建“螺钉”图块

操作步骤如下：

（1）绘制图形：绘制图形对象，如图 8.2（a）所示。

（2）创建图块：如图 8.2（b）所示。

① 单击功能区的“默认”选项卡 |“块”面板 |“创建”按钮 。

② 在打开的“块定义”对话框中，在“名称”文本框中输入“螺钉”。

③ 单击“拾取点”按钮，用鼠标拾取 a 点，将其设定为基点。

④ 单击“选择对象”按钮，“块定义”对话框暂时关闭，用鼠标在屏幕上选择 8.2（a）所示的图形对象；

⑤ 单击“确定”按钮，完成“螺钉”图块的创建，屏幕上的相应图形已经转换为图块（此时选中“转换为块”选项）。

说明：本例中“螺钉”的图形缺少内螺纹图线，如何修改已定义的图块，将在 8.5.3“块的在位编辑”一节中讲解。

8.2　插入块

插入块是指将创建的块插入到当前图形中。在插入块时，需要指定插入点的坐标、设置插入块的比例与旋转角度。

1. 命令的调用

（1）功能区：“默认”选项卡 |“块”面板 |“插入”按钮。

（2）功能区：“插入”选项卡 |“插入”按钮。

（3）菜单栏：“插入”|“块…”。

2. “插入”对话框

调用插入块命令后，会弹出“插入”对话框，如图 8.3（a）所示。该对话框的各选项功能如下：

（1）“名称”：用下拉框指定所插入块的名称或用“浏览”按钮选择图形的名称。

（2）“插入点”选项组：确定块在图形中的插入位置。可直接输入插入点坐标值，也可以选中“在屏幕上指定”复选框，用鼠标在绘图区中指定插入点。

（3）“比例”选项组：确定块的插入比例。可直接输入 X、Y、Z 三个方向的比例，也可以选中“在屏幕上指定”复选框，用鼠标在绘图区中指定比例。当选定“统一比例”复选框时，插入块在 X、Y、Z 三个方向的比例可保持一致。

（4）“旋转”选项组：确定块插入时的旋转角度。可直接输入旋转角度，也可以选中“在屏幕上指定”复选框，用鼠标在绘图区中指定旋转角度。

将对话框中设置好各选项后，单击“确定”按钮，即可将所需图块以设定的参数插入图形中的适当位置。

说明：

（1）关于基点与插入点。

创建块时设定的基点与使用块时所选定的插入点两者对应，创建块时若没有指定基点，AutoCAD 将以坐标原点（0，0，0）作为默认基点，这样做的结果是：创建块时图形对象距离原点有多远，插入块时图块距离插入点就有多远。创建块时要根据图块的具体应用和特点选择合适的基点。

（2）图块与图层

图块插入后属于当前图层，但是否与当前图层的颜色、线型、线宽一致，要看创建图块时图形的状态。假设图块中包含的图形的颜色、线型、线宽等都定义为 ByLayer 属性，若这些图形绘制在“0”图层，则图块插入后与当前图层一致，但“分解”图块后仍为“0”图层状态；若这些图形绘制在用户创建的图层，则无论图块插入在哪个图层上，其颜色、线型、线宽均不变。所以，建议创建图块所用的图形不要绘制在“0”图层上。

（3）图形文件与图块。

可以将一个图形文件（*.dwg）用“插入块”命令插入到当前的图形中，其方法是用“插入”对话框的“浏览”按钮查找已存盘的图形文件名，其余与“插入块”的操作相同。

3. 应用举例

例 8.2 在图形的指定位置插入 8.1.3 小节中创建的名为“螺钉”的图块。

操作步骤：

（1）单击功能区的“默认”选项卡|“块”面板|“插入”按钮。

（2）打开“插入”对话框，如图 8.3（a）所示，在下拉框中选择“螺钉”。

（3）选中“在屏幕上指定”选项，以便在插入图块时可在绘图区选择插入点。

（4）在“X”“Y”“Z”对应的文本框中均输入“1”，使图形大小不变。

（5）在“角度”文本框中输入“0”，以指定旋转角度，使图形方位不变。

（6）单击“确定”按钮，将“对象捕捉”功能打开，用鼠标捕捉图中矩形的左上和右上两个角点，将图块插入到指定位置，如图 8.3（b）所示。

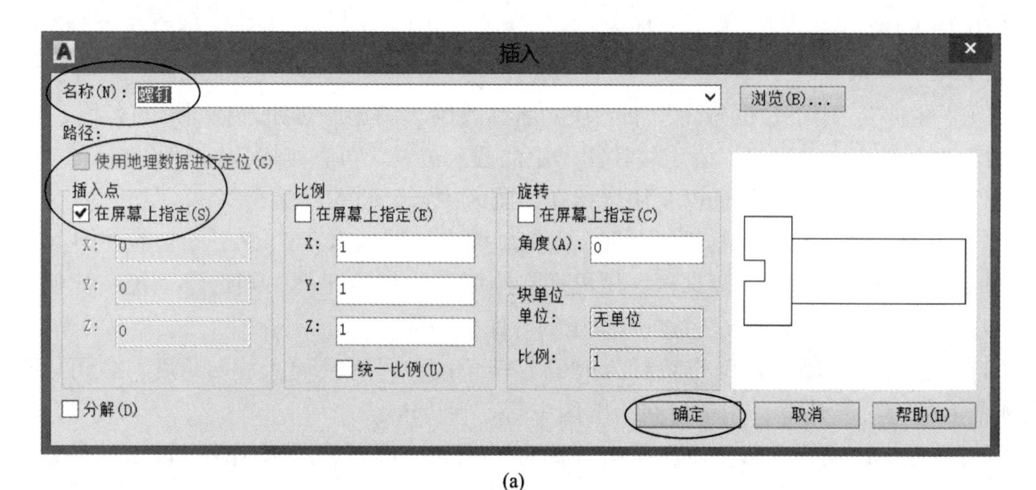

(a)

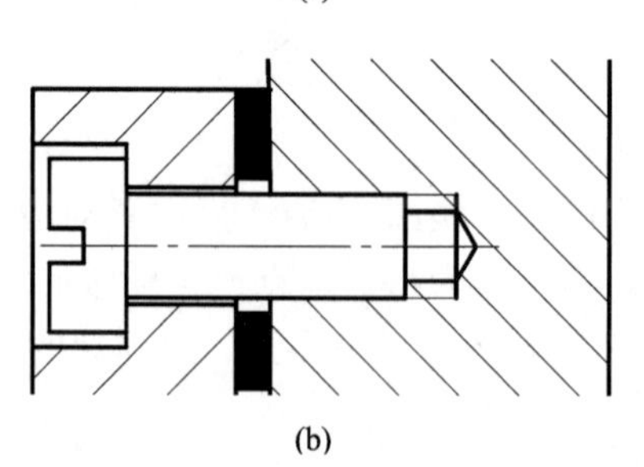

(b)

图 8.3 插入“螺钉”图块

说明：关于图块和图形的调用还可以采用以下方式：

（1）使用“设计中心”调用其他图形文件的内部块，详细内容见10.1.3有关章节。

（2）使用“复制”“粘贴”在两个图形文件之间调用块或图形。

8.3　创建具有属性的图块

前面介绍的方法中，所定义的块只包含图形信息，而在有些情况下需要定义块的非图形信息，如定义粗糙度符号中的Ra数值、标题栏中零件的名称、重量等信息。块的属性可以定义这一类非图形信息。

属性是附加在块上的各种文本数据，它是一种特殊的文本对象，可包含用户所需的各种信息。属性具有两种基本作用，一是在插入附着有属性信息的块时，根据属性定义的不同，系统自动显示预先设置的文本字符串，或提示用户输入字符串，从而为块附加各种注释信息；二是从图形中提取属性信息，并保存在单独的文本文件中，供用户进一步使用。

8.3.1　定义属性

要让一个块带有属性，应在绘制出构成块的图形后，先定义属性，然后将定义的属性和绘制的图形一起定义为图块。

1. 命令的调用

（1）功能区：“插入”选项卡|“定义属性”按钮。

（2）功能区：“默认”选项卡|“块”面板|“定义属性”按钮。

（3）菜单栏：“绘图”|“块”|“定义属性…”。

2.“属性定义”对话框

调用该命令后，会弹出“属性定义”对话框，如图8.4所示。

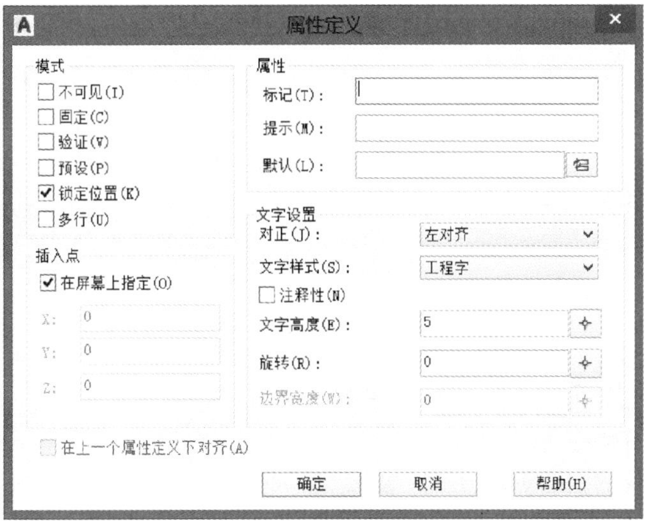

图8.4　“属性定义”对话框

在“属性定义”对话框中，有“模式”“属性”“插入点”和“文字设置”4个选项组和一个复选框。其中：

（1）“模式”选项组：用于设置与块关联的属性值的模式。

（2）“属性”选项组：

①“标记”文本框：用于确定属性的代号。在设定属性时必须设定属性的代号。

②“提示”文本框：用于确定插入块时 AutoCAD 提示用户输入属性值的提示信息。

③“默认值”文本框：用于设置属性的默认值。

（3）“插入点”选项组：用来指定属性值位置，可以直接输入坐标值或者选择“在屏幕上指定”。

（4）“文字设置”选项组：用来设置属性文字的格式，其中：

①“对正”下拉列表：指定属性文字的对正方式。

②“文字样式”下拉列表：指定属性文字的文字样式。

③“文字高度”文本框：指定属性文字的高度。可直接输入数值，或选择“文字高度”按钮，用鼠标指定高度。如果选择有固定高度的文字样式或者在“对正”下拉列表中选择了“对齐”，则此选项不可用。

④“旋转”文本框：指定属性文字的旋转角度。可直接输入数值，或选择“旋转”按钮，用鼠标指定旋转角度。如果在“对正”下拉列表中选择了“对齐”或“调整”，则此选项不可用。

对属性定义后，再创建带有附加属性的块时，需要同时选择块属性作为块的成员对象。带有属性的块创建完成后，就可以使用“插入”命令，在图形文件中插入该块。

8.3.2 应用举例

例 8.3 创建图 8.5（a）所示的具有属性的表面粗糙度图块，并用创建的图块绘制出图 8.5（b）中的表面粗糙度符号。

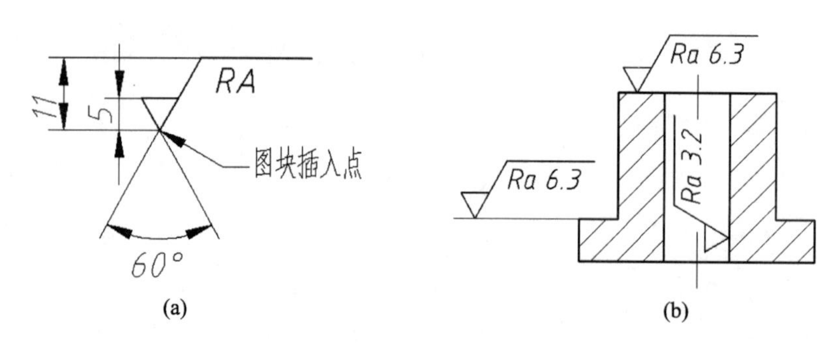

图 8.5 带有属性块的定义及应用举例

说明：创建和使用带有属性的图块的步骤主要有：

（1）规划块中有哪些属性。

（2）绘制组成块的图形对象。

（3）定义所需的各种属性。

（4）将组成块的图形对象和属性一起定义成块。

(5) 插入定义好属性的图块，按照提示输入属性值。插入的操作过程与插入普通块基本相同。

操作步骤如下：

(1) 绘制图形：参照图 8.5 (a) 绘制图块中需要的图形对象，效果如图 8.6 (a) 所示。

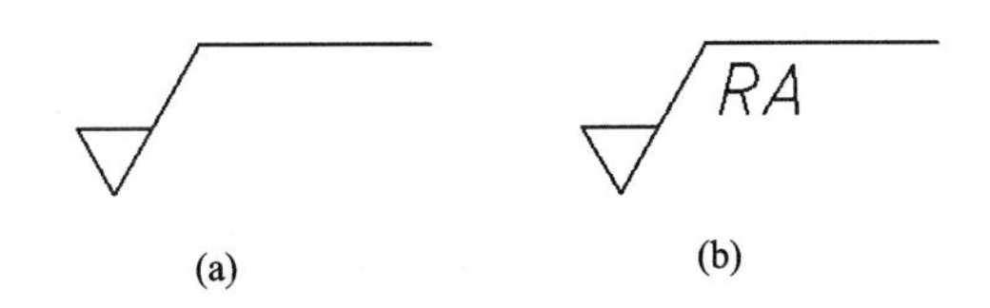

(a) (b)

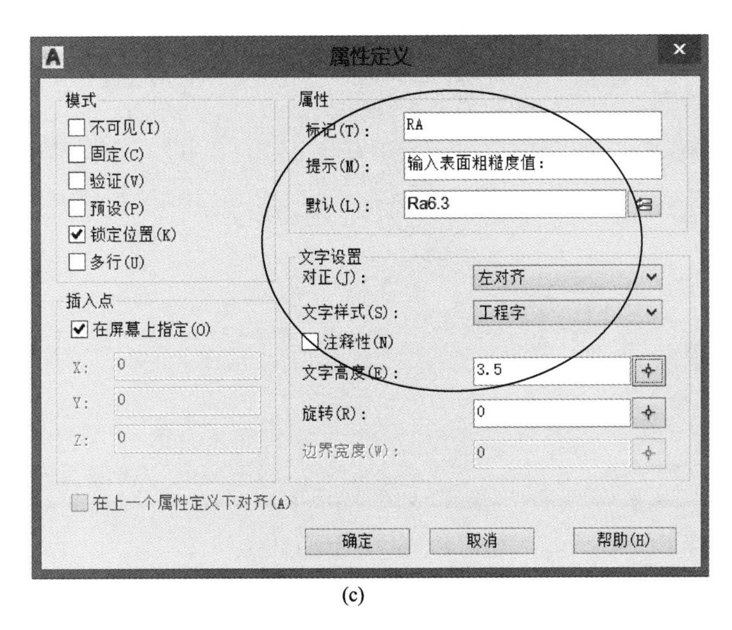

(c)

图 8.6 定义属性

(2) 定义属性：本例中将粗糙度的数值定义为属性。

① 单击功能区的“插入”选项卡|“定义属性”按钮 。

② 在打开的“属性定义”对话框中，对“属性定义”对话框的各项进行设置，如图 8.6 (c) 所示。

a. “属性”选项组：

“标记”文本框：直接输入“RA”；

“提示”文本框：直接输入“输入表面粗糙度值”；

“默认值”文本框：直接输入“Ra6.3”（该值的设定可根据所绘图的具体情况确定，通常为使用最多的数值）。

b. “文字”选项组：

“对正”下拉列表：选择“左对齐”；

“样式”下拉列表：选择已定义好的文字样式“工程字”；

“高度”文本框：直接输入“3.5”。

③ 单击“属性定义”对话框的“确定”按钮，此时在命令行中出现如下提示：

指定起点： //用鼠标单击图 8.6（b）中 RA 字符的左下角位置

图 8.6（b）是定义了属性的图形，RA 是属性标记。

(3) 创建属性图块。

① 单击功能区的“默认”选项卡|“块”面板|“创建”按钮。

② 在打开的“块定义”对话框中，对“块定义”对话框中的各项进行设置，如图 8.7 所示。

图 8.7 创建带属性的图块

a. “名称”文本框：直接输入“表面粗糙度”。

b. “基点”选项组：单击“拾取点”按钮，并在绘图区中拾取插入点，如图 8.5（a）所示。

c. “对象”选项组：单击“拾取点”按钮，选择所绘图形及属性标记 RA，并按回车键返回“块定义”对话框。

d. 选中“删除”单选按钮，表示在定义图块后原图形被删除。

③ 单击对话框上的“确定”按钮。此时用于定义图块的图形及属性标记都已从绘图区中删除。

(4) 插入具有属性的图块。

① 单击功能区的“默认”选项卡|“块”面板|“插入”按钮。

② 在打开的“插入”对话框，对各项进行设置：

a. 从“名称”下拉框中选择“表面粗糙度”。

b. 指定比例（为1）、旋转角度（图 8.5（b）中水平放置的粗糙度符号旋转角度为 0°，垂直放置的旋转角度为 90°）。

c. 选择“插入点在屏幕上指定”复选框。

③ 单击“插入”对话框中的“确定”按钮后，命令行出现新的提示：

指定插入点或［基点（B）/比例（S）/X/Y/Z/旋转（R）］：　//用鼠标选择图中需绘制粗糙度符号的位置。

输入属性值

输入表面粗糙度值 <6.3>：　//根据图中要求输入。

完成后的图形如图 8.5（b）所示。

例 8.4　创建图 8.8 所示的“标题栏”图块，并将标题栏中的零件名称、比例大小、材料名称和制图设定为属性。

说明：一个图块可以具有多个属性，在创建时仍应先绘制组成图块的图形对象，然后分别定义图块的多个属性，最后将图形对象和多个属性一起定义为图块。

操作步骤如下：

（1）绘制标题栏，并在相应的栏目中输入文字，如图 8.8 所示。

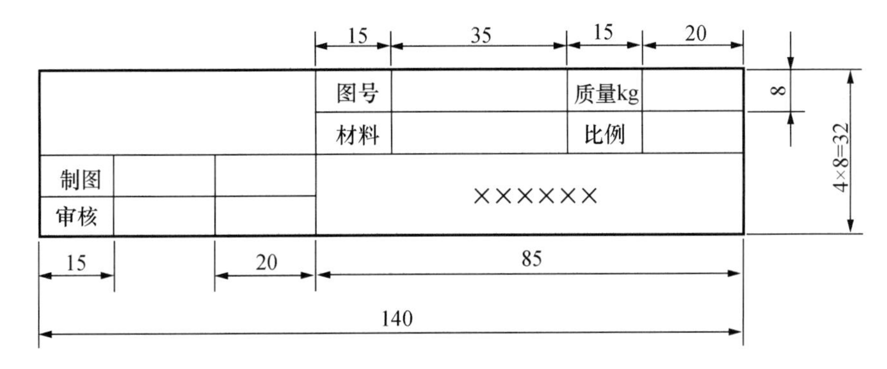

图 8.8　创建“标题栏”图块

（2）定义属性。本例中需要定义零件名称、比例、材料名称、制图四个属性，每个属性的定义方法和步骤相同。现以定义零件名称属性为例说明其操作步骤，其他属性参数的设置参见图 8.12 ~ 图 8.14。定义属性后的图形效果如图 8.15 所示。

① 单击功能区的“插入”选项卡|“定义属性”按钮 。

② 在打开的“属性定义”对话框中，对“属性定义”对话框的各项进行设置，如图 8.9 所示。

a. “属性”选项组：

“标记”文本框：直接输入“零件名称”；

“提示”文本框：直接输入“输入零件名称”。

b. “文字”选项组：

“对正”下拉列表：选择“正中”；

“样式”下拉列表：选择已定义好的文字样式“工程字”；

“高度”文本框：零件名称采用 7 号字，直接输入“7”。

③ 单击“属性定义”对话框的“确定”按钮，此时在命令行中出现如下提示：

指定起点：　//用鼠标单击图 8.10 中左上角空格的中心位置。

图 8.11 所示是定义了“零件名称”这一属性后的效果，“零件名称”是属性标记。

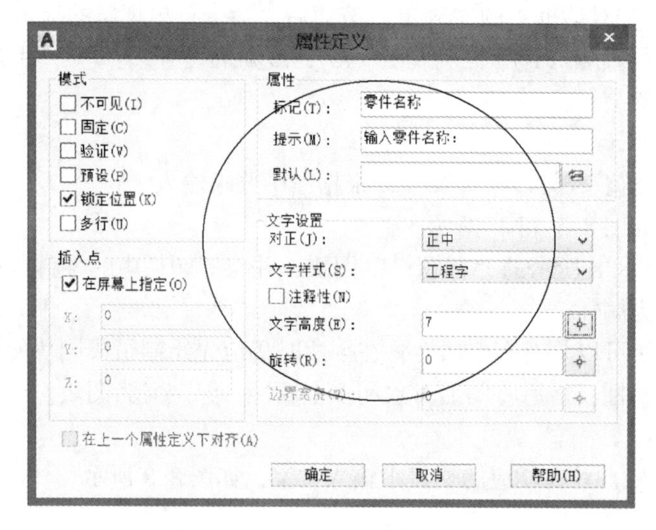

图 8.9　定义“零件名称”属性

零件名称			图号		质量kg	
			材料		比例	
制图			××××××			
审核						

图 8.10　用鼠标选定“零件名称”属性标记绘制位置

零件名称			图号		质量kg	
			材料		比例	
制图			××××××			
审核						

图 8.11　定义“零件名称”属性后的效果

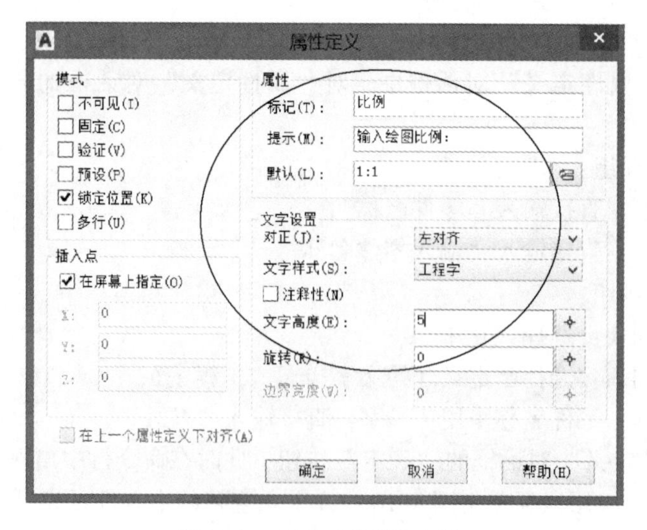

图 8.12　定义“比例”属性

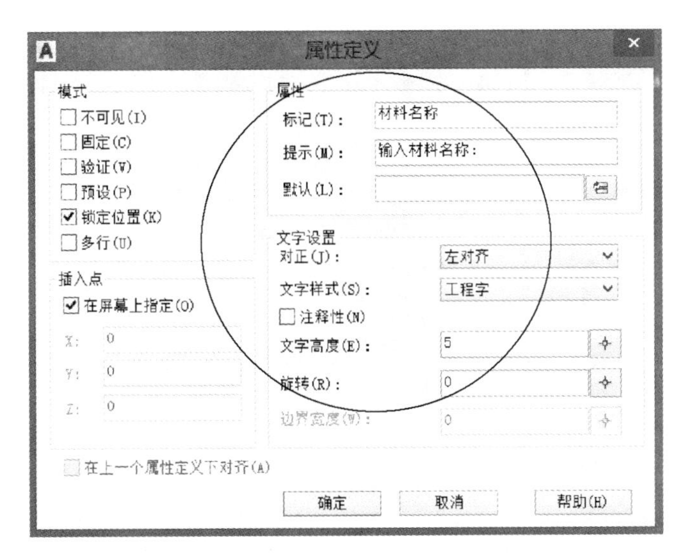

图 8.13　定义“材料”属性

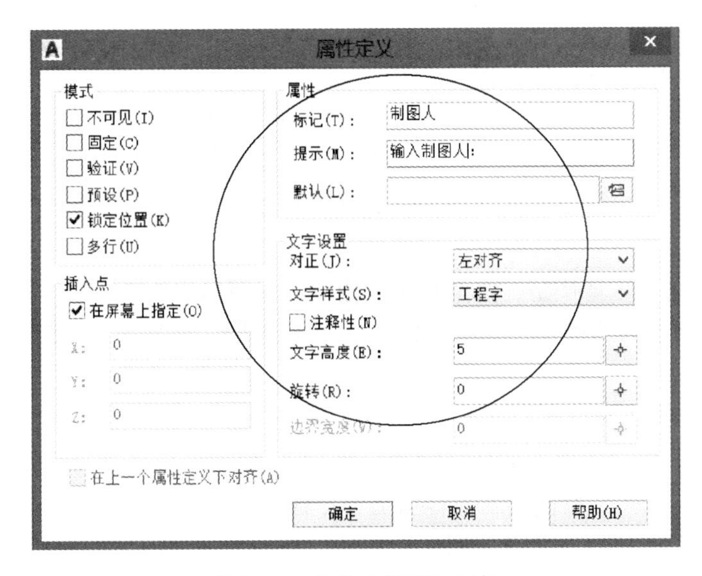

图 8.14　定义“制图”属性

<table>
<tr><td colspan="3" rowspan="2">零件名称</td><td>图号</td><td></td><td>质量kg</td><td></td></tr>
<tr><td>材料</td><td>材料名称</td><td>比例</td><td>比例</td></tr>
<tr><td>制图</td><td>制图人</td><td></td><td colspan="4" rowspan="2">××××××</td></tr>
<tr><td>审核</td><td></td><td></td></tr>
</table>

图 8.15　定义属性后的图形

(3) 创建图块。

① 单击功能区的“默认”选项卡|“块”面板|“创建”按钮 。

② 在打开的“块定义”对话框中，对“块定义”对话框中的各项进行设置，如图 8.16 所示。

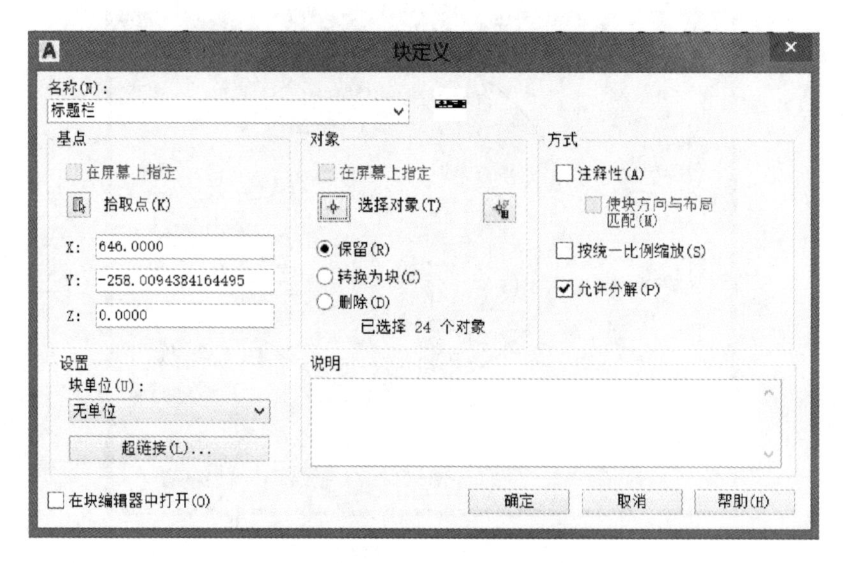

图 8.16 定义“标题栏”图块

a. “名称”文本框：直接输入“标题栏”；

b. “基点”选项组：单击“拾取点”按钮，并在绘图区中拾取标题栏的右下角点；

c. “对象”：单击“拾取点”按钮，选择所绘图形及各属性标记，并按回车键返回“块定义”对话框；

d. 选择“删除”单选按钮，表示在定义图块后原图形被删除。

③ 单击对话框上的“确定”按钮。此时用于定义图块的图形及属性标记都已从绘图区中删除。

(4) 插入具有属性的图块。

① 单击功能区的“默认”选项卡|“块”面板|“插入”按钮。

② 在打开的“插入”对话框中对各项进行设置：

a. 从“名称”下拉框中选择“标题栏”；

b. 指定比例为 1，旋转角度为 0°；

c. 选择“插入点在屏幕上指定”复选框。

③ 单击“插入”对话框中的“确定”按钮后，命令行中出现新的提示：

指定插入点或 [基点 (B)/比例 (S)/X/Y/Z/旋转 (R)]： //用鼠标选择事先绘制好的图框右下角点。

输入属性值

输入制图人： //输入制图人姓名，如“×××”，并按回车键。

输入材料名称：HT100 //输入材料名称，如“HT100”，并按回车键。

输入绘图比例：<1:1>： //输入绘图比例，如采用默认值 1:1 则直接按回车键。

输入零件名称：主动轴 //输入所绘制的零件名称，如“主动轴”，并按回车键。

完成后的图形如图 8.17 所示。

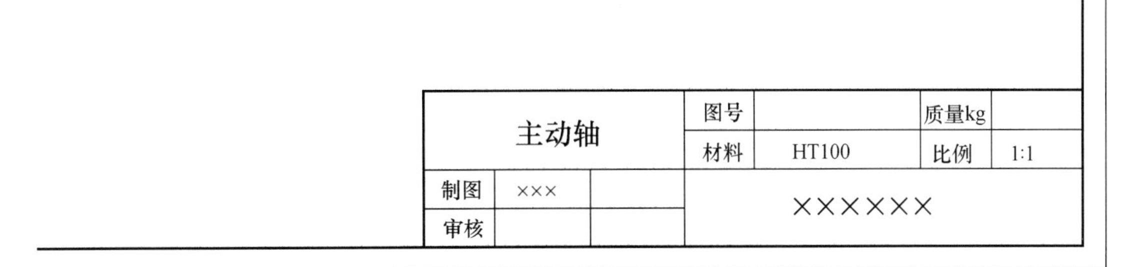

图 8.17　插入“标题栏”图块应用举例

8.4　图块的编辑与修改

8.4.1　块的分解

插入的块是一个整体，使用分解命令 可以将图块由一个整体分解为组成块的原始图线，对这些图线进行编辑修改。

说明：

(1) 带有属性的图块进行分解后，其属性值转变为属性标记；

(2) 嵌套块需逐级分解；

(3) 在创建图块时需选中“允许分解”复选框。

8.4.2　块的重新定义

块被分解并修改后，仍可以使用原图块名称创建图块，这样创建图块的操作被称为块的重新定义，它将使已经插入到图形中的所有同名图块改变为新的图形。

8.4.3　块的在位编辑

使用块的“在位编辑器”可以不必分解图块，直接对插入的图块进行编辑，并影响所有已经插入的图块。现举例说明块的在位编辑操作。

例 8.5　为 8.2.3 节中创建的“螺钉”图块添加内螺纹投影

修改前的图形如图 8.18 所示，修改后的图形如 8.19 所示。

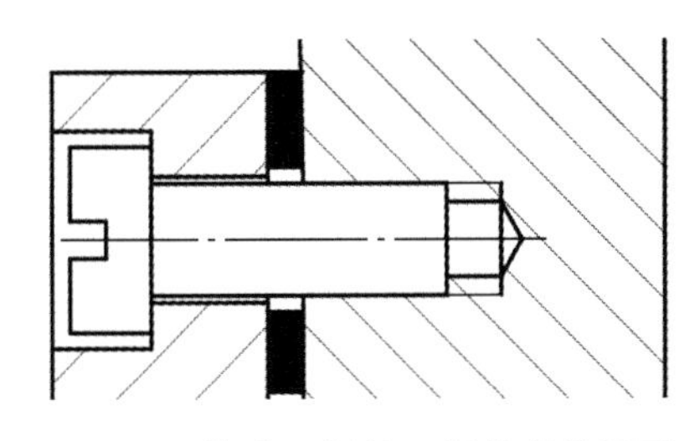

图 8.18　修改“螺母”图块前的图形

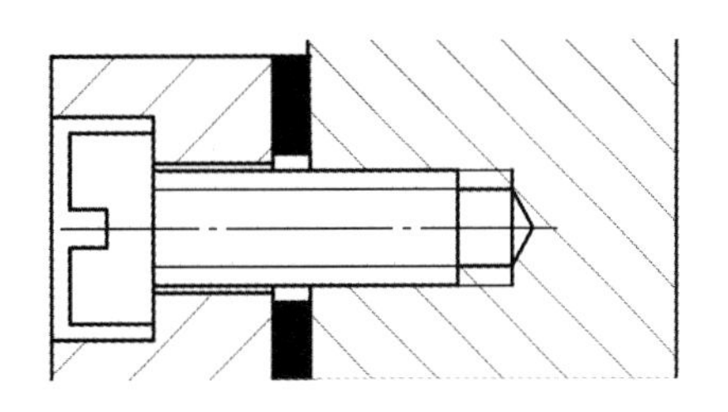

图 8.19　修改“螺母”图块后的图形

操作步骤如下：

（1）选择图 8.18 中的螺钉，单击鼠标右键，在弹出的快捷菜单中选择“在位编辑块”，如图 8.20 所示。

（2）在弹出的“参照编辑”对话框（如图 8.21 所示）中，单击“确定”按钮，进入图块在位编辑界面。

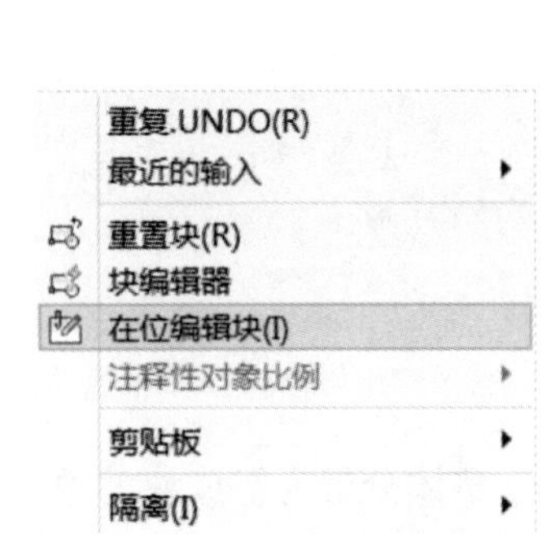

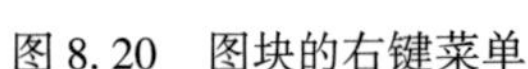

图 8.20　图块的右键菜单

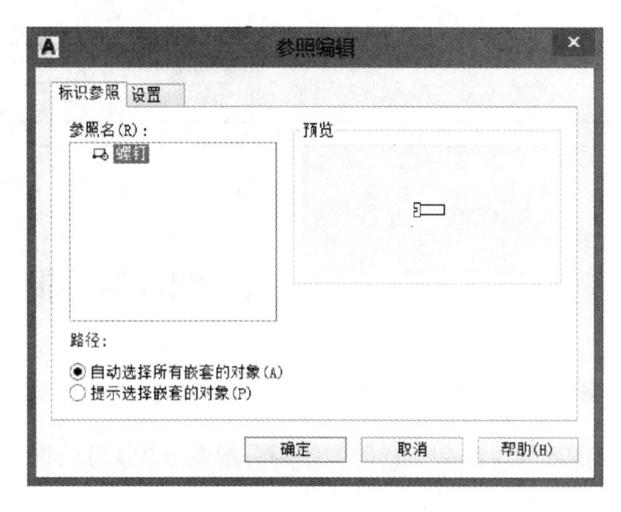

图 8.21　图块在位编辑界面

（3）对选择的图块进行修改编辑后，单击功能区的“默认”选项卡|“编辑参照”面板|“保存修改”按钮 。

（4）在弹出的对话框（如图 8.22 所示）中选择“确定”按钮，返回正常显示状态。

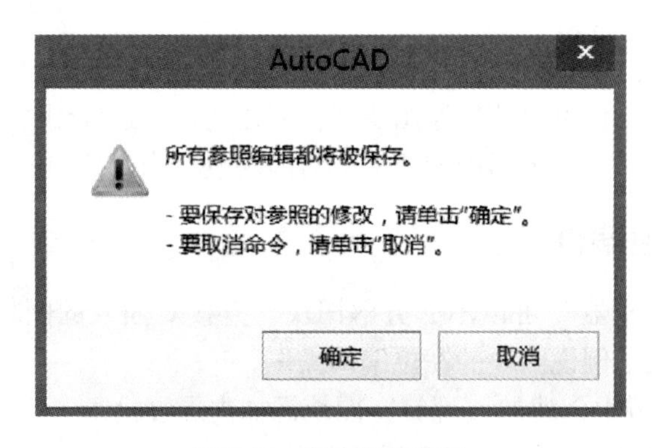

图 8.22　保存图块编辑

本章思考题

一、选择题

1. 把块插入到图形中时，一个块可以插入（　　）次。

A. 1　　　　　　　　B. 2

C. 10　　　　　　　　　　D. 无穷多

2. 下面关于块的说法哪个正确？(　　)

A. 使用块，不但能节约时间，而且能节约存储空间

B. 块是简单实体，不可以分解

C. 块只能在当前文档中使用

D. 块的属性必须在块定义好之后定义

3. 关于插入块的大小，说法正确的是（　　）。

A. 与块建立时的大小一致

B. 比例因子大于或等于 1

C. X 和 Y 方向的缩放比例应相同

D. X 和 Y 方向可以不同的比例插入

4. 关于属性的定义，说法正确的是（　　）。

A. 块必须定义属性

B. 一个块只能定义一个属性

C. 多个块可以共用一个属性

D. 一个块可以定义多个属性

二、思考题

1. 如何定义图块？

2. 为什么要为图块定义属性？如何定义？

3. 定义好的图块如何进行编辑？

第9章

尺寸标注

9.1　尺寸标注的基本概念

在工程图中，一个完整的尺寸是由尺寸界线、尺寸线、尺寸箭头和尺寸文本四部分组成的，如图9.1所示。机械图中的小尺寸箭头则用短划或圆点代替，如图9.2所示。

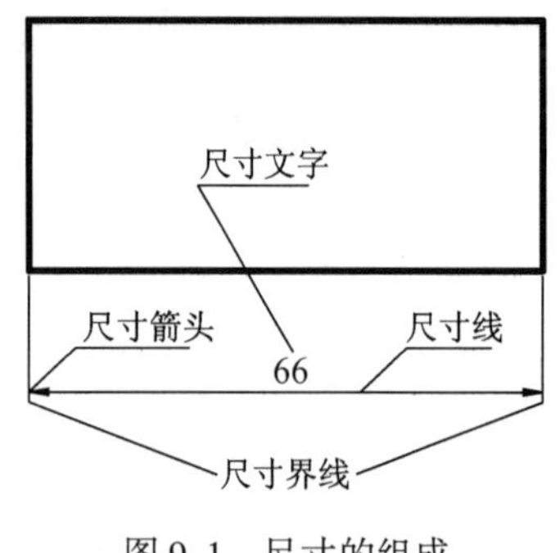

图9.1　尺寸的组成

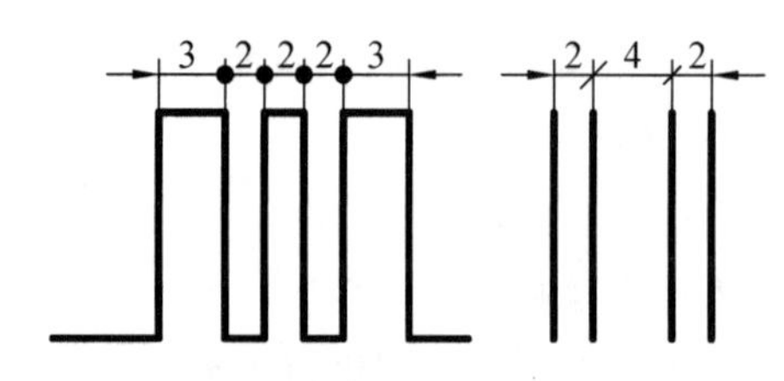

图9.2　机械图中的小尺寸标注

9.2　设置尺寸标注样式

在使用AutoCAD进行尺寸标注时，尺寸的外观及功能取决于当前尺寸样式的设定。由于AutoCAD系统缺省的尺寸样式不符合我国机械制图标准对尺寸标注的要求，因此在开始标注尺寸前应首先进行尺寸标注样式设置。

9.2.1　命令的调用

设置尺寸标注样式是在标注样式管理器中进行的。打开标注样式管理器的便捷方式有：

（1）功能区：“默认”选项卡|“注释”面板|“标注样式”下拉框，如图9.3（a）所示；

（2）功能区：“注释”面板|“标注样式”下拉框|“管理标注样式…”选项，如图9.3（b）所示；

（3）菜单栏：“格式”|“标注样式…”。

(a)

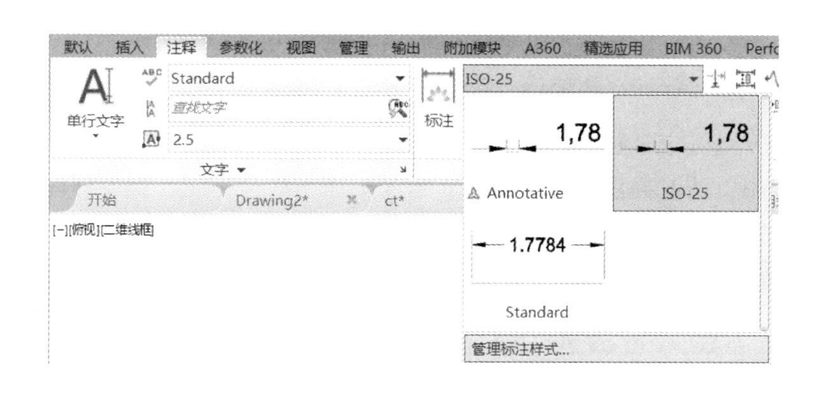

(b)

图9.3　“标注样式”对话框调用界面

9.2.2　标注样式管理器

标注样式管理器如图9.4所示，现将常用的部分介绍如下：

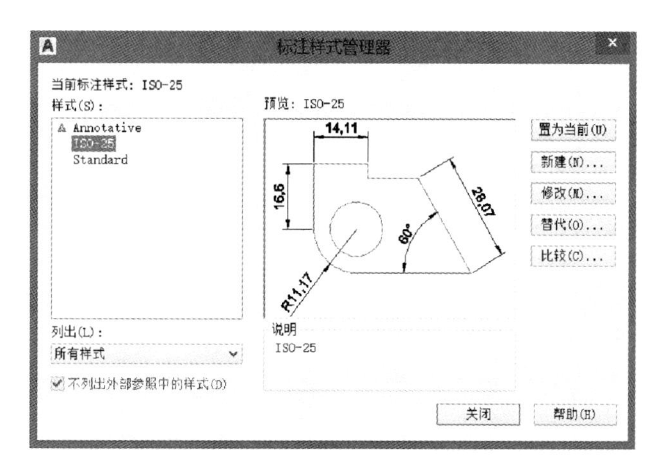

图9.4　标注样式管理器

（1）“样式”列表框：列出已有的标注样式名称。图9.4中列出了两种标注样式，其中ISO－25为AutoCAD默认的标注样式。

（2）“预览”图像框：预览在“样式”列表框中所选中的标注样式的标注效果。

（3）“新建”按钮：用于创建新标注样式。

① 单击“新建”按钮后，会弹出图9.5所示的“创建新标注样式”对话框。

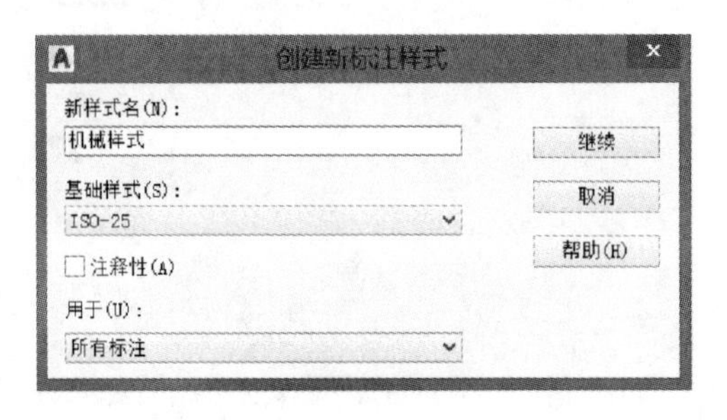

图9.5 “创建新标注样式”对话框

② 在对话框中指定新建样式的名称、创建新样式所采用的基础样式、新标注样式应用的范围（可选择用于所有标注、线性标注、角度标注、半径标注、直径标注、坐标标注和引线及公差标注）。

③ 单击“继续”按钮，会弹出图9.6所示的“新建标注样式”对话框。

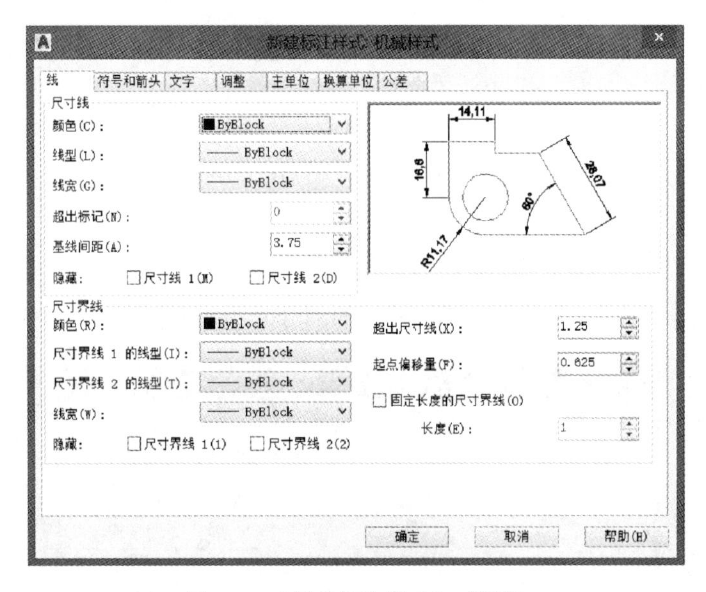

图9.6 “新建标注样式”对话框

（4）“修改”按钮：用于修改已有的标注样式。

从“样式”列表框中选择要修改的标注样式，单击“修改”按钮，会弹出图9.7所示的“修改标注样式”对话框。

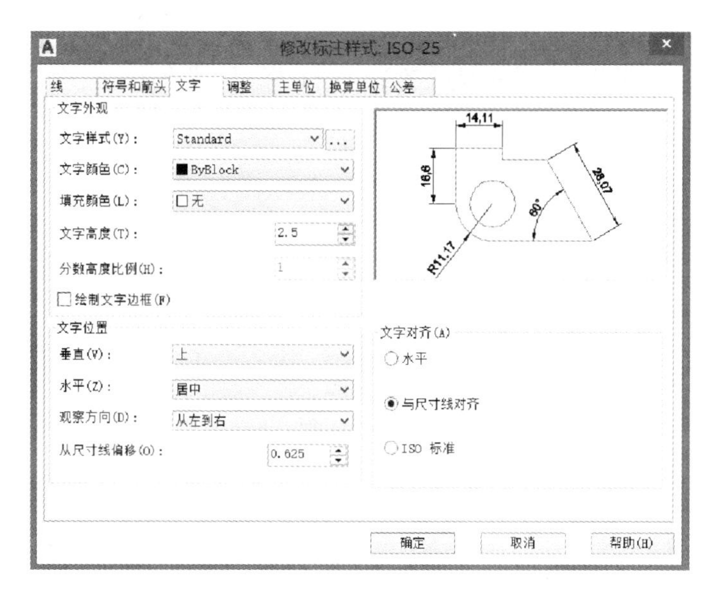

图 9.7 “修改标注样式”对话框

9.2.3 选项卡功能介绍

图 9.6 所示的“新建标注样式”对话框和图 9.7 所示的“修改标注样式”对话框中均有“线”“符号和箭头”“文字”“调整”“主单位”、“换算单位”和“公差”7 个选项卡，分别介绍如下：

1. “线”选项卡

“线”选项卡用于设置尺寸线和延伸线（即尺寸界线）的格式和属性，图 9.6 所示为与“线”选项卡对应的对话框。

(1)“尺寸线”选项组：用于设置尺寸线的样式。

①“颜色”“线型”“线宽”下拉列表用于设置尺寸线的颜色、线型以及线宽。

②“超出标记”文本框用于在尺寸箭头采用斜线、小点、建筑标记和无标记时，设置尺寸线超出延伸线的长度。

③“基线间距”文本框用于在采用基线标注方式标注尺寸时，设置各尺寸线之间的距离。

④“尺寸线 1”和“尺寸线 2”复选框用于确定是否在标注的尺寸上省略第一段尺寸线、第二段尺寸线以及对应的箭头，选中复选框表示省略。

(2)“延伸线”选项组：用于设置延伸线（即尺寸界线）的样式。

①“颜色”“延伸线 1 的线型”“延伸线 2 的线型”和“线宽”下拉列表用于设置延伸线的颜色、两条延伸线的线型以及线宽。

②“延伸线 1”和“延伸线 2”复选框用于确定是否省略第一条延伸线和第二条延伸线，选中复选框表示省略。

③“超出尺寸线”文本框用于确定延伸线超出尺寸线的距离。

④“起点偏移量”文本框用于确定延伸线的起点相对于标注点的距离。

2. “符号和箭头”选项卡

“符号和箭头”选项卡用于设置尺寸箭头、圆心标记、折断标注、弧长符号、半径折弯标注和线性折弯标注方面的格式，如图 9.8 所示。

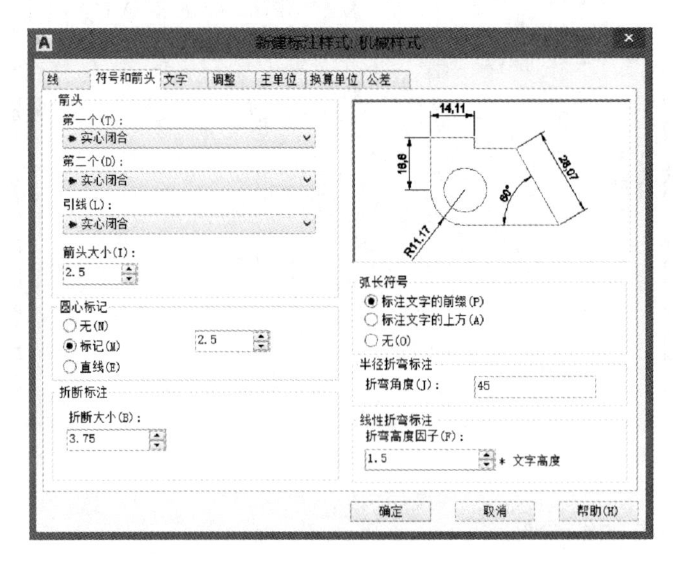

图 9.8 “符号和箭头”选项卡

(1)“箭头”选项组：用于确定尺寸线两端的箭头样式和箭头大小。

(2)“圆心标记”选项组：用于确定圆心标记的类型与大小。

(3)“折弯标注”“弧长符号”“半径折弯标注”“线性折弯标注”选项分别用于对折弯标注、弧长标注、半径折弯标注和线性折弯标注相关参数进行设定。

3. “文字”选项卡

“文字”选项卡用于设置尺寸文字的外观、位置以及对齐方式，如图 9.9 所示。

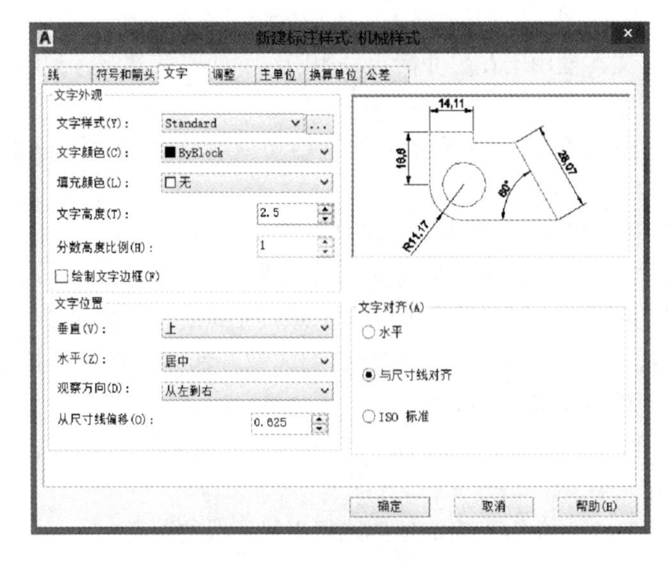

图 9.9 “文字”选项卡

（1）“文字外观”选项组：用于设置尺寸文字的样式等。

①“文字样式”“文字颜色”下拉列表框用于设置尺寸文字的样式与颜色。

②“填充颜色”下拉列表框用于设置文字的背景颜色。

③“文字高度”文本框用于确定尺寸文字的高度。

（2）“文字位置”选项组：用于设置尺寸文字的位置。

①“垂直”下拉列表框用于控制尺寸文字相对于尺寸线在垂直方向的放置形式。

②“水平”下拉列表框用于确定尺寸文字相对于尺寸线方向的位置。

③“从尺寸线偏移”文本框用于确定尺寸文字与尺寸线之间的距离。

（3）“文字对齐”选项组：用于确定尺寸文字的对齐方式。

①“水平”单选按钮确定尺寸文字是否总是水平放置。

②“与尺寸线对齐”单选按钮确定尺寸文字方向是否与尺寸线方向一致。

③“ISO 标准”单选按钮确定尺寸文字是否按 ISO 标准放置，即当尺寸文字位于延伸线之间时，文字方向与尺寸线方向一致，当尺寸文字在延伸线之外时，尺寸文字水平放置。

4. “调整”选项卡

“调整”选项卡用于控制尺寸文字、尺寸线、尺寸箭头等的位置以及其他一些特征，如图 9.10 所示。

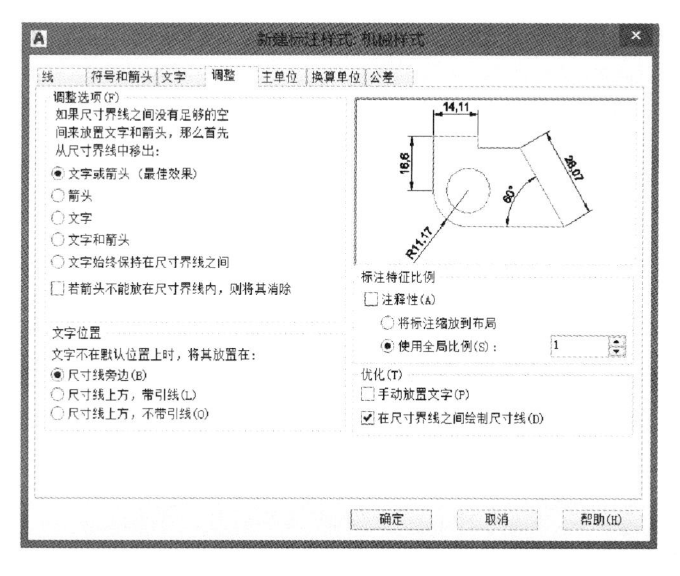

图 9.10　“调整”选项卡

（1）“调整选项”选项组：当延伸线之间没有足够的空间同时放置尺寸文字和箭头时，确定首先要从延伸线之间移出尺寸文字还是箭头。

（2）“文字位置”选项组：确定当尺寸文字不在默认位置时，应将尺寸文字放在何处。

（3）“标注特征比例”选项组：用于设置所标注尺寸的缩放关系。

①“使用全局比例”按钮为标注样式设置一个缩放比例值，使尺寸样式中设置的数字参数，如文字高度、从尺寸线偏移、超出尺寸线、箭头大小等按指定的比例放大或缩小，但该比例不会改变尺寸的测量值。比如采用“1∶10”出图，则将这个值设置为出图比例的倒数，

也就是 10。

②“将标注缩放到布局”表示将根据当前模型空间视口和图纸空间之间的比例确定比例因子。

(4)“优化”选项组：用于设置标注尺寸时是否进行附加调整。

①“手动放置文字”确定是否忽略对尺寸文字位置的“水平”设置，以便将尺寸文字放在用户指定的位置。

②“在延伸线之间绘制尺寸线”确定当尺寸箭头放在尺寸线外时，是否在延伸线内绘出尺寸线。

5. “主单位”选项卡

“主单位”选项卡用于设置主单位的格式、精度以及尺寸文字的前缀和后缀，如图 9.11 所示。

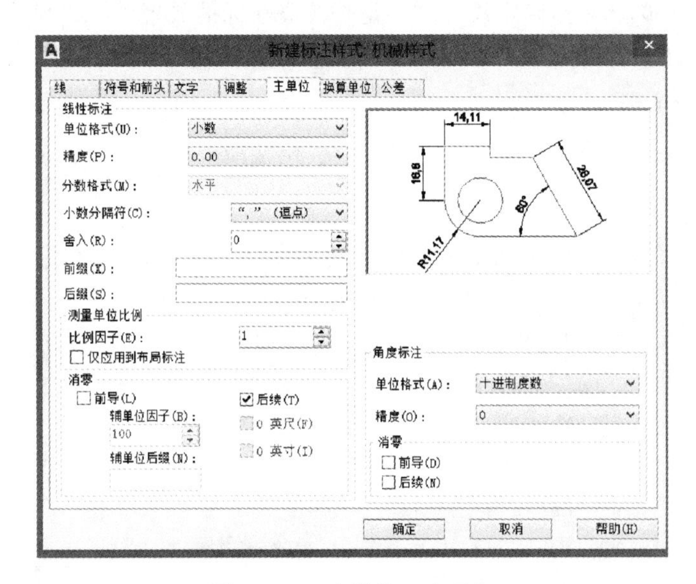

图 9.11　“主单位”选项卡

(1)“线性标注”选项组：用于设置线性标注尺寸文字的格式和精度。

①“单位格式”用于设置除角度标注外其余各标注类型的尺寸单位形式。

②“精度”用于确定标注除角度尺寸之外的其他尺寸时的精度。

③“小数分隔符”用于确定当单位格式为小数形式时小数的分隔符形式。

④“前缀”和“后缀”分别用于确定尺寸文字的前缀和后缀。

⑤“测量单位比例”用于确定测量单位的比例。其中“比例因子”文本框用于确定测量尺寸的缩放比例。用户设置比例值后，AutoCAD 实际标注出的尺寸值是测量值与该值之积。比如使用“2:1”的比例绘图，“比例因子”应该设置为 0.5。

(2)“角度标注”选项组：用于确定标注角度尺寸时的单位、精度以及消零与否。

6. “换算单位”选项卡

“换算单位”选项卡用于确定是否使用换算单位以及换算单位的格式，如图 9.12 所示。

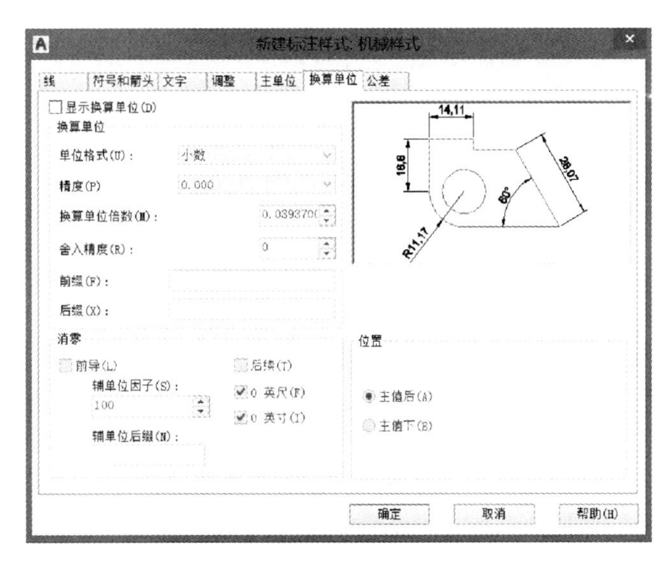

图 9.12　“换算单位”选项卡

7. “公差”选项卡

“公差”选项卡用于确定是否标注公差，以及以何种方式标注，如图 9.13 所示。

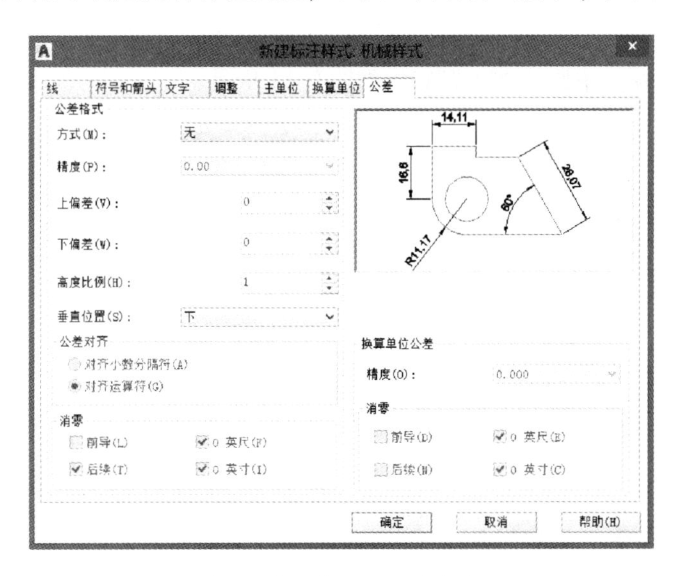

图 9.13　“公差”选项卡

9.2.4　设置标注样式举例

例 9.1　设置符合我国国家标准要求的机械制图标注样式，并将标注命名为“机械样式”。

操作步骤如下：

(1) 单击功能区的“默认”选项卡|“注释”面板|“标注样式”下拉框。

(2) 在弹出的“标注样式管理器”对话框中，单击“新建”按钮，如图 9.14 所示。

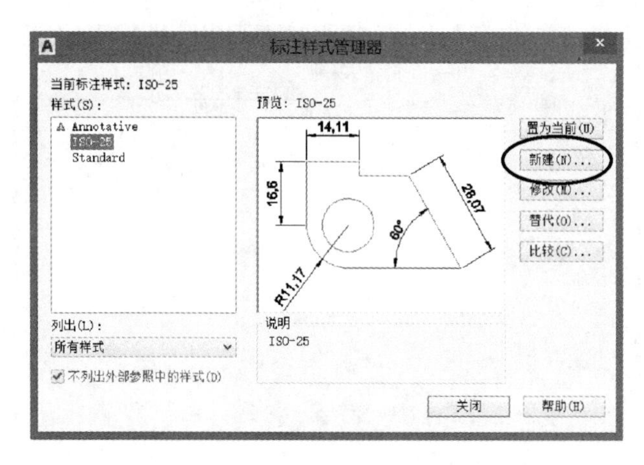

图 9.14　新建标注样式

（3）在弹出的“创建新标注样式”对话框中，将“新样式名”设为“机械样式”；将“基础样式”设为“ISO－25”；“用于”选择“所有标注”，如图 9.5 所示。根据以上设置，新建的“机械样式”的标注样式将以 AutoCAD 中默认的 ISO－25 标注样式为基础样式，应用于所有的尺寸标注类型。

（4）单击“创建新标注样式”对话框中的“继续”按钮，则弹出“新建标注样式”对话框。可根据我国国家标准的要求对该对话框中的 7 个选项卡进行设置。

① 在“线”选项卡中修改如下设置，如图 9.15 所示：

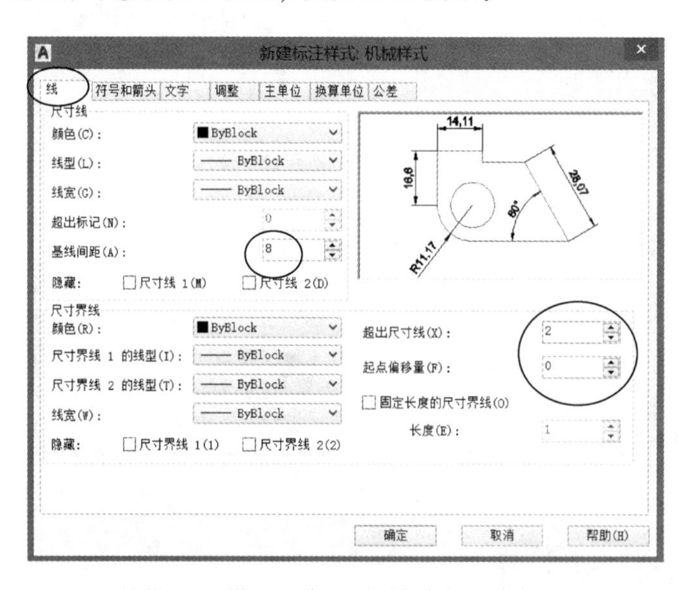

图 9.15　设置“线”选项卡中的相关变量

a. 在“基线间距”文本框中输入“8”（按照我国机械制图国家标准的规定，该值应为 5 ~ 10 mm）；

b. 在“超出尺寸线”文本框中输入“2”，这是指尺寸界线要超出尺寸线 2 mm（按照我国机械制图国家标准的规定，该值应为 2 ~ 5 mm）；

c. 在“起点偏移量”文本框中输入“0”，这是指尺寸界线的起点与拾取的标注点之间的距离。

② 在“符号和箭头”选项卡中修改如下设置，如图9.16所示：

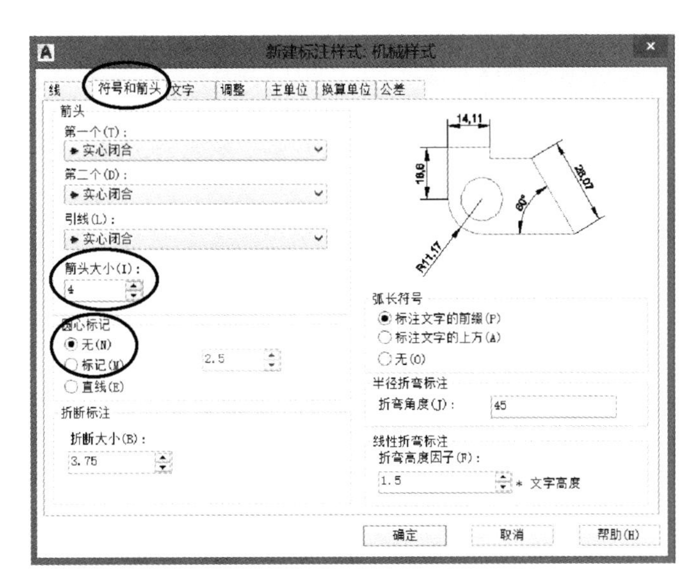

图9.16　设置“符号和箭头”选项卡中的相关变量

a. 在“箭头大小”文本框中输入“4”，此数字用于调节标注箭头的大小；

b. “圆心标记”选择“无”。

③ 在“文字”选项卡中修改如下设置，如图9.17所示。

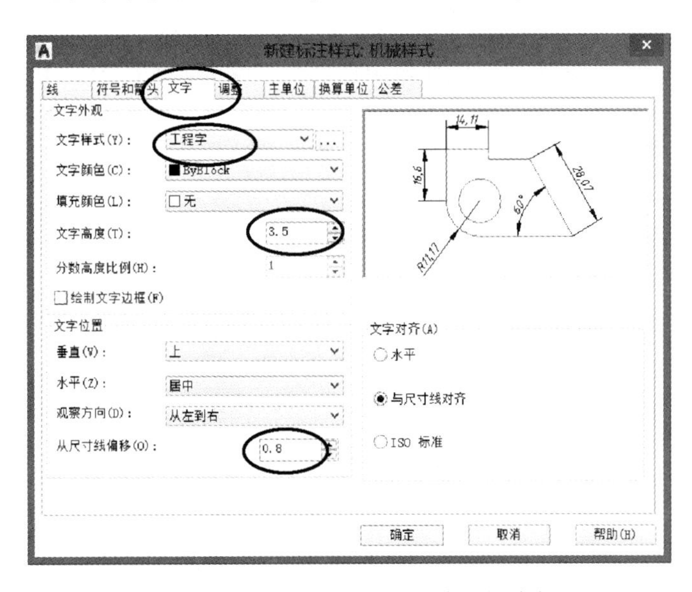

图9.17　设置“文字”选项卡中的相关变量

a. 在“文字样式”文本框中选择“工程字”，“工程字”文字样式的设置如图7.6所示，表示尺寸标注时所采用的文字样式；

b. 在“文字高度”文本框中输入“3.5”，表示标注文字的字高；

c. 在“从尺寸线偏移”文本框中输入“0.8”，表示文字与尺寸线的距离。

④ 在“调整”选项卡中标注变量未作修改，保持 AutoCAD 的默认设置，如图 9.10 所示。

⑤ 在“主单位”选项卡中修改如下设置，如图 9.18 所示：

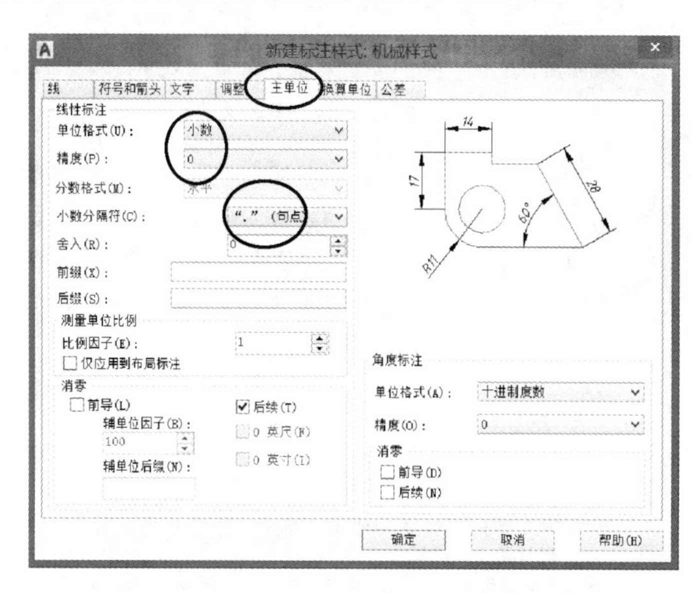

图 9.18　设置“主单位”选项卡中的相关变量

a. 在“精度”文本框中选择“0”，这是指进行尺寸标注时数字保留到整数；

b. 在“小数分隔符”文本框中选择“.”(句号)，代替原来的“,”(逗号)。

⑥ 在“换算单位”选项卡中标注变量未作修改，保持 AutoCAD 的默认设置，如图 9.12 所示。

⑦ 在“公差”选项卡中标注变量未作修改，保持 AutoCAD 的默认设置，如图 9.13 所示。

例 9.2　按照我国机械制图国家标注规定，创建“机械样式”的子样式，分别应用于角度标注、直径标注和半径标注。

说明：有时，在使用同一个标注样式进行标注的时候，并不能满足所有的标注规范。比如，在例 9.1 中创建的机械样式虽然可以标注出符合国标要求的大多数尺寸，但在标注直径、半径和角度时，不符合要求。为了解决这一问题，可以使用 AutoCAD 的标注子样式功能，即在“机械样式”的基础上，定义专门用于直径标注、半径标注和角度标注的子样式。

操作步骤如下：

(1) 单击功能区的“默认”选项卡 |“注释”面板 |“标注样式”下拉框。

(2) 在弹出的“标注样式”对话框中，单击“新建”按钮，如图 9.19 所示。

(3) 在弹出的“创建新标注样式”对话框中，将“基础样式”设为“机械样式”，在“用于”下拉列表框中选择“直径标注”，如图 9.20 所示。

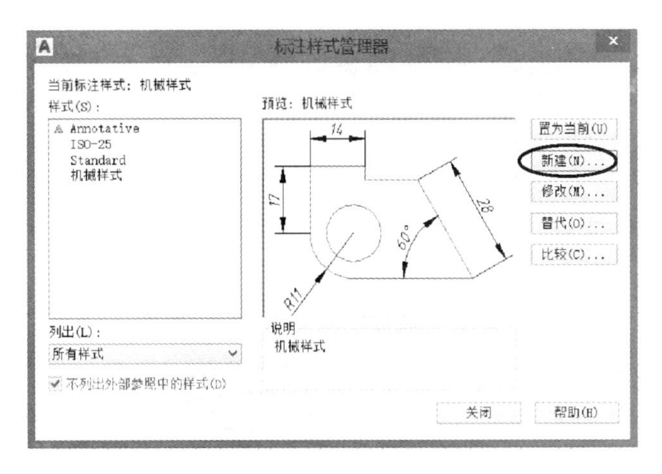

图9.19　设置标注子样式

图9.20　创建“直径标注”子样式

(4) 单击“创建新标注样式”对话框中的“继续”按钮，弹出“新建标注样式”对话框。根据我国国家标准的要求对该对话框中的各项参数进行设置，如图9.21、图9.22所示。

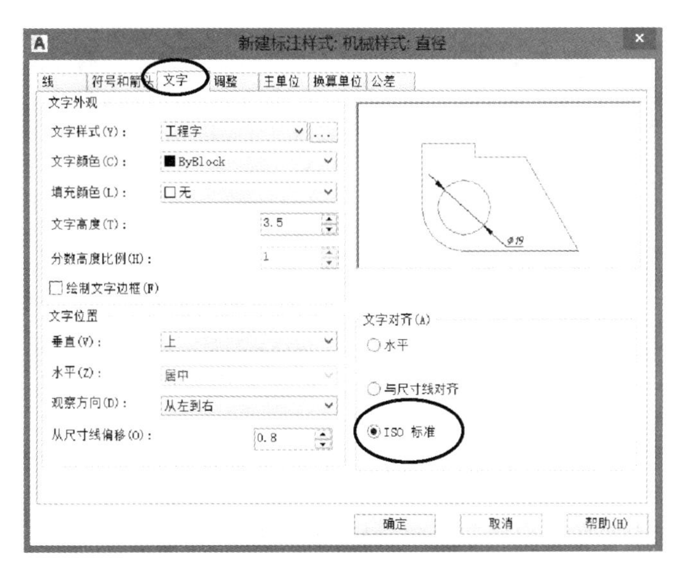

图9.21　设置直径子样式中“文字”相关变量

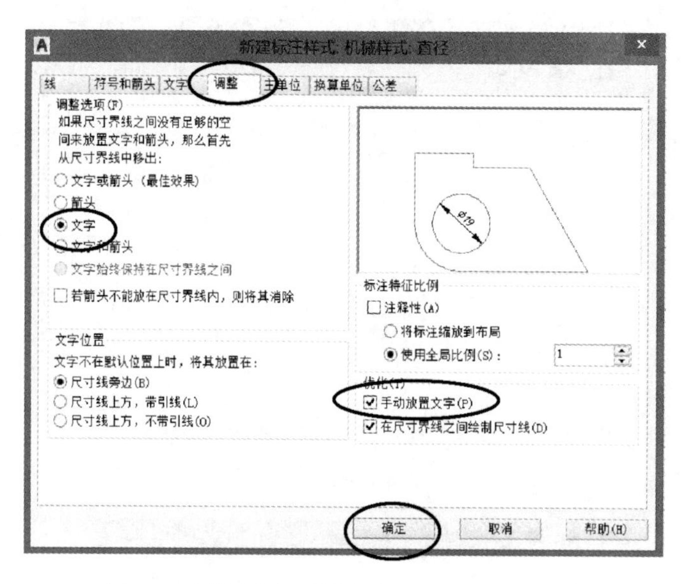

图 9.22 设置直径子样式中“调整”相关变量

① 在“文字”选项卡中，将“文字对齐”设置为“ISO 标准”。

② 在“调整”选项卡中，将“调整选项”设置为“文字”。

③ 在“调整”选项卡中，将“优化”设置为“手动放置文字”。

(5) 单击对话框中的“确定”按钮，完成直径标注样式的设置，返回“标注样式管理器”对话框中。此时，在“样式”列表框中的“机械样式”下会出现“直径”标注子样式，如图 9.23 所示。

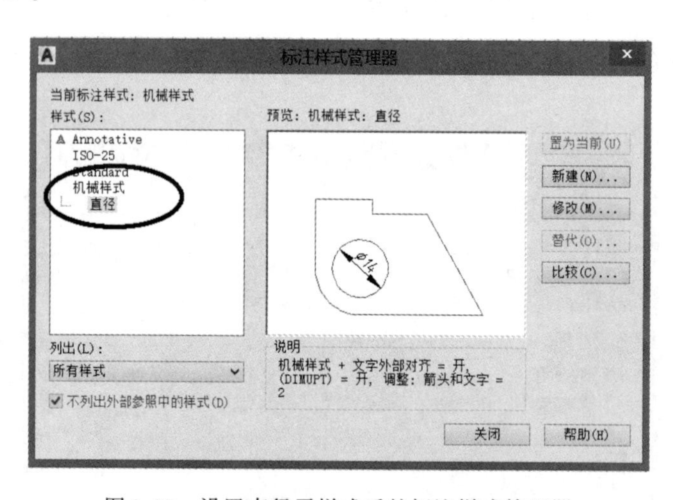

图 9.23 设置直径子样式后的标注样式管理器

(6) 继续在“标注样式管理器”对话框中，单击“新建”按钮，如图 9.23 所示。

(7) 在弹出的“创建新标注样式”对话框中，将“基础样式”设为“机械样式”，在“用于”下拉列表框中选择“半径标注”，如图 9.24 所示。

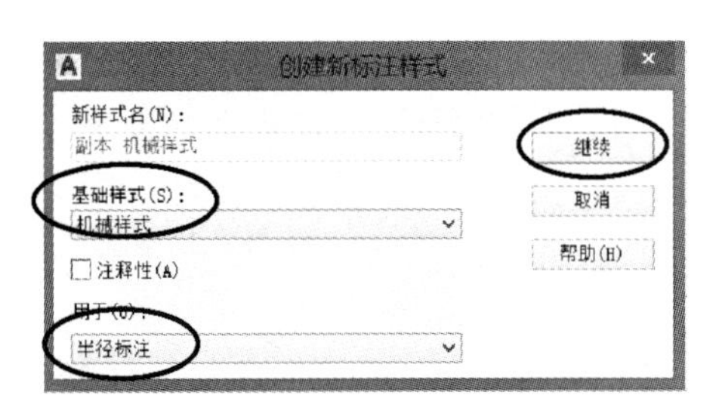

图9.24　创建“半径标注”子样式

(8) 单击“创建新标注样式”对话框中的“继续”按钮，在弹出的“新建标注样式”对话框中设置“半径标注”子样式的参数，如图9.25、图9.26所示。

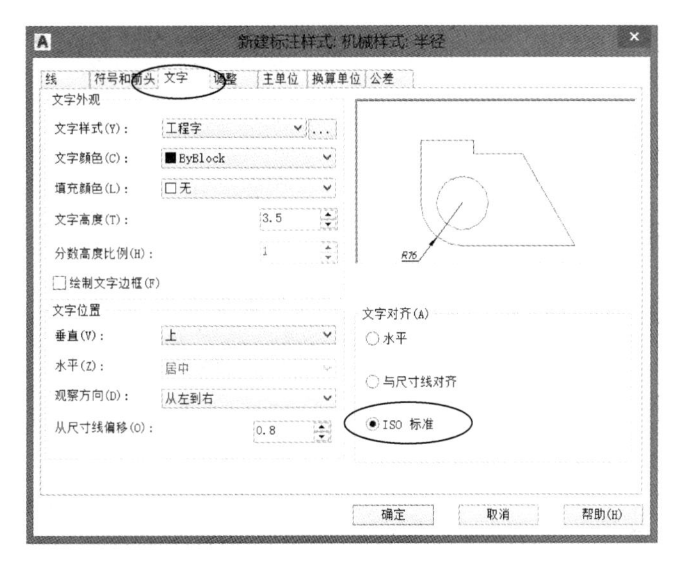

图9.25　设置半径子样式中“文字”的相关变量

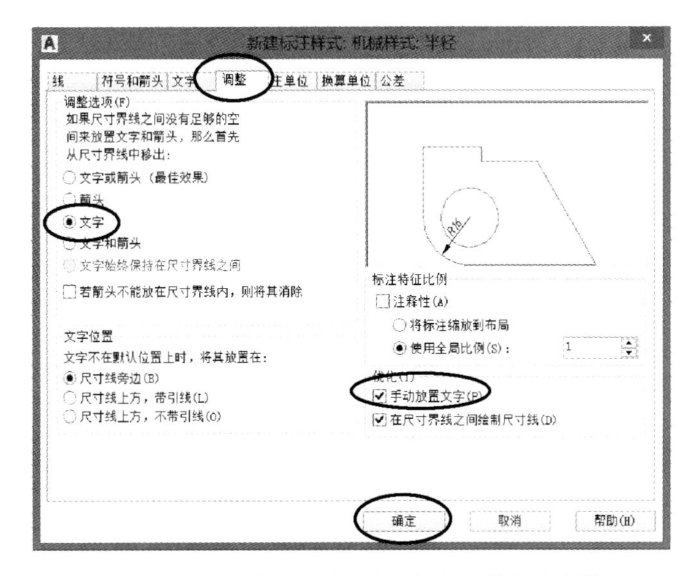

图9.26　设置半径子样式中“调整”的相关变量

① 在“文字”选项卡中，将“文字对齐”设置为“ISO 标准”。

② 在“调整”选项卡中，将“调整选项”设置为“文字”。

③ 在“调整”选项卡中，将“优化”设置为“手动放置文字”。

(9) 单击对话框中的“确定”按钮，完成半径标注样式的设置，返回“标注样式管理器”对话框。

(10) 继续单击“新建”按钮。在弹出的“创建新标注样式”对话框中，将“基础样式”设为“机械样式”，在“用于”下拉列表框中选择“角度标注”，如图 9.27 所示。

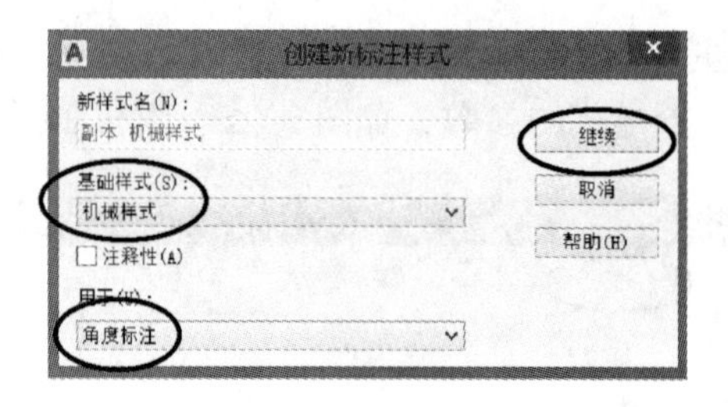

图 9.27　创建“半径标注”子样式

(11) 单击“创建新标注样式”对话框中的“继续”按钮，在弹出的“新建标注样式”对话框中设置“角度标注”子样式的参数，如图 9.28 所示。

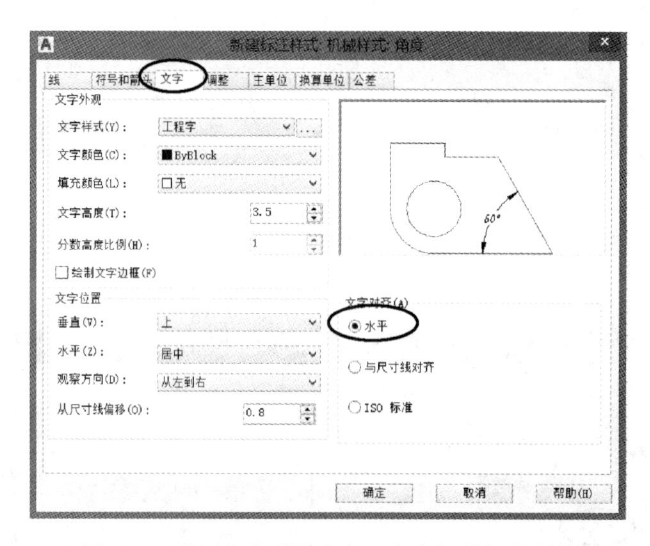

图 9.28　设置角度子样式中“文字”的相关变量

① 在“文字”选项卡中，将“文字对齐”设置为“水平”。

② 在“调整”选项卡中，将“调整选项”设置为“文字”。

③ 在“调整”选项卡中，将“优化”设置为“手动放置文字”。

最后完成的尺寸标注子样式设置的状态如图 9.29 所示。图中“机械样式”与“ISO－25”对齐是父样式。在“机械样式”下缩进显示了“直径”“半径”“角度”三个“机械样式”的子样式。

例 9.3　以例 9.1 中创建的“机械样式”为基础样式，创建一个名为“非圆直径”的标注父样式，用于标注尺寸数字前加注符号“ϕ”的线性尺寸。

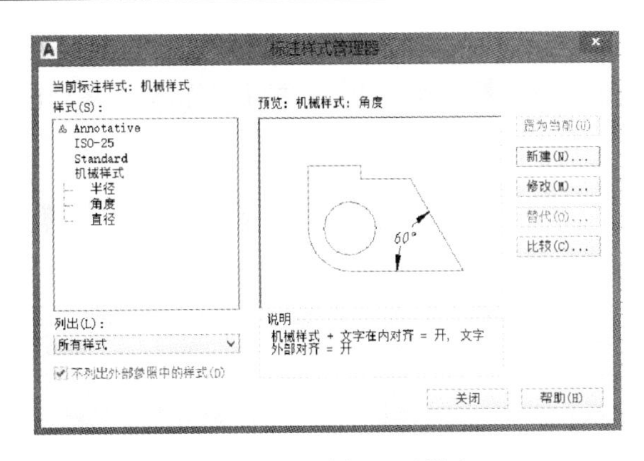

图 9.29　新建标注子样式

操作步骤如下：

(1) 单击功能区的“默认”选项卡|“注释”面板|“标注样式”下拉框。

(2) 在弹出的“标注样式管理器”对话框中，单击“新建”按钮。

(3) 在弹出的“创建新标注样式”对话框中，将新样式名设为“非圆直径”，在“基础样式”下拉列表框中选择“机械样式”，在“用于”下拉列表框中选择“所有标注”，如图 9.30 所示。

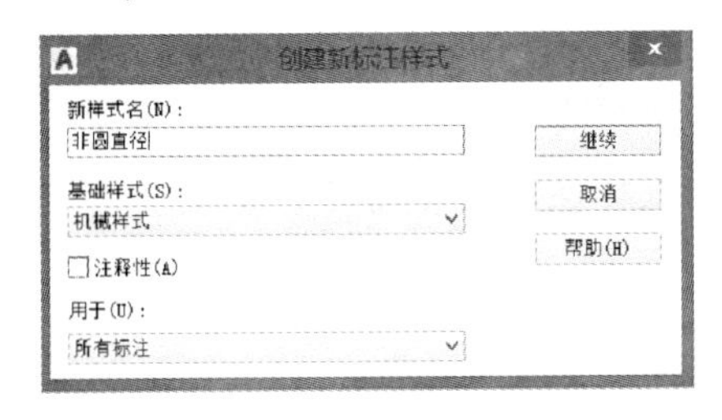

图 9.30　新建“非圆直径”标注样式

(4) 单击“创建新标注样式”对话框中的“继续”按钮，弹出“新建标注样式”对话框。在“主单位”选项卡中的“前缀”文本框中输入“%%c”，如图 9.31 所示。

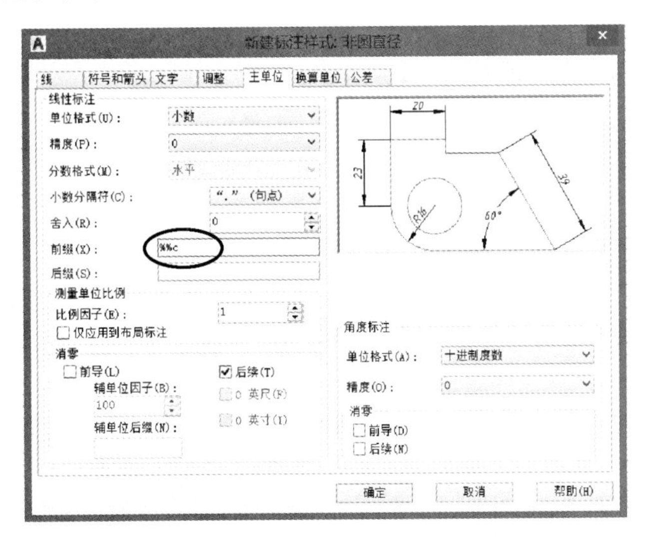

图 9.31　设置“非圆直径”标注样式中的相关参数

（5）单击对话框中的“确定”按钮，完成标注样式的设置，返回“标注样式管理器”对话框。此时，在“样式”列表框中会出现与“机械样式”并列的“非圆直径”标注样式，如图 9.32 所示。

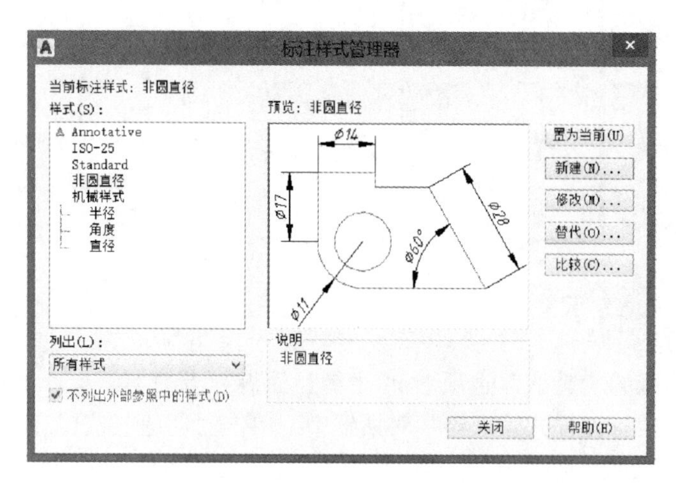

图 9.32　创建“非圆直径”标注样式后的标注样式管理器

9.2.5　修改与删除标注样式

标注样式的修改与删除都在标注样式管理器中进行。

1. 修改标注样式

操作步骤如下：

（1）在“样式”列表框中选中需进行修改的标注样式名称；

（2）单击标注样式管理器中的“修改”按钮；

（3）在弹出的“修改标注样式”对话框中进行修改，方法和新建标注样式一样。

2. 删除标注样式

操作步骤如下：

（1）在“样式”列表框中选中需进行修改的标注样式名称；

（2）单击鼠标右键，在弹出的菜单中选择“删除”。

说明：当前的标注样式和正在使用的标注样式不能被删除。

9.2.6　设置当前标注样式

在完成创建标注样式后，在功能区的“默认”选项卡|“注释”面板|“标注样式”下拉框中就有了刚刚创建的标注样式，如图 9.33 所示。在进行标注前应将所需的标注样式设置为当前样式，即需对该标注样式进行“置为当前”的操作。

最便捷的操作是在“标注样式”下拉列表中将该标注样式选中。如图 9.33 所示，当前使用的标注样式为“非圆直径”，此时在“标注样式”下拉列表中将“机械样式”选中，则“机械样式”成为当前的标注样式。

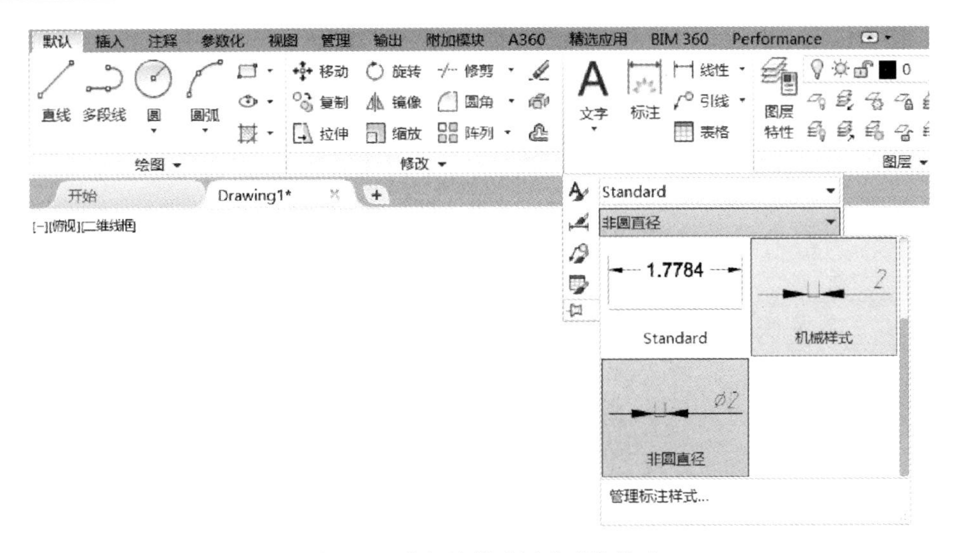

图9.33　将标注样式置为当前样式

9.3　基本尺寸标注

一般情况下，工程图中的尺寸标注可分为六种类型，它们分别是长度型尺寸、角度尺寸、直径尺寸、半径尺寸、基线型尺寸和连续型尺寸，如图9.34所示。

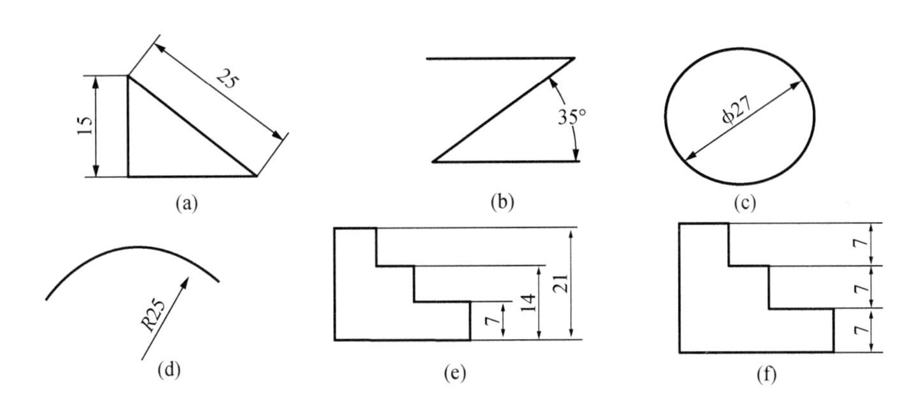

图9.34　尺寸标注的类型

(a) 长度型尺寸；(b) 角度尺寸；(c) 直径尺寸；(d) 半径尺寸；(e) 基线型尺寸；(f) 连续型尺寸

AutoCAD 2017提供了十几种标注命令以满足不同的需求，本节介绍在机械绘图中常用的几种标注命令。

AutoCAD基本尺寸标注命令常用的调用方式有：

(1) 功能区：“默认”选项卡|“注释”面板|“尺寸标注”下拉框|对应尺寸标注按钮，如图9.35 (a) 所示。

(2) 功能区：“注释”面板|“尺寸标注”下拉框|对应尺寸标注按钮，如图9.35 (b) 所示。

(3) 菜单栏：“标注”|对应尺寸标注选项。

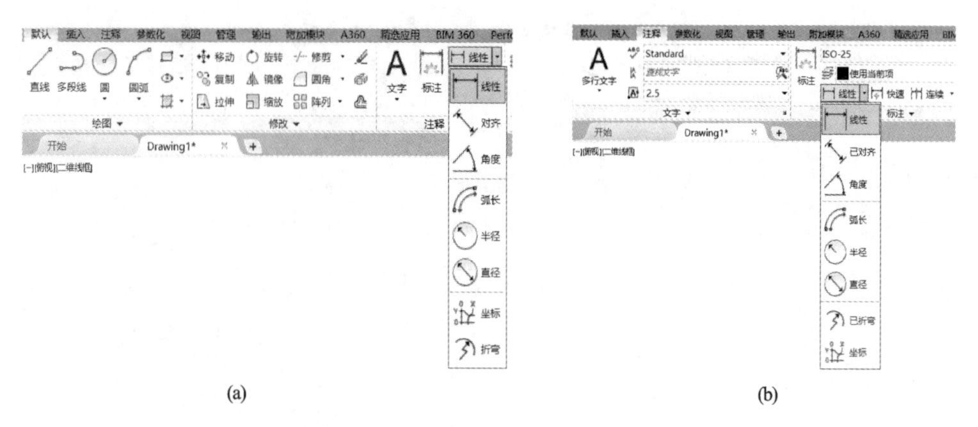

(a)　　(b)

图 9.35　尺寸标注命令调用界面

9.3.1　线性标注

1. 作用

线性标注用于标注水平方向或者垂直方向上的长度尺寸，如图 9.36 所示。

2. 命令操作

命令：dimlinear

指定第一条延伸线原点或 <选择对象>：　//用鼠标拾取标注线性尺寸的第一点。

提示中：

（1）指定第一条延伸线原点：为默认选项，要求指定线性尺寸的起点。

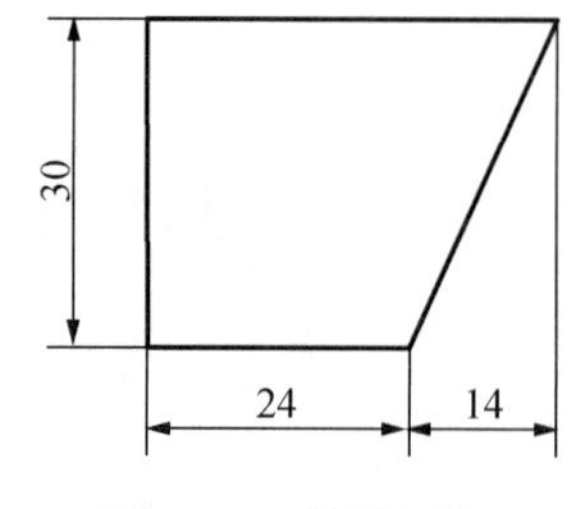

图 9.36　线性标注

（2）选择对象：在提示下直接按回车键，进入选择标注对象的方式。只要选取到对象，AutoCAD 会自动将这个对象的两个端点作为标注点进行线性标注。

指定第二条延伸线原点：　//用鼠标拾取标注线性尺寸的第二点。

指定尺寸线位置或［多行文字（M）/文字（T）/角度（A）/水平（H）/垂直（V）/旋转（R）］：

提示中：

（1）指定尺寸线位置：为默认项，此时可移动鼠标至适当位置，单击鼠标左键，AutoCAD 会在单击鼠标的位置绘制尺寸线，并根据自动测量出的数值标注出尺寸。

（2）多行文字：利用多行文字编辑器输入并设置尺寸文字。

（3）文字：利用单行文字重新输入尺寸文字。

（4）角度：确定尺寸文字的旋转角度。

（5）水平：标注水平尺寸。

（6）垂直：标注垂直尺寸。

（7）旋转：用于标注沿指定方向的尺寸。

说明：在拾取标注点的时候，一定要打开对象捕捉功能，以便精确地拾取标注对象的特征点。

9.3.2　对齐标注

1. 作用

对齐标注用于标注与拾取的标注点连线平行的长度尺寸标注，如图9.37所示。

2. 命令操作

对齐标注与线性标注的使用方法相同，命令提示也相同，详见9.3.1节。

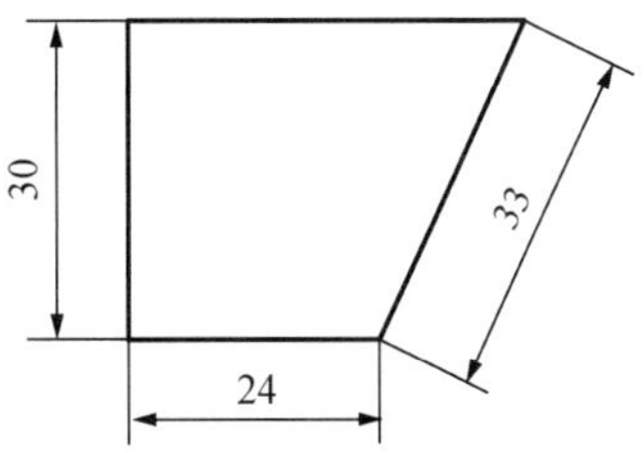

图9.37　对齐标注

9.3.3　直径标注

1. 作用

直径标注用于为圆或圆弧标注直径尺寸。

2. 命令操作

命令：dimdiameter

选择圆弧或圆：　　　　//用鼠标选择要标注直径的圆或圆弧。

指定尺寸线位置或［多行文字（M）/文字（T）/角度（A）］：

//如果在该提示下直接确定尺寸线的位置，AutoCAD按实际测量值标注出圆或圆弧的直径。也可以通过“多行文字（M）”“文字（T）”“角度（A）”选项来更改尺寸文字以及尺寸文字的旋转角度。

9.3.4　半径标注

1. 作用

半径标注用于为圆或圆弧标注半径尺寸。

2. 命令操作

半径标注与直径标注相同，见9.3.3节。

9.3.5　角度标注

1. 作用

角度标注用于标注角度尺寸。可对两条直线形成的夹角、圆或圆弧的夹角或不共线的三个点进行角度标注。

2. 命令操作

命令：dimangular

选择圆弧、圆、直线或<指定顶点>：

提示中：

（1）如果选择形成夹角的两条直线，则标注两直线形成的夹角；

（2）如果选择圆弧，则AutoCAD会自动标注出圆弧起点及终点围成的扇形角度；

（3）如果选择圆，则AutoCAD会标注出拾取的第一点和第二点间围成的扇形角度；

(4) 如果在此提示下直接按回车键，则可以标注三点间的夹角（选取的第一点为夹角顶点）。

指定标注弧线位置或［多行文字（M）/文字（T）/角度（A）/象限点（Q）］：

//如果在该提示下直接用鼠标确定尺寸线的位置，AutoCAD 按实际测量值标注出角度值。也可以通过“多行文字（M）”“文字（T）”“角度（A）”选项来更改尺寸文字以及尺寸文字的旋转角度。

9.3.6 基线标注

1. 作用

基线标注用于标注各尺寸线从同一延伸线引出的尺寸标注。必须先标注出一个尺寸才能进行基线标注，这个尺寸标注可以是线性标注、坐标标注或角度标注。

2. 命令操作

命令：dimbaseline

指定第二个尺寸界线原点或［选择（S）/放弃（U）］<选择>：

提示中：

(1) 指定第二个尺寸界线原点：为默认选项，要求指定所标注尺寸的第二个尺寸界线的起点。

(2)“选择”选项：用于重新确定基线标注时作为基线基准的尺寸界线。

(3)“放弃”选项：用于放弃前一次的操作。

9.3.7 连续标注

1. 作用

连续标注用于标注首尾相接的一系列尺寸标注。必须先标注出一个尺寸才能进行连续标注，这个尺寸标注可以是线性标注、坐标标注或角度标注。

2. 命令操作

命令：dimcontinue

指定第二个尺寸界线原点或［选择（S）/放弃（U）］<选择>：

提示中：

(1) 指定第二个尺寸界线原点：为默认选项，要求指定所标注尺寸的第二个尺寸界线的起点。

(2)“选择”选项：用于重新确定连续标注时共用的延伸线。

(3)“放弃”选项：用于放弃前一次的操作。

9.3.8 尺寸标注综合举例

例 9.4 标注图 9.38 中的尺寸。

操作步骤如下：

(1) 按 9.2.4 节中的例 9.1、例 9.2、例 9.3，建立标注样式。

（2）标注①号尺寸。

① 在“默认”选项卡|“注释”面板|“标注样式”下拉框中将“机械样式”选中，则“机械样式”为当前的标注样式。

② 单击功能区的“默认”选项卡|“注释”面板|“尺寸标注”下拉框|“对齐标注”按钮。

③ 将状态栏中的“对象捕捉”功能打开，此时按命令行提示用鼠标拾取标注尺寸的第一点，如图9.39中的A点。

④ 按命令行提示用鼠标拾取标注尺寸的第二点，如图9.39中的B点。

⑤ 移动鼠标在合适的位置单击左键，来指定尺寸线的位置。

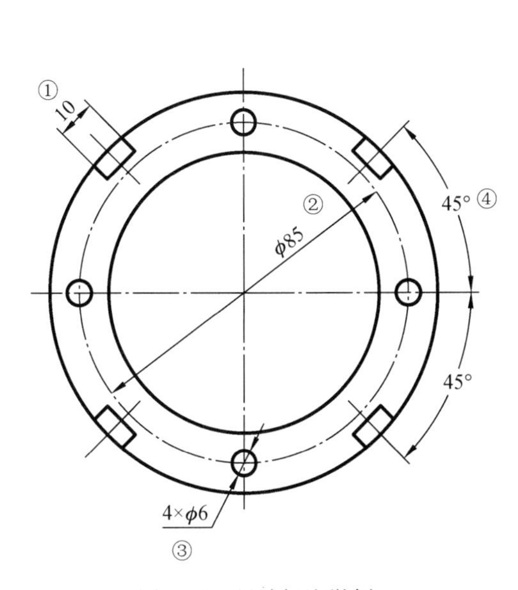

图9.38　尺寸标注举例1

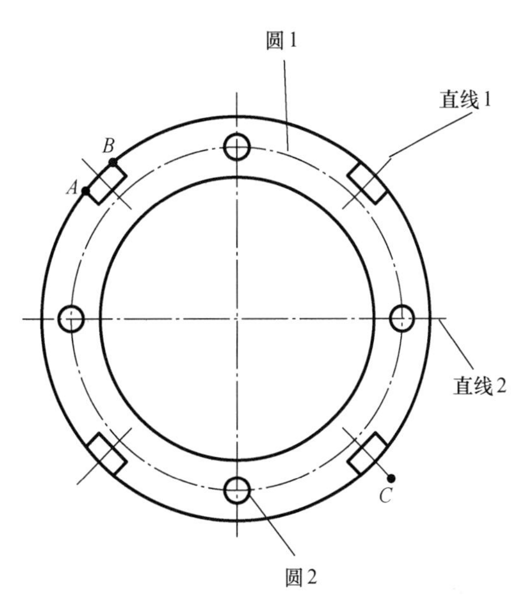

图9.39　尺寸标注说明1

（3）标注②号尺寸。

① 单击功能区的“默认”选项卡|“注释”面板|“尺寸标注”下拉框|“直径标注”按钮。

② 按命令行提示用鼠标拾取要标注该尺寸的圆，如图9.39中的圆1。

③ 移动鼠标在合适的位置单击左键，来指定尺寸线的位置。

（4）标注③号尺寸。

① 单击功能区的“默认”选项卡|“注释”面板|“尺寸标注”下拉框|“直径标注”按钮。

② 按命令行提示用鼠标拾取要标注该尺寸的圆，如图9.39中的圆2。

③ 此时在命令行中提示：

标注文字 =6

指定尺寸线位置或［多行文字（M）/文字（T）/角度（A）］：T　　//输入“T”并按回车键。

④ 此时在命令行中提示：

输入标注文字 <6>：4x%%c6 //输入“4x%%c6”，并按回车键确定。

⑤ 移动鼠标在合适的位置单击左键，来指定尺寸线的位置。

(5) 标注④号尺寸。

① 单击功能区的“默认”选项卡|“注释”面板|“尺寸标注”下拉框|“角度标注”按钮。

② 按命令行提示用鼠标选择直线，如图 9.39 中的直线 1。

③ 按命令行提示用鼠标选择第二条直线，如图 9.39 中的直线 2。

④ 移动鼠标在合适的位置单击左键，来指定尺寸线的位置。

⑤ 单击功能区的“注释”选项卡|“尺寸标注”下拉框|“连续标注”按钮。

⑥ 按命令行提示用鼠标选择第二个尺寸界线原点，如图 9.39 中的点 C。

⑦ 此时命令行仍提示：

指定第二个尺寸界线原点或 [选择 (S) /放弃 (U)] <选择>： //直接按回车键两次结束连续标注。

例 9.5 标注图 9.40 中的尺寸。

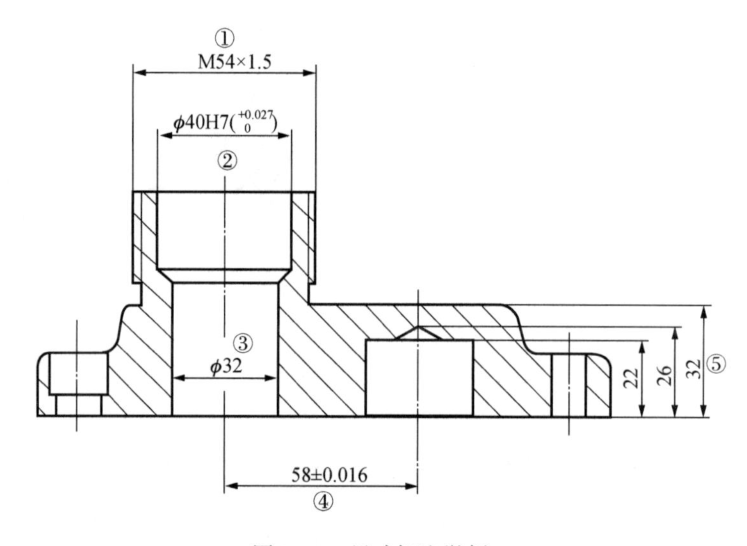

图 9.40 尺寸标注举例 2

(1) 按 9.2.4 节中的例 9.1、例 9.2、例 9.3，建立标注样式。

(2) 标注①号尺寸。

① 在“默认”选项卡|“注释”面板|“标注样式”下拉框中将“机械样式”选中，则“机械样式”为当前的标注样式。

② 单击功能区的“默认”选项卡|“注释”面板|“尺寸标注”下拉框|“线性标注”按钮。

③ 将状态栏中的“对象捕捉”功能打开，此时按命令行提示用鼠标拾取标注尺寸的第一点，如图 9.41 中的 A 点。

④ 按命令行提示用鼠标拾取标注尺寸的第二点，如图 9.41 中的 B 点。

⑤ 此时命令行提示：

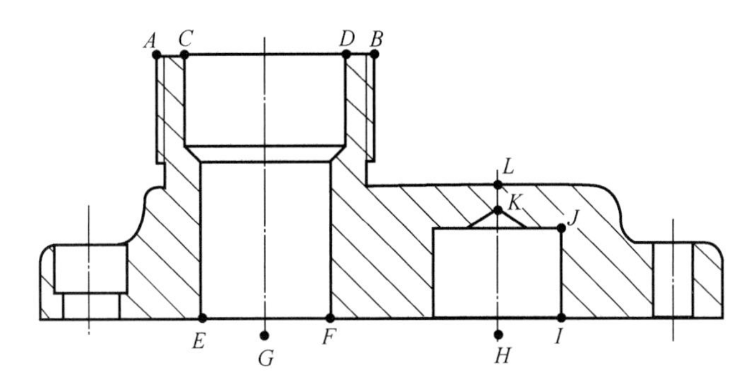

图9.41　尺寸标注说明2

指定尺寸线位置或［多行文字（M）/文字（T）/角度（A）/水平（H）/垂直（V）/旋转（R）］：T　//输入“T”并按回车键。

⑥ 此时在命令行中提示：

输入标注文字<54>：M54x1.5　//输入“M54x1.5”，并按回车键确定。

⑦ 移动鼠标在合适的位置单击左键，来指定尺寸线的位置。

（3）标注②号尺寸。

① 在“默认”选项卡|“注释”面板|“标注样式”下拉框中将“非圆标注”选中，则“非圆标注”为当前的标注样式。

② 单击功能区的“默认”选项卡|“注释”面板|“尺寸标注”下拉框|“线性标注”按钮 ⊢⊣ 。

③ 按命令行提示用鼠标拾取标注尺寸的第一点，如图9.41中的C点。

④ 按命令行提示用鼠标拾取标注尺寸的第二点，如图9.41中的D点。

⑤ 此时命令行提示：

指定尺寸线位置或［多行文字（M）/文字（T）/角度（A）/水平（H）/垂直（V）/旋转（R）］：M//输入“M”并按回车键。

⑥ 此时在功能区显示文字编辑器，如图9.42所示。将光标移至“ϕ40”后面，将光标移至“ϕ40”后面，输入“H7（+0.027^　0）”，并用光标将“+0.027^　0”选中，单击文字编辑器上的“堆叠”按钮，即出现图9.43所示的效果。

⑦ 单击文字编辑器的“确定”按钮，并移动鼠标在合适的位置单击左键，来指定尺寸线的位置。

（4）标注③号尺寸。

① 单击功能区的“默认”选项卡|“注释”面板|“尺寸标注”下拉框|“线性标注”按钮 ⊢⊣ 。

② 按命令行提示用鼠标拾取标注尺寸的第一点，如图9.41中的E点。

③ 按命令行提示用鼠标拾取标注尺寸的第二点，如图9.41中的F点。

④ 移动鼠标在合适的位置单击左键，来指定尺寸线的位置。

（5）标注④号尺寸。

① 在“默认”选项卡|“注释”面板|“标注样式”下拉框中将“机械样式”选中，则“机械样式”为当前的标注样式。

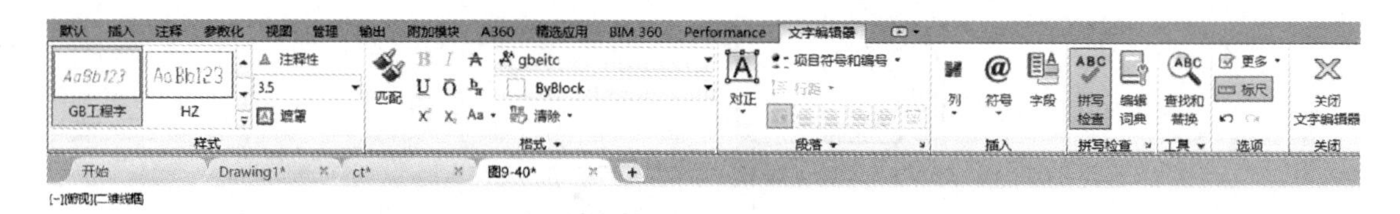

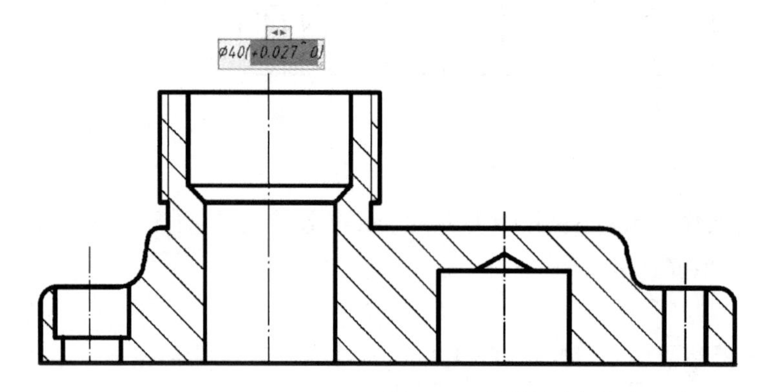

图 9. 42　②号尺寸标注示例之一

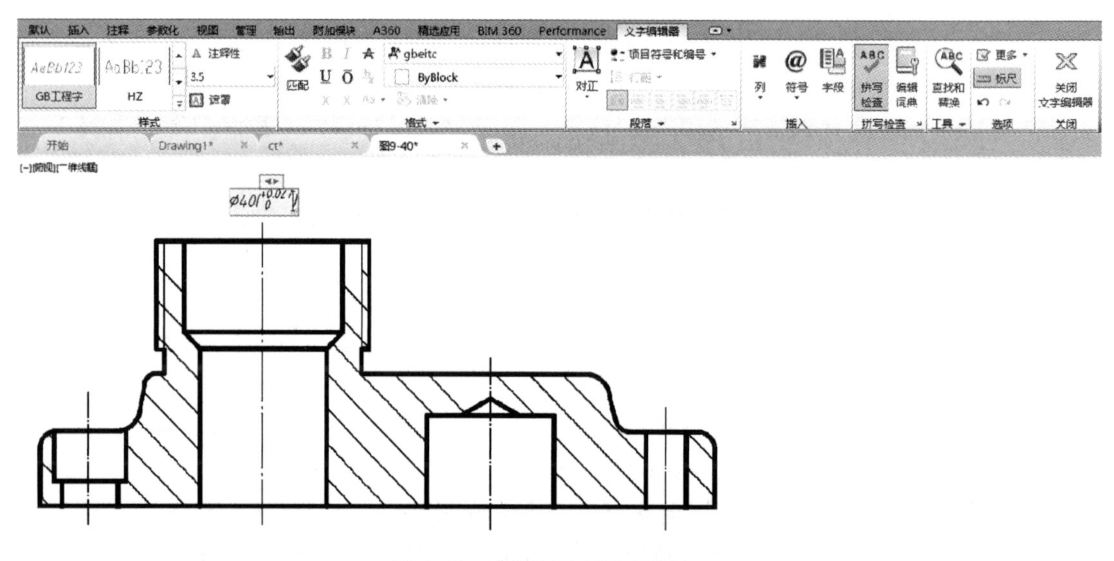

图 9. 43　②号尺寸标注示例之二

② 单击功能区的“默认”选项卡 |“注释”面板 |“尺寸标注”下拉框 |“线性标注”按钮 。

③ 按命令行提示用鼠标拾取标注尺寸的第一点，如图 9. 41 中的 G 点。

④ 按命令行提示用鼠标拾取标注尺寸的第二点，如图 9. 41 中的 H 点。

⑤ 此时命令行提示为

指定尺寸线位置或［多行文字（M）/文字（T）/角度（A）/水平（H）/垂直（V）/旋转（R）］：T　//输入“T”并按回车键。

⑥ 此时在命令行中提示：

输入标注文字 <58 >：58% % p0. 016　　//输入“58% % p0. 016”，并按回车键确定。

⑦ 移动鼠标在合适的位置单击左键，来指定尺寸线的位置。

（6）标注⑤号尺寸。

① 单击功能区的“默认”选项卡|“注释”面板|“尺寸标注”下拉框|“线性标注”按钮 。

② 按命令行提示用鼠标拾取标注尺寸的第一点，如图9.41中的I点。

③ 按命令行提示用鼠标拾取标注尺寸的第二点，如图9.41中的J点。

④ 移动鼠标在合适的位置单击左键，来指定尺寸线的位置。

⑤ 单击功能区的“注释”面板|“尺寸标注”下拉框|“基线标注”按钮 。

⑥ 按命令行提示用鼠标选择第一个尺寸界线原点，如图9.41中的点K。

⑦ 按命令行提示用鼠标选择第二个尺寸界线原点，如图9.41中的点L。

⑧ 此时命令行仍提示

指定第二个尺寸界线原点或［选择（S）/放弃（U）］<选择>://直接按回车键两次结束基线标注。

9.4　形位公差的标注

在机械图中，用形位公差表明尺寸之间几何关系的偏差，比如垂直度、同轴度、平行度等。AutoCAD 提供了专门的形位公差绘制工具。

1. 命令的调用

（1）功能区：“注释”选项卡|“公差”按钮 。

（2）菜单栏：“标注”|“公差”。

2.“形位公差”对话框

命令执行后，AutoCAD 会弹出“形位公差”对话框，如图9.44所示。

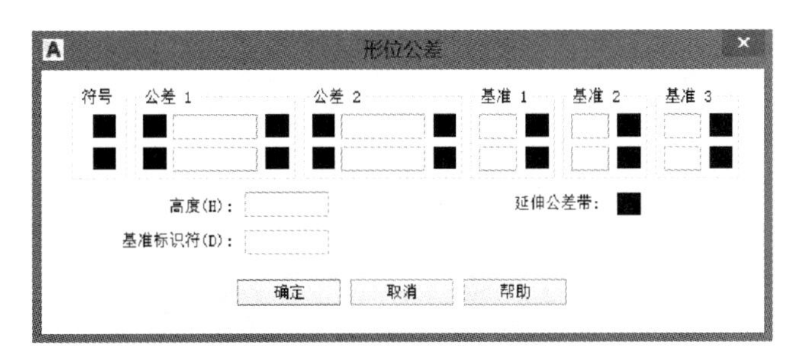

图9.44　“形位公差”对话框

1）“符号”选项组

“符号”选项组用于确定形位公差的符号。单击其中的“符号”图像框，会弹出“特征符号”对话框，如图9.45所示。选择所要标注的符号后，AutoCAD 返回“形位公差”对话框，并在“符号”图像框中显示出该符号。

2）“公差”选项组

“公差”选项组用于确定公差值，在对应的文本框中输入公差值即可。还可通过单击位于文本框前的小方框来确定是否在该公差值前加直径符号。单击位于文本框后的小方框，可从弹出的“附加符号”对话框中确定包容条件，如图 9.46 所示。

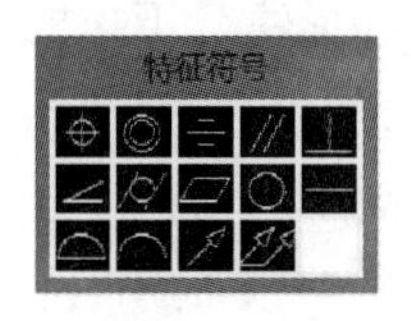

图 9.45 “特征符号”对话框

图 9.46 “附加符号”对话框

3）“基准”选项组

“基准”选项组用于确定基准和对应的包容条件。

3. 形位公差标注举例

例 9.6 绘制图 9.47 所示的形位公差。

操作步骤如下：

（1）单击功能区的“注释”选项卡 |“公差”按钮。

（2）在弹出的“形位公差”对话框中，设置相关的参数，如图 9.48 所示。

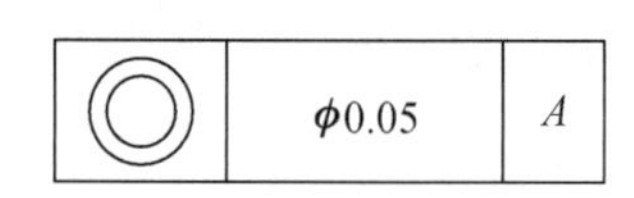

图 9.47 形位公差标注举例

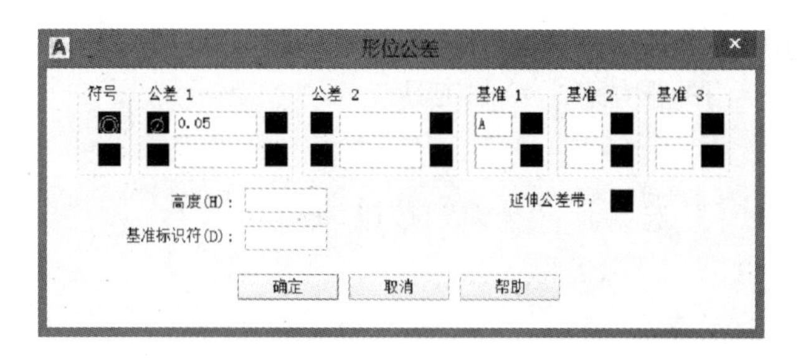

图 9.48 设置形位公差参数

（3）单击“形位公差”对话框中的“确定”按钮，根据命令行的提示用鼠标指定标注公差的位置。

9.5 快速引线标注

如果标注倒角尺寸，或一些文字注释，或标注带指引线的尺寸公差，则可用快速引线标注来实现。

1. 命令的调用

直接在命令行中输入命令：qleader。

2. 命令的操作

1）倒角尺寸的标注

（1）在命令行输入“qleader”并按回车键。

（2）此时，在命令行中会出现以下提示：

指定第一个引线点或［设置（S）］<设置>：

直接按回车键，在弹出的“引线设置”对话框中进行引线标注的相关设置，如图 9.49 ~ 图 9.51 所示。

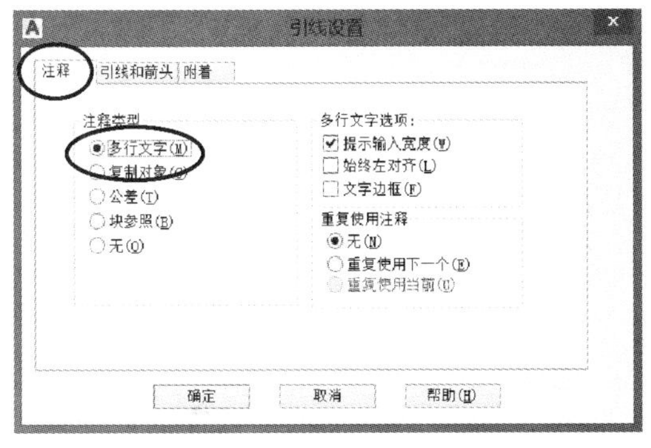

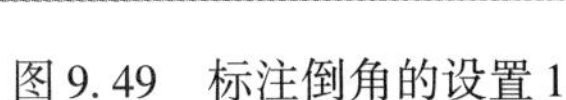

图 9.49　标注倒角的设置 1

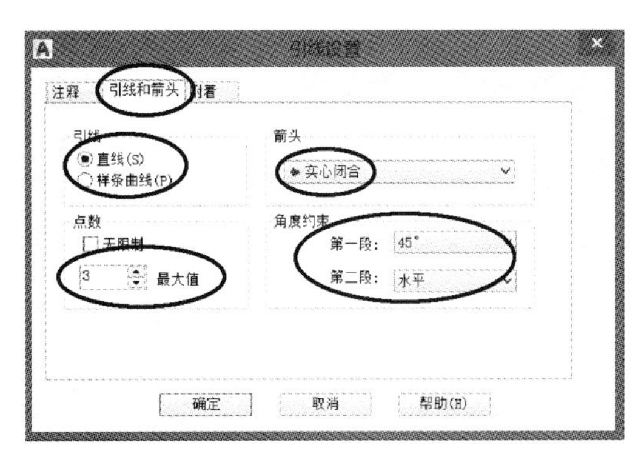

图 9.50　标注倒角的设置 2

（3）单击“确定”按钮，此时命令行会提示：

指定第一个引线点［设置（S）］<设置>：　//用鼠标选择引线的第一个点的位置。

下一点：　//用鼠标选择引线的第二个点的位置。

下一点：　//用鼠标选择引线的第三个点的位置。

指定文字宽度 <0>：　//直接按回车键。

输入注释文字的第一行 <多行文字>：C2　//输入“C2”并按回车键。

输入注释文字的下一行：　//直接按回车键结束命令。

标注的结果如图 9.52 所示。

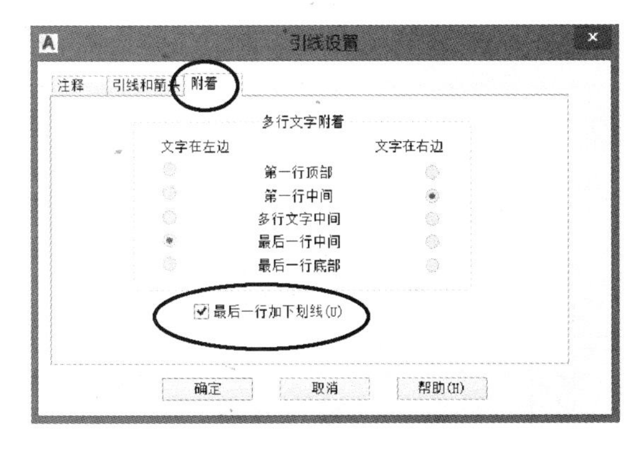

图 9.51　标注倒角的设置 3

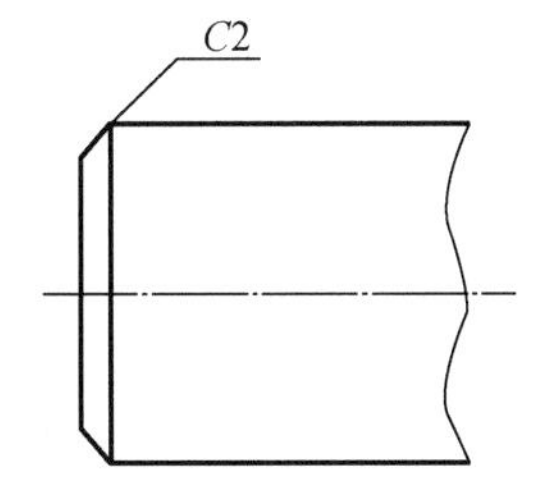

图 9.52　标注倒角效果

2）形位公差的标注

（1）在命令行输入“qleader”并按回车键。

（2）在命令行中会出现以下提示：

指定第一个引线点或［设置（S）］＜设置＞：

直接按回车键，在弹出的“引线设置”对话框中进行引线标注的相关设置，如图 9.53、图 9.54 所示。

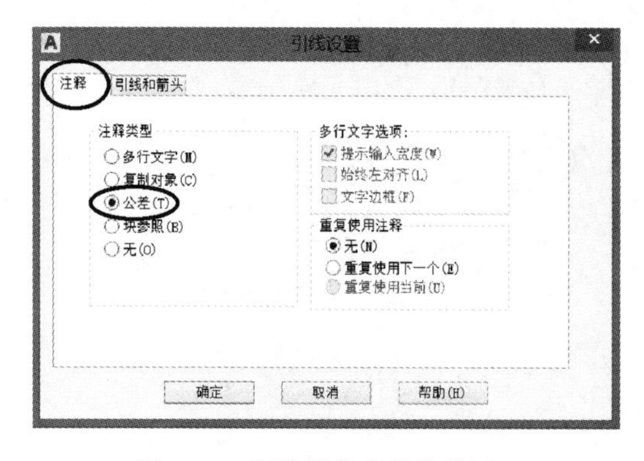

图 9.53 标注形位公差的设置 1

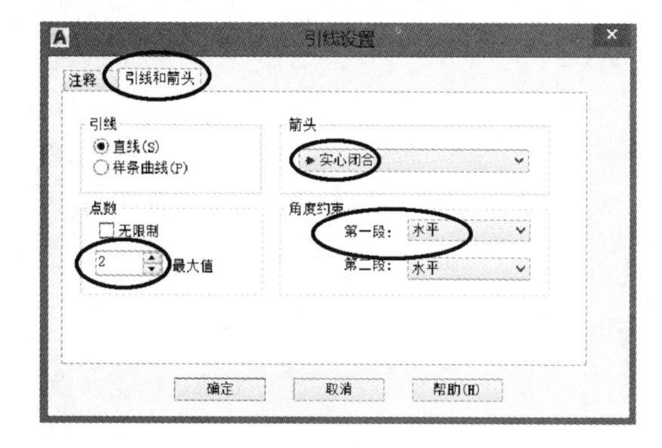

图 9.54 标注形位公差的设置 2

（3）单击“确定”按钮，此时命令行会提示：

指定第一个引线点［设置（S）］＜设置＞：　　//用鼠标选择箭头的起点位置。

下一点：　　//用鼠标选择箭头的终点位置。

此时会弹出“形位公差”对话框。

（4）单击其中的“符号”图像框，选择所要求标注的符号，返回“形位公差”对话框，按照要求在其中设置好其他参数，如图 9.55 所示。

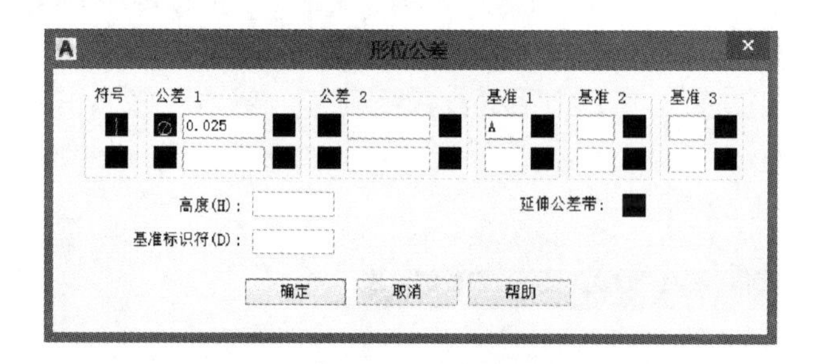

图 9.55 形位公差标注举例

（5）单击“确定”按钮后即可以创建出形位公差，如图 9.56 所示。

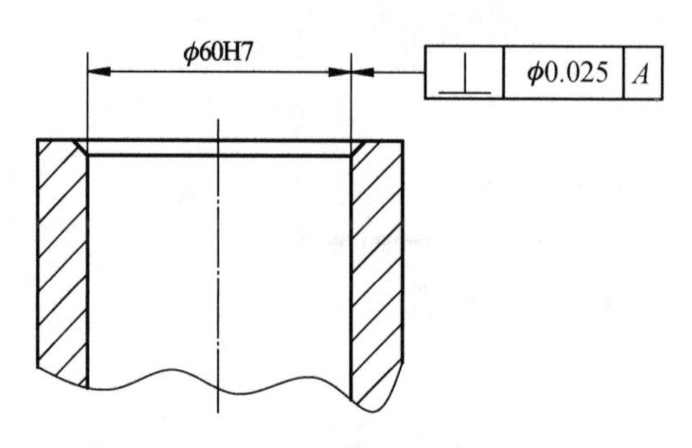

图 9.56 标注形位公差效果

9.6　多重引线标注

如果标注倒角尺寸，或一些文字注释，也可以用多重引线标注来实现。

1. 命令的调用

（1）功能区：“默认”选项卡|“注释”面板|“多重引线”按钮。

（2）功能区“注释”面板|“多重引线”按钮。

（3）菜单栏：“标注”|“多重引线”。

2. 标注倒角尺寸

操作步骤如下：

（1）定义多重引线标注样式。

① 单击功能区的“默认”选项卡|“注释”面板|“多重引线样式”下拉框前的按钮，会弹出“多重引线样式管理器”对话框，如图9.57所示。

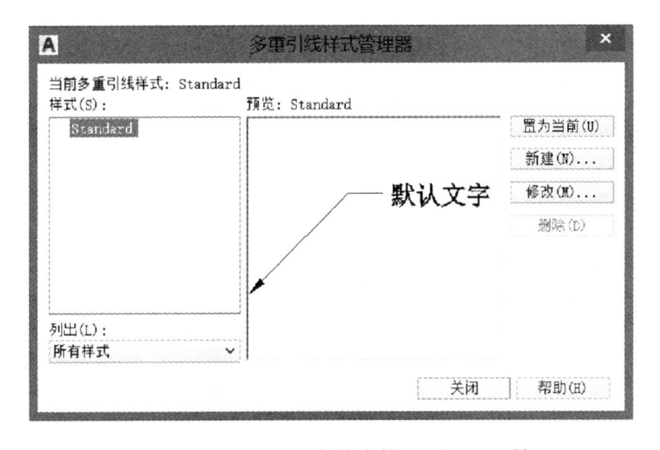

图9.57　“多重引线样式管理器”对话框

② 单击“新建”按钮，会弹出“创建新多重引线样式”对话框，设置“新样式名”为“倒角标注”，如图9.58所示。

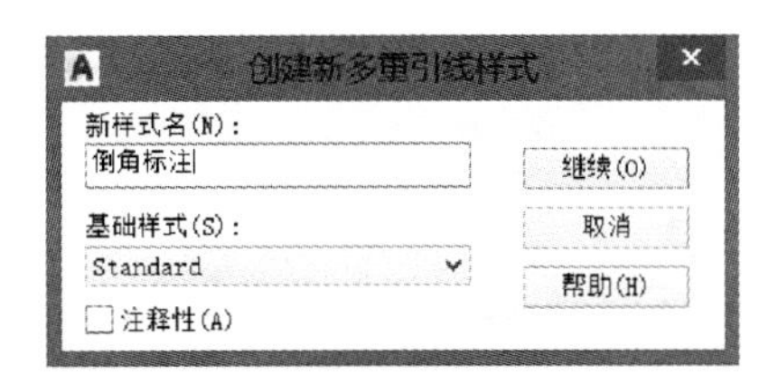

图9.58　“创建多重引线样式”对话框

③ 单击“继续”按钮，会弹出“修改多重引线样式：倒角标注”对话框，如图9.59所示。

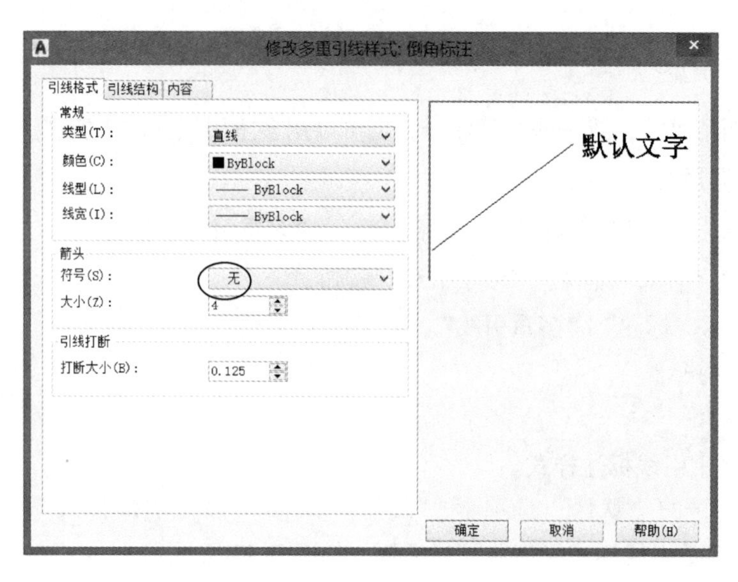

图 9.59　“修改多重引线样式：倒角标注”对话框的“引线格式”选项卡

④ 在“引线格式”选项卡中将“箭头”选项中的“符号”项设为“无”，如图 9.59 所示。

⑤ 在“引线结构”选项卡中将“最大引线点数”设为 2；在“基线设置”中不选择“自动包含基线”，如图 9.60 所示。

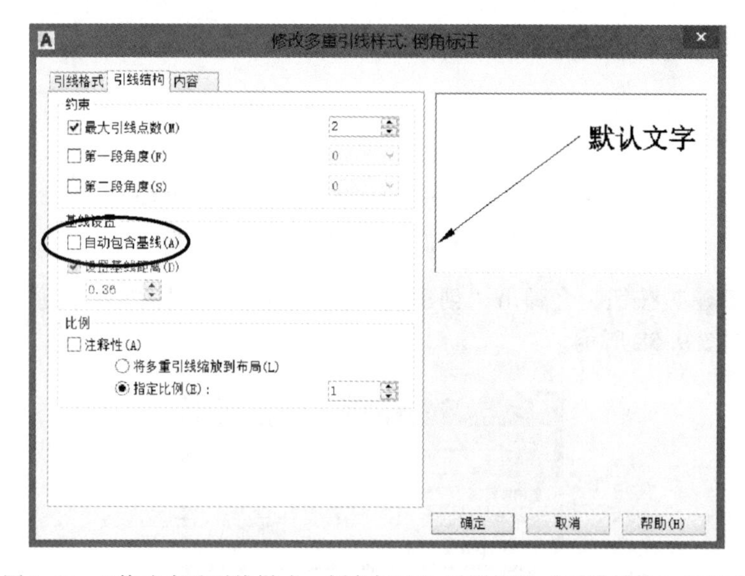

图 9.60　“修改多重引线样式：倒角标注”对话框的“引线结构”选项卡

⑥ 在“内容”选项卡中将“文字样式”设为“工程字”；将“文字高度”设为“3.5”；将“连接位置 - 左”和“连接位置 - 右”均设为“最后一行加下划线”；将“基线间距”设为“0”，如图 9.61 所示。

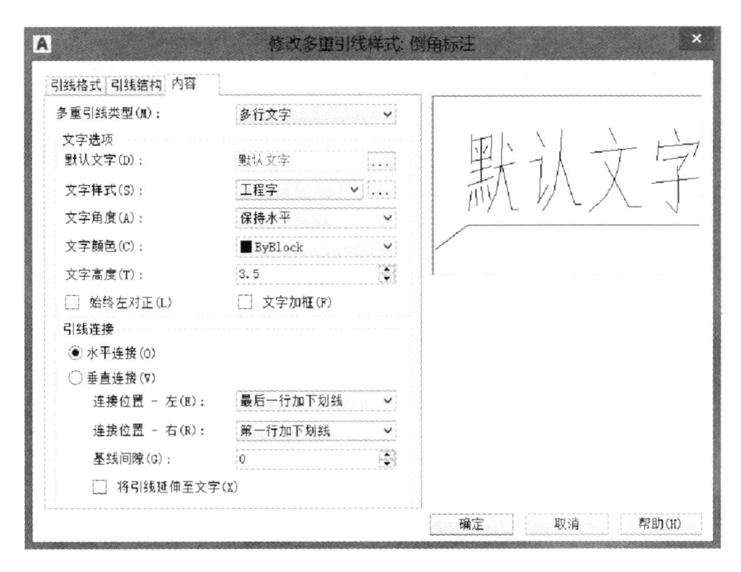

图 9. 61　“修改多重引线样式：倒角标注”对话框的“内容”选项卡

⑦ 单击“确定”按钮，返回“多重引线样式管理器”对话框。

⑧ 单击“关闭”按钮，关闭“多重引线样式管理器”对话框。

（2）在“多重引线标注样式”下拉列表中将“倒角标注”选中，则“倒角标注”为当前的多重引线标注样式，如图 9. 62 所示。

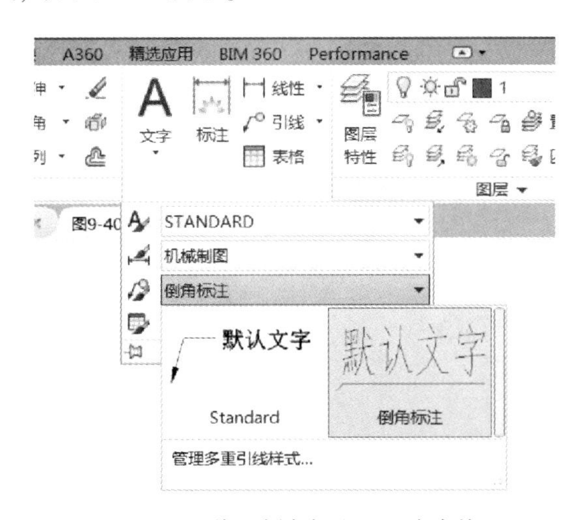

图 9. 62　将“倒角标注”置为当前

（3）标注倒角。

① 单击功能区的“注释”面板 |“多重引线”按钮 。

② 将状态栏中的“对象捕捉”功能打开，此时按命令行提示用鼠标拾取引出引线的位置。

③ 按命令行提示输入引线的第二点位置。

④ 在弹出的文字编辑器中输入对应的文字，如“C2”，如图 9. 63 所示。

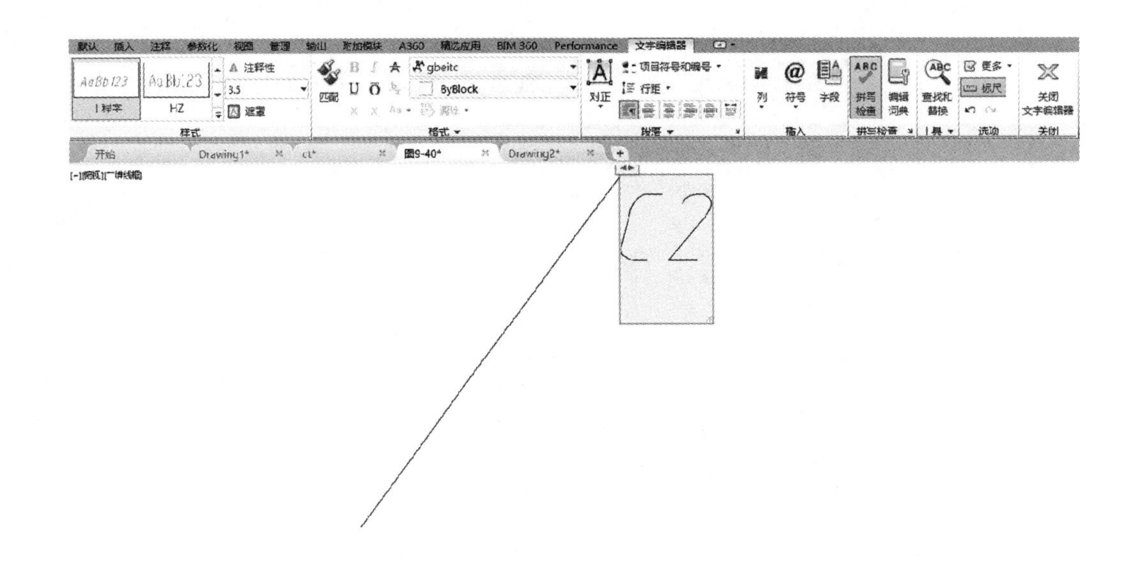

图 9. 63 输入标注文字

⑤ 单击文字编辑器上的“确定”按钮，即可标出对应的倒角尺寸，如图 9. 64 所示。

3. 绘制引线

在标注形位公差时，通常需要绘制尺寸引线和形位公差两部分。按照 9. 4 节介绍的操作绘制的形位公差是没有引线的。其中的尺寸引线可由多重引线标注来完成。这里介绍尺寸引线的绘制过程。

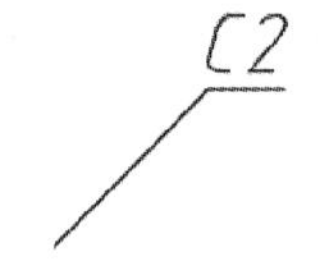

图 9. 64 标注效果

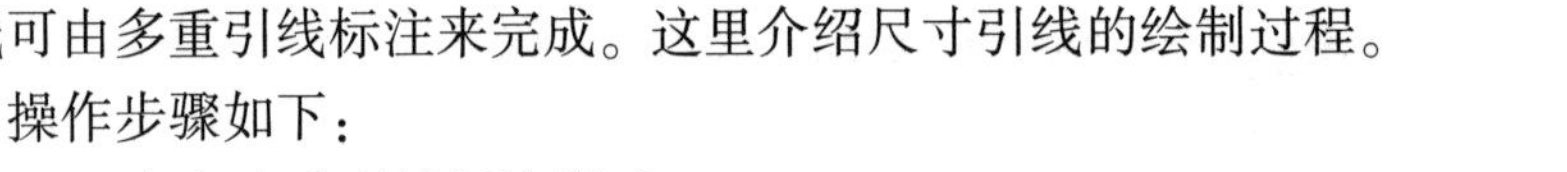

操作步骤如下：

(1) 定义多重引线标注样式。

① 单击功能区的“默认”选项卡 |“注释”面板 |“多重引线”按钮，会弹出“多重引线样式管理器”对话框，如图 9. 65 所示。

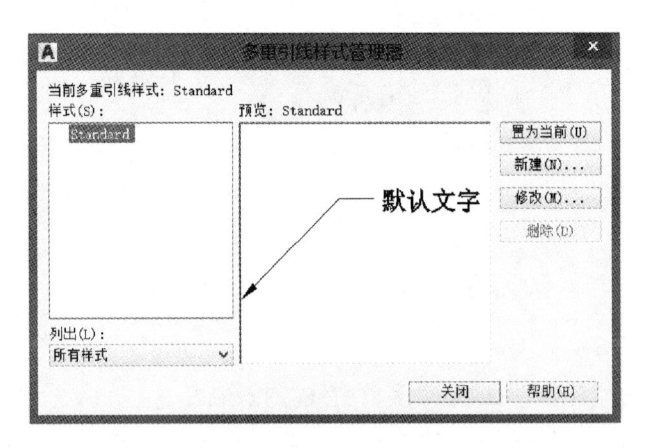

图 9. 65 “多重引线样式管理器”对话框

② 单击“新建”按钮，会弹出“创建新多重引线样式”对话框，设置“新样式名”为“公差引线”，如图 9. 66 所示。

图9.66　“创建多重引线样式”对话框

③ 单击“继续”按钮，会弹出“修改多重引线样式：公差引线”对话框，如图9.67所示。

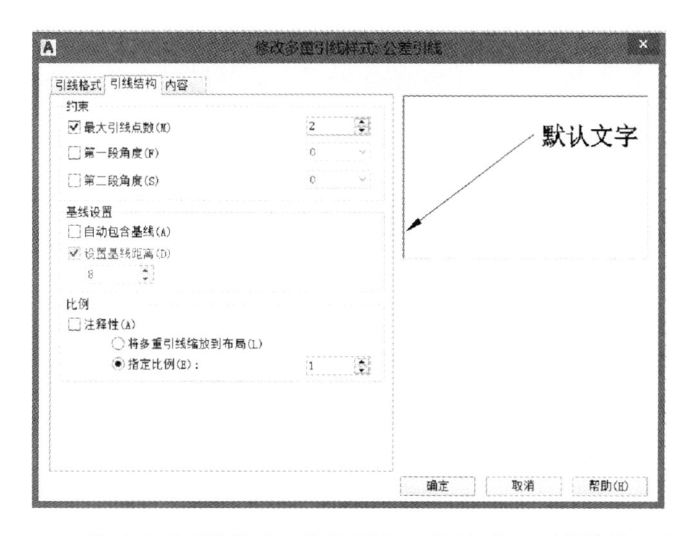

图9.67　“修改多重引线样式：公差引线”对话框的“引线结构”选项卡

④ 在“引线结构”选项卡中将“最大引线点数”设为“2”，在“基线设置”中不选择“自动包含基线”，如图9.67所示（说明：“最大引线点数”的设置应根据实际标注引线的情况而定）。

⑤ 在“内容”选项卡中将“多重引线类型”设为“无”，如图9.68所示。

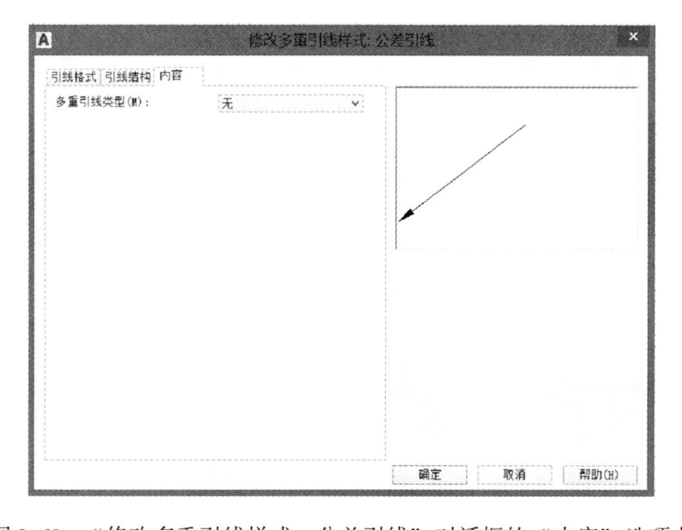

图9.68　“修改多重引线样式：公差引线”对话框的“内容”选项卡

⑥ 单击“确定”按钮，返回“多重引线样式管理器”对话框。

⑦ 单击“关闭”按钮，关闭“多重引线样式管理器”对话框。

（2）在“多重引线标注样式”下拉列表中将“公差引线”选中，则“公差引线”为当前的多重引线标注样式，如图 9.69 所示。

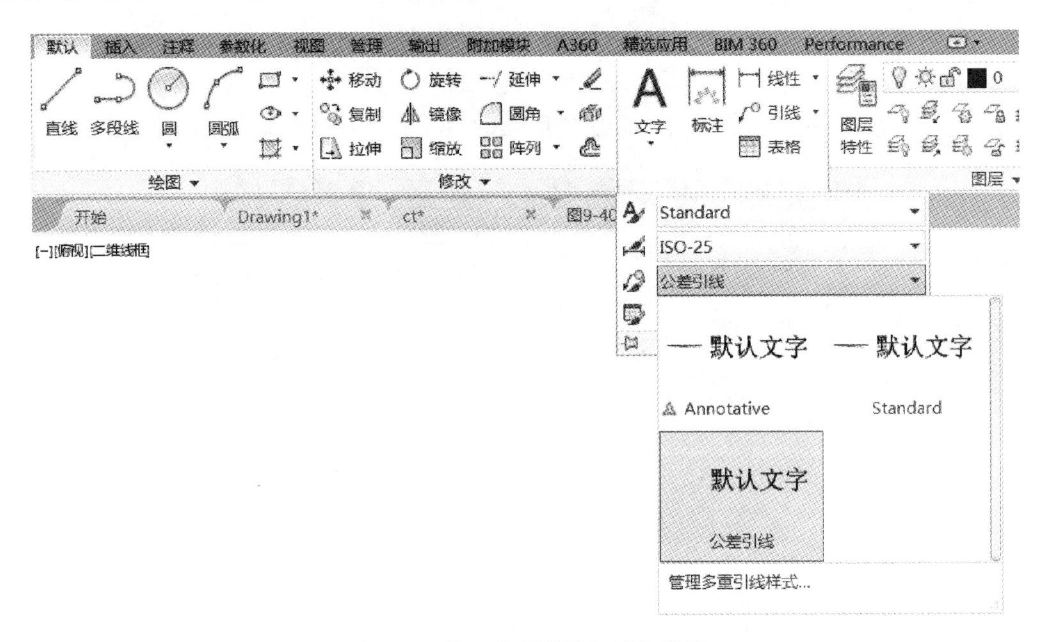

图 9.69 将“公差引线”置为当前

（3）绘制引线。

① 单击功能区“默认”的选项卡 |“注释”面板 |“多重引线”按钮。

② 将状态栏中的“对象捕捉”功能打开，此时按命令行提示用鼠标拾取引线的起点 1 的位置，如图 9.70 所示。

③ 按命令行提示用输入引线的终点 2 的位置，如图 9.70 所示。

④ 按命令行提示用输入引线的终点 3 的位置，如图 9.70 所示。

⑤ 绘制好的引线如图 9.71 所示。

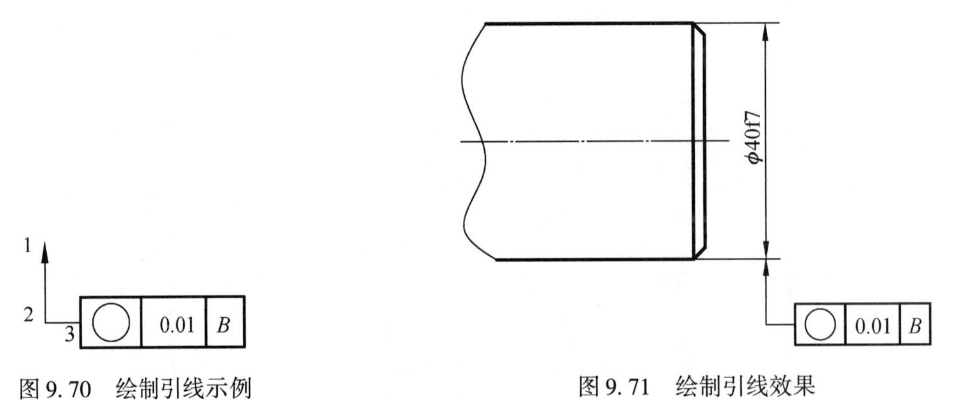

图 9.70 绘制引线示例

图 9.71 绘制引线效果

9.7　编辑尺寸

对于已经绘制的尺寸标注，AutoCAD 提供了多种编辑方法，各种方法的便捷程度不同，适用的范围也不同，应根据实际情况选择适当的编辑方法。

9.7.1　利用“特性”选项板修改尺寸标注属性

在“特性”选项板中，可以对尺寸标注的基本特性进行修改，如图层、颜色、线型等，如图 9.72 所示；还可以改变尺寸标注所使用的标注样式以及标注样式的 6 类特性，包括直线和箭头、文字、调整、主单位、换算单位和公差，如图 9.72 ~ 图 9.76 所示。

1. 命令的调用

单击尺寸标注，再按鼠标右键，选择“特性”。

2. “特性”选项板的构成

“特性”选项板中可体现出尺寸标注的几类属性，包括常规、其他、直线和箭头、文字、调整、主单位、换算单位、公差，详见图 9.72 ~ 图 9.76。

3. 应用举例

例 9.7　修改标注尺寸箭头的样式。

操作说明：要实现本例，应将尺寸标注的右侧箭头（即箭头 2）的样式由“实心闭合”修改为“点”。

操作步骤如下：

（1）单击尺寸标注，再单击鼠标右键，选择“特性”，会弹出“特性”选项板。

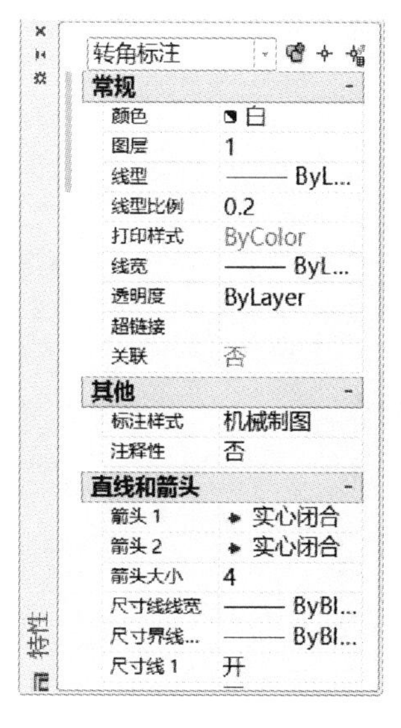

图 9.72　“常规”和“其他”特性列表

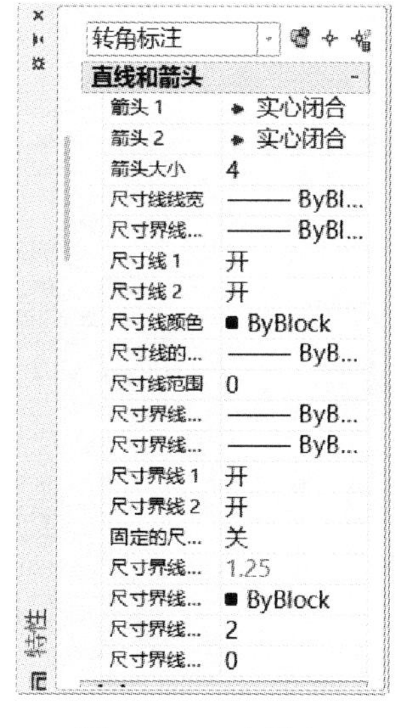

图 9.73　“直线和箭头”特性列表

图 9.74　“文字”和“调整”特性列表

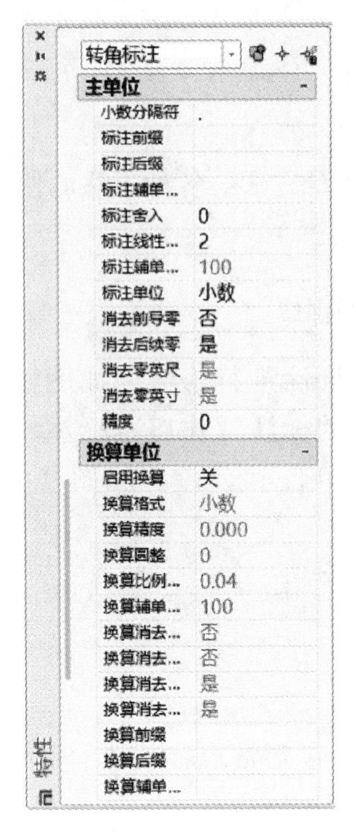

图 9.75 “主单位”和“换算单位”特性列表

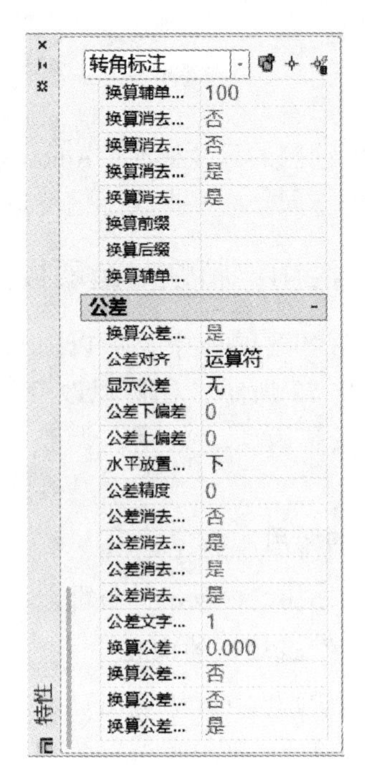

图 9.76 “公差”特性列表

（2）用鼠标单击“特性”选项板中“直线和箭头”部分的“箭头 2”所对应的选项框，此时会出现一个箭头样式下拉框，如图 9.77 所示。

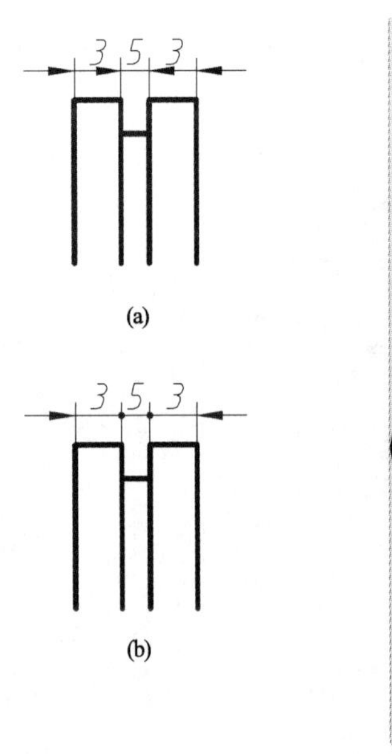

图 9.77 在“特性”选项板中修改标注尺寸箭头的样式

（a）修改前的尺寸标注；（b）修改后的尺寸标注；（c）“特性”选择板

（3）用鼠标在该箭头样式下拉框中选择“点”即可实现修改，如图9.77所示。

（4）关闭“特性”选项板并按“Esc”键退出当前的夹点编辑状态。

例9.8　隐藏标注尺寸的右侧尺寸延伸线（即尺寸界线）和右侧尺寸线

操作说明：要实现本例，应将尺寸标注的尺寸线2和延伸线2的状态均设为“关”。

操作步骤如下：

（1）单击尺寸标注，再单鼠标右键，选择“特性”，会弹出“特性”选项板。

（2）用鼠标单击“特性”选项板中“直线和箭头”部分的“尺寸线2”所对应的选项框，此时会出现一个下拉框，如图9.78所示。

（3）用鼠标在该下拉框中选择“关”即可实现修改，如图9.78所示。

（4）用同样的方法将“尺寸界线2”的状态设置为“关”，如图9.78所示。

（5）关闭“特性”选项板并按“Esc”键退出当前的夹点编辑状态。

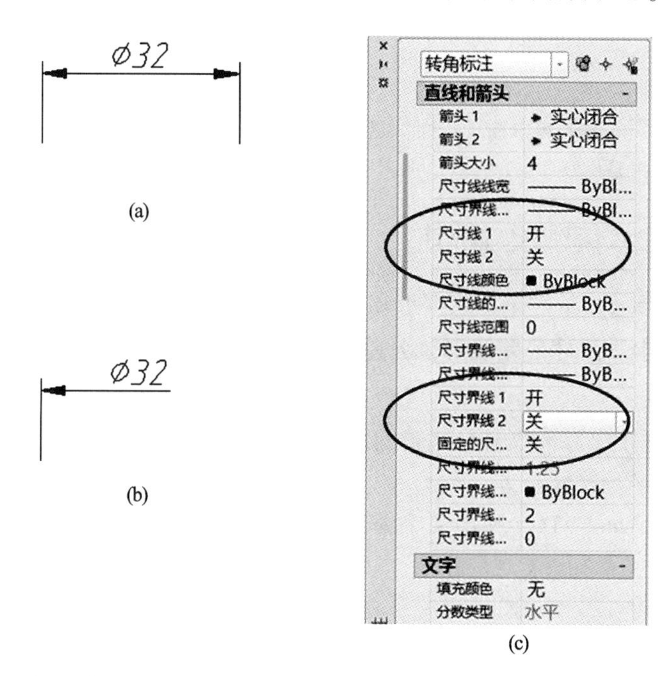

图9.78　在“特性”选项板中设置隐藏标注尺寸的右侧尺寸延伸线和右侧尺寸线

（a）修改前的尺寸标注；（b）修改后的尺寸标注；（c）“特性”选择板

例9.8　修改标注尺寸的文字内容。

操作说明：本例中将标注文字的内容由“ϕ32”改为“ϕ32 ±0.016”。

操作步骤如下：

（1）单击尺寸标注，再单击鼠标右键，选择“特性”，会弹出“特性”选项板。

（2）用鼠标单击“特性”选项板中“文字”部分的“文字替代”文本框，在文本框中输入“%%c32%%p0.016”并按回车键，即可修改文字的内容，如图9.79所示。

（3）关闭“特性”选项板并按“Esc”键退出当前的夹点编辑状态。

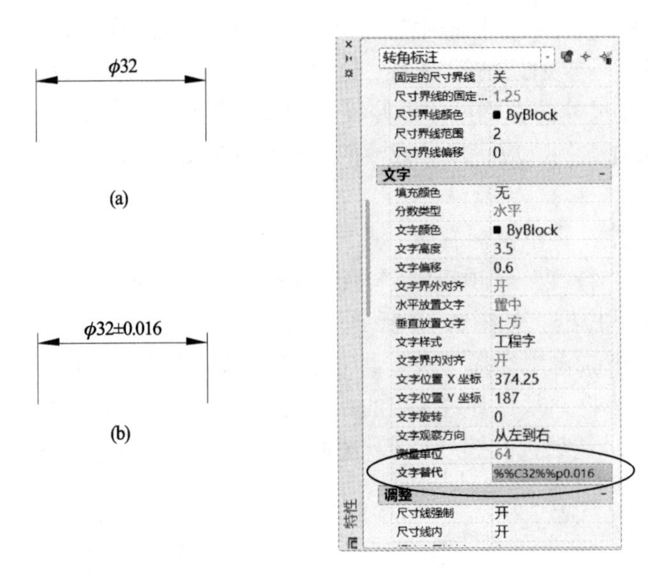

图 9.79　在“特性”选项板中修改标注文字的内容

(a) 修改前的尺寸标注；(b) 修改后的尺寸标注；(c)“特性”选择板

9.7.2　利用命令编辑尺寸标注

AutoCAD 2017 提供了多种编辑尺寸的命令，常用的编辑命令介绍如下。

1. 修改尺寸文字、尺寸公差及形位公差

1）命令的调用

便捷的命令调用方式为：双击要编辑的尺寸文字、尺寸公差或形位公差。

2）修改尺寸文字及尺寸公差

执行该命令后，AutoCAD 会弹出文字编辑器，并在其中显示出对应的尺寸，可直接对尺寸文字进行修改。

3）修改形位公差

执行该命令后，AutoCAD 会弹出“形位公差”对话框，并在其中显示出标注形位公差的对应项，直接对各项进行修改。

4）举例

例 9.9　将已有尺寸公差内容修改为图 9.80 所示的内容。

操作步骤如下：

(1) 双击要编辑的尺寸文字。

(2) 在弹出的文字编辑器中，用鼠标选中公差部分。

(3) 单击文字编辑器上的“堆叠”按钮取消堆叠，再输入新公差值，如图 9.80 所示。

(4) 选中新输入的公差“+0.350^-0.100”，单击“堆叠”按钮重新进行堆叠操作。

(5) 单击文字编辑器上的“确定”按钮完成修改，如图 9.80 所示。

例 9.10　将已有形位公差内容修改为图 9.81 所示的内容。

操作步骤如下：

(1) 双击要编辑的形位公差。

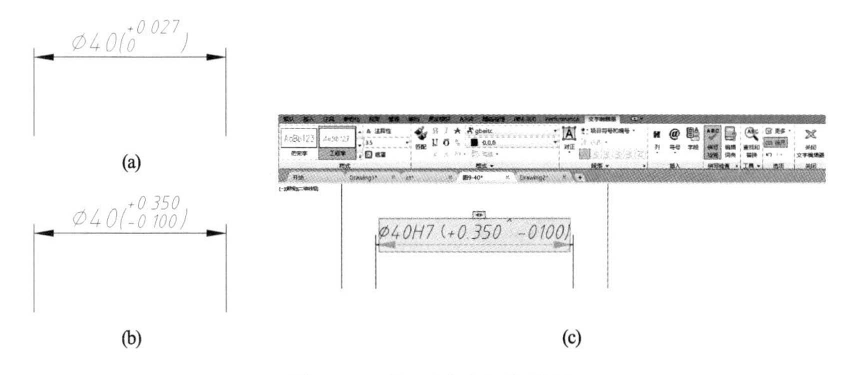

图 9.80　修改尺寸公差举例

（a）修改前的尺寸标注；（b）修改后的尺寸标注；（c）文字编辑器

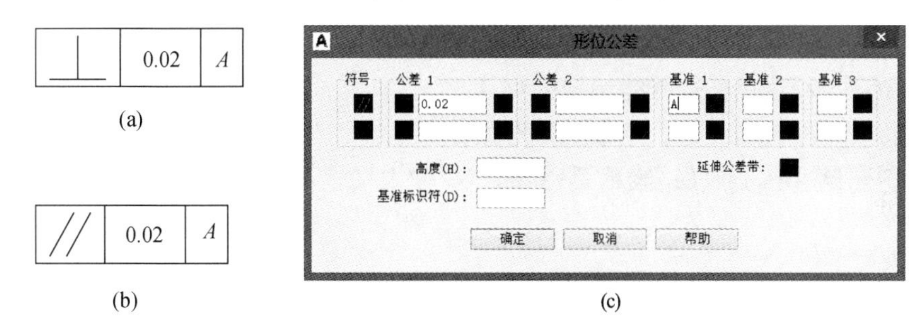

图 9.81　修改形位公差举例

（a）修改前的形位公差；（b）修改后的形位公差；（c）“形位公差”对话框

（2）在弹出的“形位公差”对话框中修改相应的参数即可，如图 9.81 所示。

（3）单击“形位公差”对话框中的“确定”按钮，修改结果如图 9.81 所示。

2. 修改尺寸文字的位置和角度

软件提供了几个调整尺寸文字位置的命令，分别为左对齐、右对齐、居中、默认和旋转。“左对齐”和“右对齐”命令用于确定尺寸文字沿尺寸线左对齐还是右对齐，这两个命令只对非角度标注有效；“居中”命令用于将尺寸文字放在尺寸线的中间位置；“默认”命令用于按默认位置、默认方向放置尺寸文字；“角度”命令用于将尺寸文字旋转一定的角度。

1）命令的调用

便捷的命令调用方式有：

（1）“默认”选项卡 |“注释”面板 | 各命令按钮。

（2）菜单栏：“标注” |“对齐文字” | 各命令选项。

2）命令的操作

执行该命令后，AutoCAD 会提示：

选择标注：　　//用鼠标选择需修改的尺寸即可。

3. 修改尺寸界线角度

该命令可以改变尺寸界线的倾斜角度，该命令只对非角度标注的尺寸有效。

例 9.11　将图 9.82 中的尺寸界线由垂直改为倾斜效果。

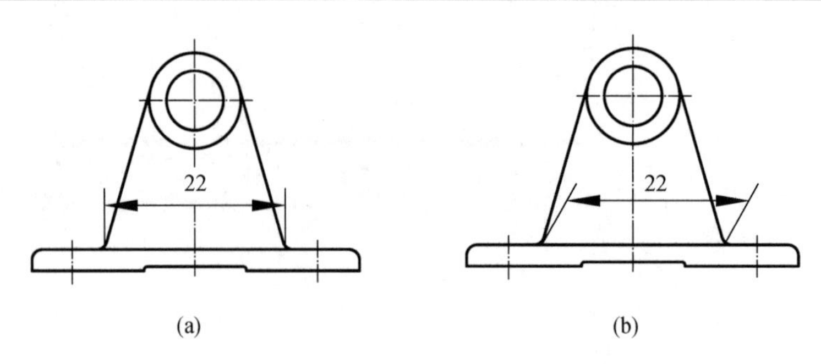

图 9.82 尺寸“倾斜”命令应用举例
（a）修改前的尺寸标注；（b）修改后的尺寸标注

（1）单击“默认”选项卡 |“注释”面板 | 各命令按钮 。

（2）执行该命令后，AutoCAD 会提示：

选择对象： //用鼠标选择需编辑的尺寸。

选择对象： //按回车键，结束选择对象操作。

输入倾斜角度（按 ENTER 表示无）：60 //输入尺寸界线的最终倾斜角度 60°并按回车键。

9.7.3 利用夹点编辑尺寸标注

夹点编辑是 AutoCAD 提供的一种高效的编辑工具。选择标注对象后，利用图形对象所显示的夹点，可修改尺寸延伸线（尺寸界线）的引出点位置、文字位置以及尺寸线的位置。

选择一个标注尺寸后，可在尺寸线端点、尺寸延伸线（尺寸界线）的起点以及尺寸文字的中心点位置显示夹点，如图 9.83 所示。

1. 利用夹点修改标注文字的位置

操作步骤如下：

（1）用鼠标选择要修改的尺寸标注，此时会在尺寸标注上显示夹点，如图 9.83 所示。

（2）用鼠标单击文字中间夹点，则该夹点处于激活状态（默认情况下，夹点颜色为红色），如图 9.84 所示。

（3）移动鼠标将文字移动到所需位置，单击鼠标左键确定，同时也可以改变尺寸线的位置，如图 9.84 所示。

（4）按“Esc”键退出夹点编辑状态，修改效果如图 9.85 所示。

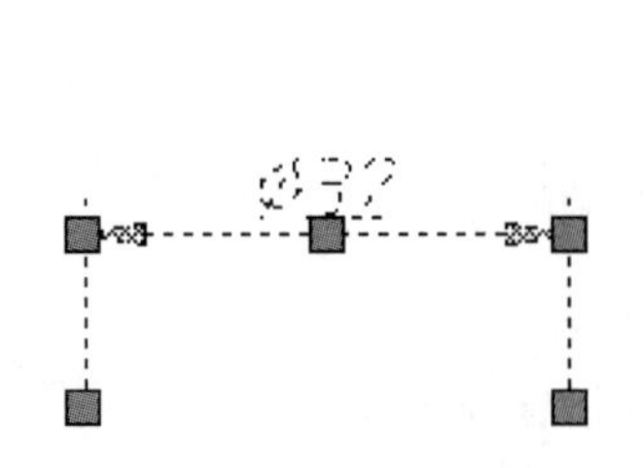

图 9.83 尺寸标注的夹点

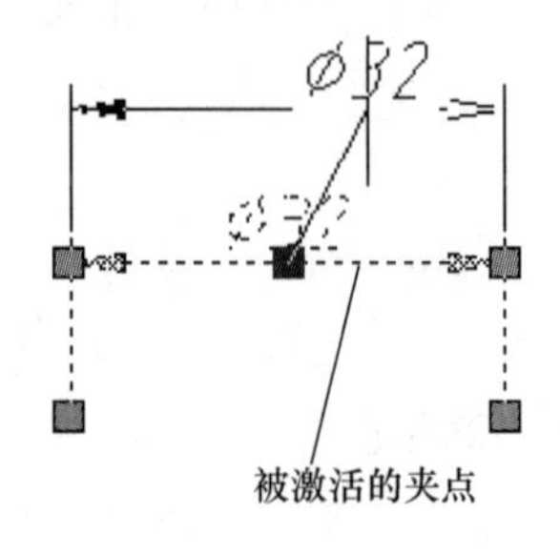

图 9.84 激活尺寸标注的文字中间夹点

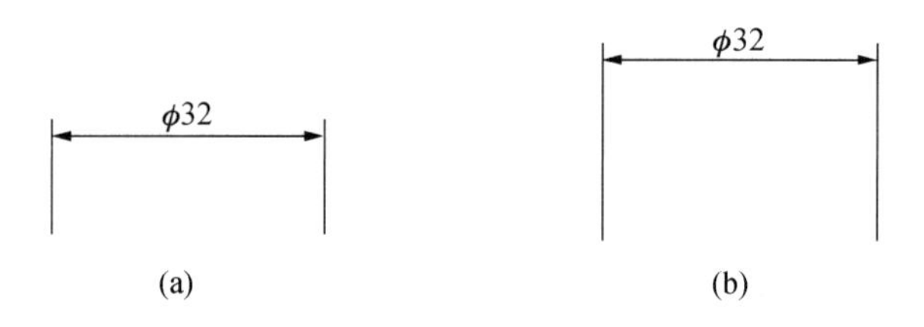

图9.85　利用夹点编辑尺寸文字位置举例
（a）修改前的尺寸标注；（b）修改后的尺寸标注

2. 利用夹点修改标注尺寸的尺寸线的位置

操作步骤如下：

（1）用鼠标选择要修改的尺寸标注，此时会在尺寸标注上显示夹点，如图9.83所示。

（2）用鼠标单击尺寸线夹点，则该夹点处于激活状态（默认情况下，夹点颜色为红色），如图9.86所示。

（3）移动鼠标将尺寸线移动到所需位置，单击鼠标左键确定，同时也可以改变尺寸文字的位置，如图9.86所示。

（4）按“Esc”键退出夹点编辑状态，如图9.87所示。

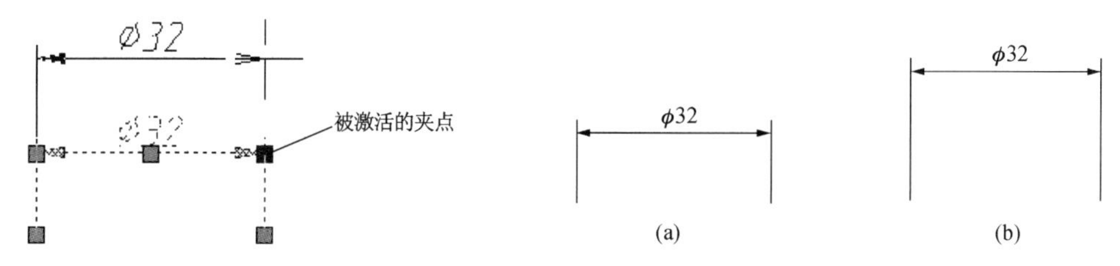

图9.86　激活尺寸标注的尺寸线夹点

图9.87　利用夹点编辑尺寸线举例
（a）修改前的尺寸标注；（b）修改后的尺寸标注

3. 利用夹点修改标注尺寸的尺寸界线的位置

操作步骤如下：

（1）用鼠标选择要修改的尺寸标注，此时会在尺寸标注上显示夹点，如图9.83所示。

（2）用鼠标单击尺寸延伸线夹点，则该夹点处于激活状态（默认情况下，夹点颜色为红色），如图9.88所示。

（3）移动鼠标将尺寸界线移动到所需位置，单击鼠标左键确定，如图9.88所示。

（4）按“Esc”键退出夹点编辑状态，修改效果如图9.89所示。

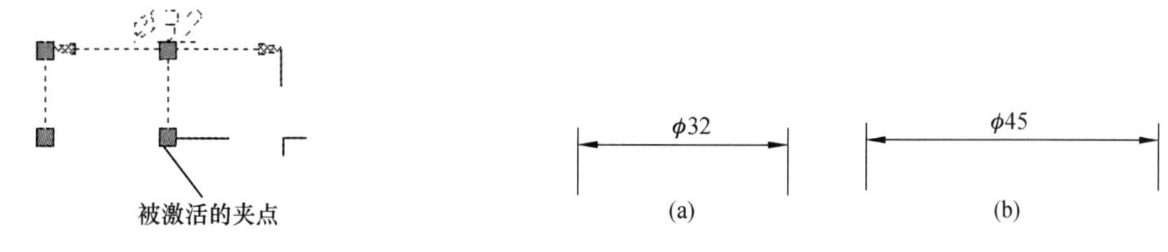

图9.88　激活尺寸标注的尺寸延伸线夹点

图9.89　利用夹点编辑尺寸延伸线举例
（a）修改前的尺寸标注；（b）修改后的尺寸标注

本章思考题

一、选择题

1. 如果要修改标注样式中的设置，则图形中的（　　）将自动使用更新后的样式。

A. 当前选择的尺寸标注　　B. 当前图层上的所有标注

C. 除了当前选择以外的所有标注　　D. 使用修改样式的所有标注

2. 连续标注是（　　）的标注。

A. 自同一基线处测量　　B. 线性对齐

C. 首尾相连　　D. 增量方式创建

3. 如果要标注倾斜直线的长度，应该选用（　　）命令来标注。

A. 对齐标注　　B. 快速标注

C. 连续标注　　D. 线性标注

4. 线性标注命令允许绘制（　　）方向的尺寸标注。

A. 垂直　　B. 对齐

C. 水平　　D. 圆弧

5. 要标注图 9.90 所示的尺寸公差，则可以（　　）。

A. 用直径标注，手动输入尺寸文本内容“%%C25h4”

B. 用“标注 > 公差”

C. 将尺寸分解后再添加公差

D. 用线性标注，然后手动输入尺寸文本内容“%%C< >h4”

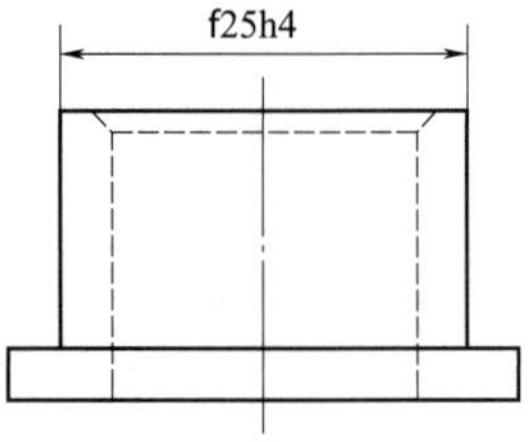

图 9.90　题图 1

二、思考题

1. 为什么要设置尺寸标注样式？如何设置符合我国机械制图标准的尺寸标注样式？

2. 如果绘图比例为 1∶2，进行尺寸标注时采用默认值作为标注的尺寸数值，应如何设置？

3. 如何进行下列标注（图 9.91、图 9.92）？

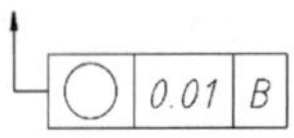

图 9.91　题图 2 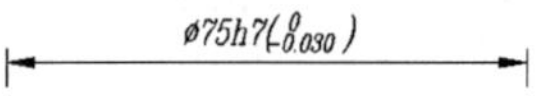　　图 9.92　题图 3

第 10 章

设计中心及样板文件

10.1 设计中心

AutoCAD 提供的设计中心是协同设计过程的一个共享资源库，是设计资源的集成管理工具。使用设计中心，用户可以实现 AutoCAD 图形中设计资源的共享，方便相互调用。使用设计中心不但可以共享块，还可以共享尺寸标注样式、文字样式、图层、线型、图案填充等。使用设计中心不仅可以调用本机上的图形，还可以调用其他计算机上的图形。

10.1.1 设计中心的启动

（1）功能区："视图" 选项卡 |"选项板" |"设计中心" 按钮 。

（2）菜单栏："工具" |"选项板" |"设计中心"。

10.1.2 设计中心的工作界面

设计中心的工作界面类似于 Windows 资源管理器，分为两部分，左边是树状视图区，右边是内容区域，上边一排为工具栏，如图 10.1 所示。

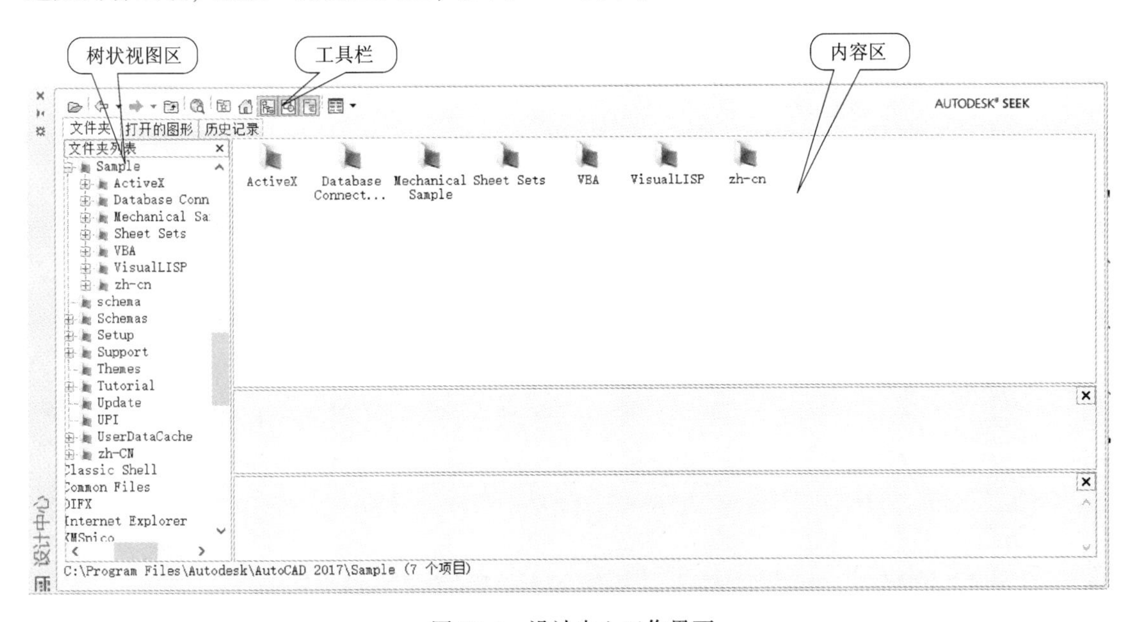

图 10.1 设计中心工作界面

1. 树状视图区

在树状视图区的上部有可以切换访问树状文件夹列表的选项——“文件夹”“打开的图形”“历史记录”，每个选项卡的作用如下：

(1)“文件夹”选项卡：用于显示用户计算机和网络驱动器（包括“我的电脑”和“网络邻居”）上的文件与文件夹的层次结构。

(2)“打开的图形”选项卡：用于显示 AutoCAD 任务中当前打开的所有图形，包括最小化的图形。

(3)“历史记录”选项卡：用于显示最近在设计中心打开的文件列表。

2. 内容区

显示在树状视图区中当前选定的“容器”的内容。容器是指包含设计中心可以访问的信息网络、计算机、磁盘、文件夹、文件或网址。根据在树状视图中选定的容器，内容区一般可以显示含有图形或其他文件的文件夹，图形，图形中包含的命名对象，如块、图层、标注样式和文字样式等。

3. 工具栏

在工具栏中提供了“加载”“后退”“前进”“上一级”“预览”等多个按钮。其中“预览”“说明”两个按钮用于打开内容区的“预览”和“说明”两个窗口，利用“搜索”按钮可以搜索计算机或网络中的图形文件、填充图案和块等信息，其他各按钮的功能类似于资源管理器或 IE 浏览器中的相应功能。

10.1.3 使用设计中心

1. 利用设计中心浏览图形资源

通过浏览图形资源操作，可在设计中心的内容区显示出在树状视图区内所选中图形的标注样式、文字样式、块、图层设置等资源信息，如图 10.2 所示。

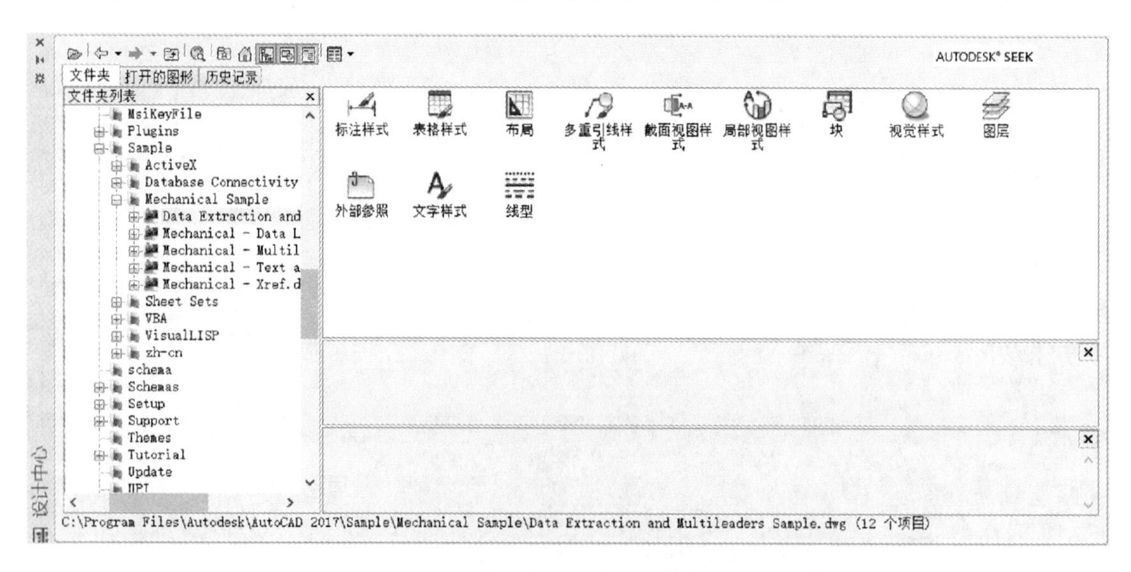

图 10.2 利用设计中心浏览所选图形文件资源

操作步骤如下：

（1）单击功能区的“视图”选项卡|“选项板”|“设计中心”按钮 。

（2）在出现的设计中心界面左侧的树状视图区中找到要浏览的文件，并选中该文件，此时在设计中心的内容区中会显示图形中所包含的资源信息对应的图标，如图 10. 2 所示。

（3）双击显示的某个图标，会显示该图标对应的下一层信息。如双击“标注样式”图标，在内容区中会显示所选图形文件中所有的标注样式，如图 10. 3 所示。

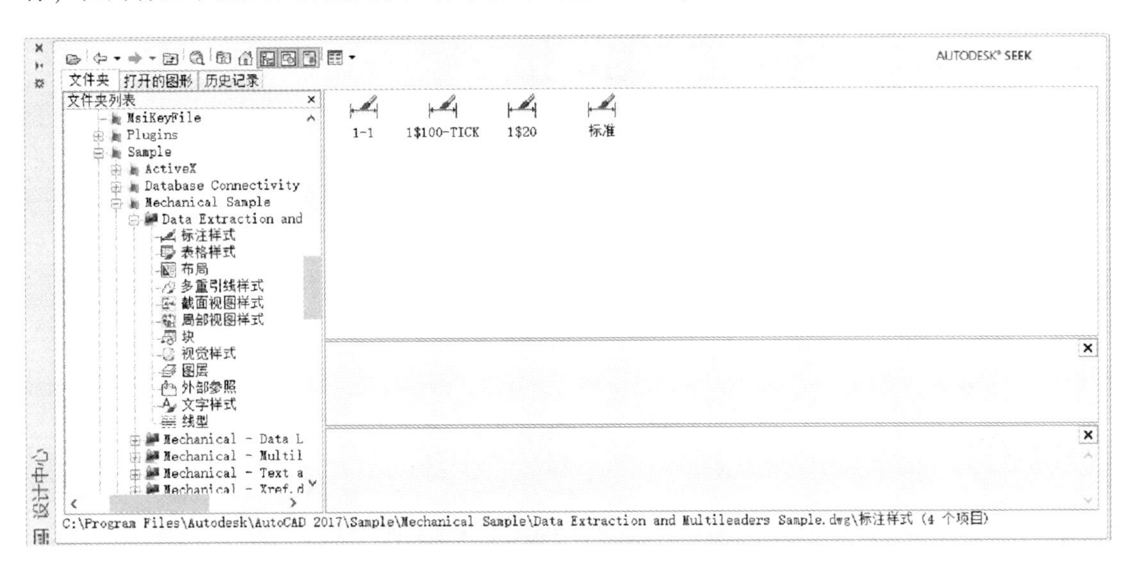

图 10. 3　利用设计中心浏览所选图形文件的标注样式

2. 利用设计中心向图形中添加内容

1）向图形中添加块

通过设计中心可将其他图形文件中定义的内部块插入当前绘制的图形中，以实现图块的资源共享。使用设计中心插入块通常有两种方式：

（1）插入块时自动换算插入比例方式

该方式按块定义时确定的块插入单位自动转换插入比例，插入时的旋转角度为 0。其操作方法是先浏览包含所需块的图形文件的资源，然后在内容区双击对应的块图标，并找到要插入的块，将其拖至当前的绘图区内。

（2）插入块时指定插入点、插入比例和旋转角度

操作方法是先浏览包含所需块的图形文件的资源，然后在内容区双击对应的块图标，并找到要插入的块，单击鼠标右键，从弹出的快捷菜单中选择“插入块”，AutoCAD 弹出“插入”对话框。在该对话框中确定插入点、插入比例、旋转角度等参数即可。

2）向图形中添加图层、文字样式、尺寸标注样式

操作方法是先浏览包含所需的图层设置、文字样式、尺寸标注样式的图形文件的资源，然后在内容区双击对应的图标，并找到对应的内容，将其拖至当前的绘图区内。

3. 设计中心应用举例

例 10. 1　新建一图形文件，将在 8. 4. 2 节中所创建的粗糙度图块插入新建图形中。

操作步骤如下：

（1）单击“快速访问”工具栏上的“新建”按钮，在弹出的“选择样板”对话框中，选择文件“acadiso. dwt”并单击“打开”按钮。

（2）通过树状视图区找到并选中包含粗糙度块的图形文件“机械图样 . dwg”，则在内容区中显示出对应的图标，如图 10. 4 所示。

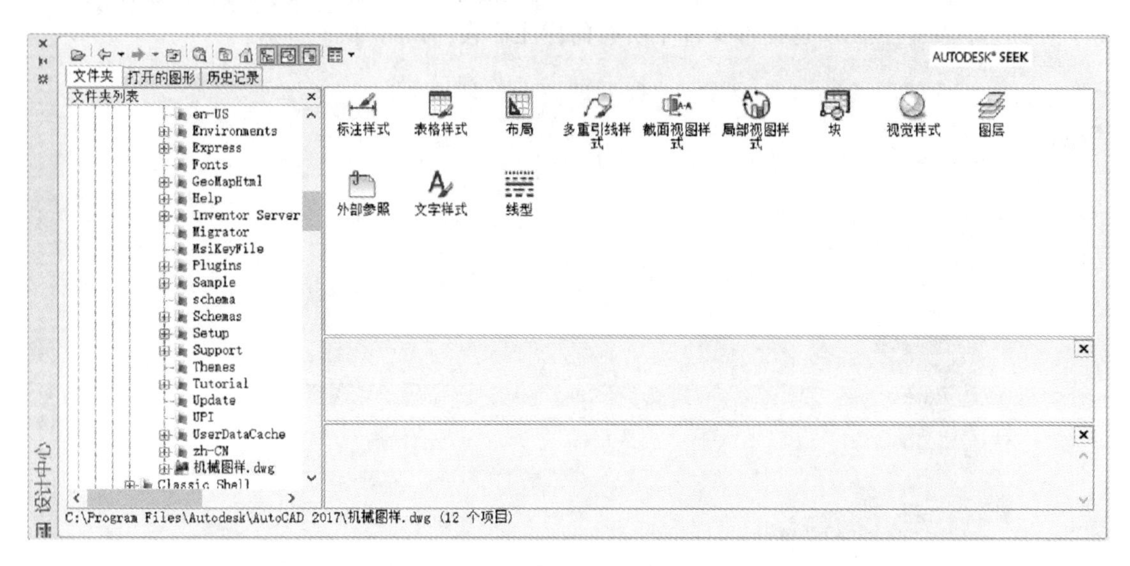

图 10. 4　通过设计中心选定图形文件

（3）在设计中心内容区双击块图标，则在内容区中显示出图形中已定义块的图形，如图 10. 5 所示。

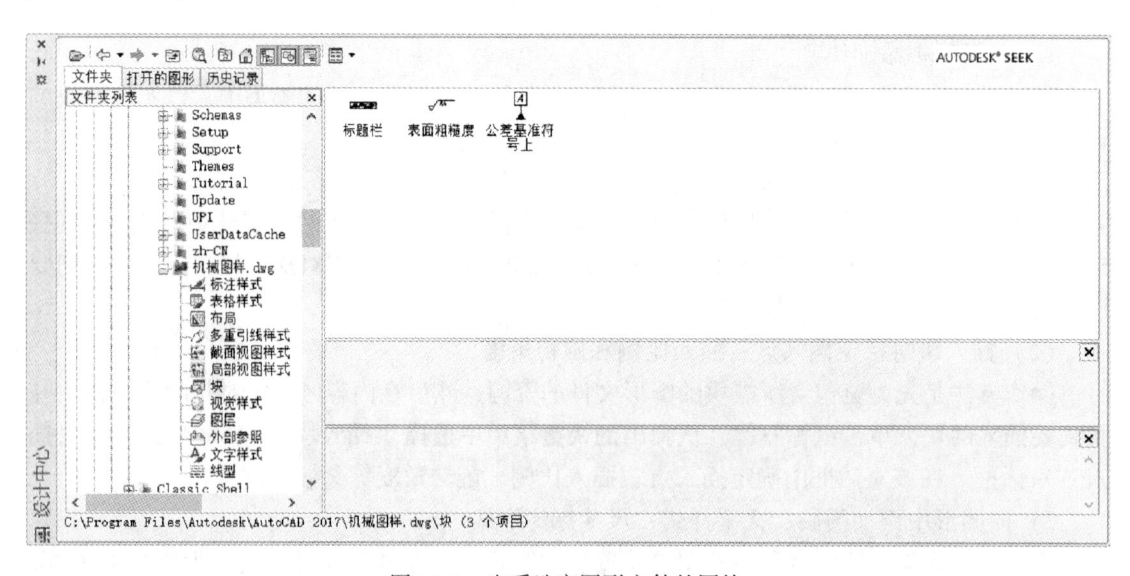

图 10. 5　查看选定图形文件的图块

（4）用鼠标选择“表面粗糙度”图块，并将其拖至当前图形中。由于所定义的“表面粗糙度”图块中包含属性，因此在弹出的“编辑属性”对话框中输入相应的属性值。

说明：用相同的操作方法，可将其他图形文件中定义好的文字样式、标注样式、图层设置等插入新图形文件中。从中可以看出，利用设计中心可以避免每次画图时都要进行定义图层、文字样式、标注样式等操作，从而提高了绘图的效率。

10.2　样板文件

虽然利用设计中心可以避免每一张图中都要定义图层、定义各种样式及创建块的重复操作，但仍需要通过拖放等操作来复制这些项目。为了节省绘图的时间、提高绘图的效率、保证专业标准的统一性，AutoCAD 提供了样板文件功能。

手工绘图通常都要在标准大小的图纸上进行，而且每一张图上都应有图框、标题栏等内容。样板文件中通常也包含图框、标题栏这样的图形对象，同时还包含一些通用设置，如绘图单位、图形界限、图层设置、文字样式、标注样式以及定义的各种常用块等。

AutoCAD 提供了一些样板文件，存放在“Template”文件夹中。其中有 4 个是 AutoCAD 基础样板文件，分别为：

（1）“acadiso. dwt”（公制）：是默认设置的公制基础样板文件，含有颜色相关的打印样式；

（2）“acad. dwt”（英制）：是默认设置的英制基础样板文件，含有颜色相关的打印样式；

（3）“acadiso – named plot styles. dwt”（公制）：含有命名打印样式；

（4）“acad – named plot syles. dwt”（英制）：含有命名打印样式。

在实际工作中，AutoCAD 提供的这些样板文件的设置有些不符合我国国家标准的规定，同时也不能满足不同行业的需要，用户可根据需要自定义样板文件。

定义好的样板文件是以“. dwt”为后缀的图形文件。默认情况下其被保存在 AutoCAD2017 的“Template”子目录中，但也可以保存在其他文件夹中。

10.2.1　创建样板文件

1. 创建样板文件的步骤

（1）建立新图形文件。

（2）设置绘图环境。

设置的内容包括：

① 绘图单位、绘图数据的格式和精度；

② 图形界限、图纸的大小；

③ 图层及相应的线型、线宽、颜色；

④ 定义文字样式和尺寸标注样式；

⑤ 捕捉、正交模式、对象捕捉等辅助工具。

（3）绘制图框。

（4）定义常用的图块，如粗糙度、标题栏等。

（5）保存图形。

将当前图形以“. dwt”格式保存，即可创建出对应的样板文件。

2. 举例

例 10.2 新建一样板文件，主要要求有：

（1）文件名为“A3. dwt”。

（2）设置长度单位精度保留 2 位小数，角度单位精度保留整数。

（3）图幅大小为 A3，横放（尺寸为 420 mm × 297 mm）。

（4）图层设置参见图 2.6。

（5）文字样式名为“工程字”，其设置参见 7.2.2 节。

（6）分别设置名为“机械样式”“非圆直径”的标注样式，并以“机械样式”为基础样式（父样式）设置“直径标注”“半径标注”“角度标注”子样式分别用于直径标注、半径标注和角度标注，具体的设置参见 9.2.4 节中的例 9.1、例 9.2、例 9.3。

（7）定义带有属性的“粗糙度符号”图块，尺寸及样式参见图 8.6。

（8）定义带有属性的“标题栏”图块，尺寸及样式参见图 8.8。

（9）定义两个带有属性的“位置公差基准符号”图块，尺寸及样式参见图 10.11 ~ 图 10.13。

操作步骤如下：

（1）新建图形文件。

① 单击“快速访问”工具栏上的“新建”按钮 。

② 在弹出的“选择样板”对话框中，选择文件“acadiso. dwt”并单击“打开”按钮，如图 10.6 所示。此时 AutoCAD 将以“acadiso. dwt”为样板创建一个新的图形文件。

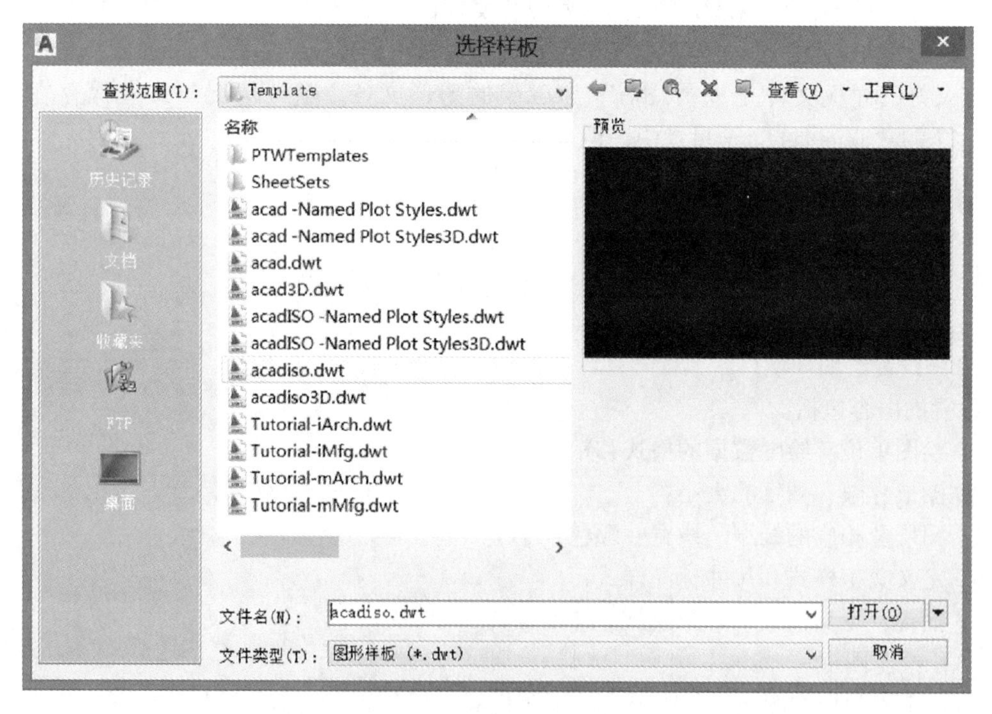

图 10.6 创建新图形文件

（2）设置尺寸精度。

① 选择菜单：“格式”|“单位”。

② 在弹出的“图形单位”对话框中设置相关参数，如图 10.7 所示。

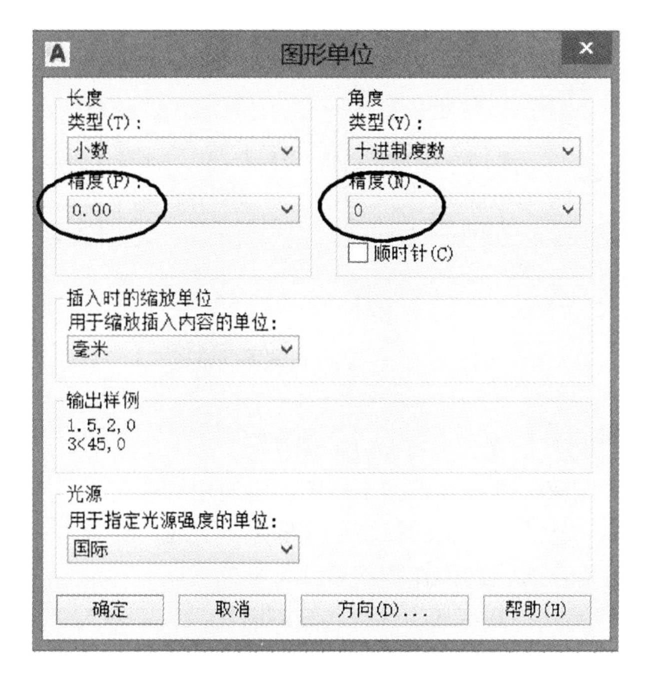

图 10.7　设置尺寸精度

（3）设置绘图界限。

① 选择菜单栏：“格式”|“图形界限”。

② 根据命令行提示，指定绘图界限左下角点的坐标为（0，0），指定右上角点的坐标（420，297）。

（4）定义图层，参见 2.3.1 节和图 2.6 定义图层。

（5）定义文字样式，参见 7.2.1 节。

（6）定义尺寸标注样式，参见 9.2.3 节中的例 9.1、例 9.2、例 9.3。

（7）绘制图框。

根据我国机械制图国家标准的要求，不同图幅的图框格式见表 10.1 和图 10.8。绘图时，图框线应用粗实线绘制，幅面边界线用细实线绘制。

表 10.1　图纸幅面及图框尺寸

<table>
<tr><td>幅面代号</td><td>A0</td><td>A1</td><td>A2</td><td>A3</td><td>A4</td></tr>
<tr><td>B × L</td><td>841 × 1189</td><td>594 × 841</td><td>420 × 594</td><td>297 × 420</td><td>210 × 297</td></tr>
<tr><td>e</td><td colspan="2">20</td><td colspan="3">10</td></tr>
<tr><td>c</td><td colspan="3">10</td><td colspan="2">5</td></tr>
<tr><td>a</td><td colspan="5">25</td></tr>
</table>

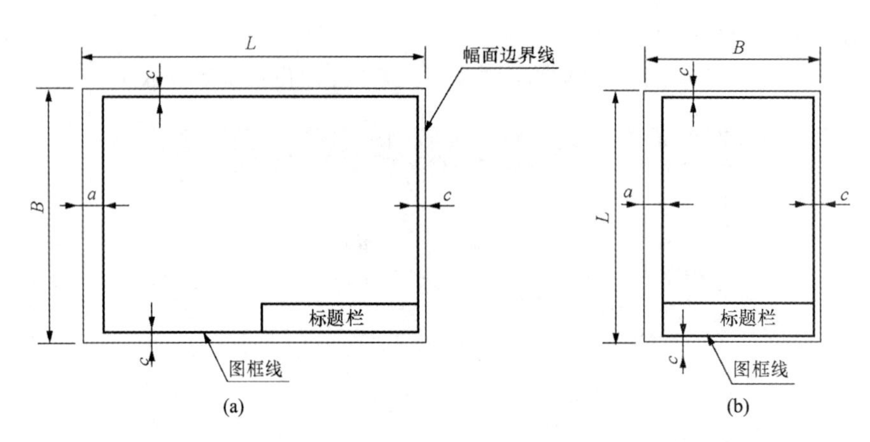

图 10.8　带装订边的图框格式

（a）横式；（b）竖式

（8）绘制标题栏并将其定义为含有属性的图块。

根据我国机械制图国家标准的要求，不同图幅所使用的标题栏是一致的。在制图作业中可采用图 8.8 所示的简化格式。简化的标题栏外框是粗实线，其右边和底边与图框重合，框内为细实线。定义属性和定义块的操作步骤参见 8.4.2 节。

（9）绘制粗糙度符号并将其定义为含有属性的图块。

根据我国机械制图国家标准的要求，各种方向的表面粗糙度的注法如图 10.9 所示；“粗糙度”图块的图形和尺寸如图 10.10、表 10.2 所示。“粗糙度”图块的定义方法参见 8.4.2 节。

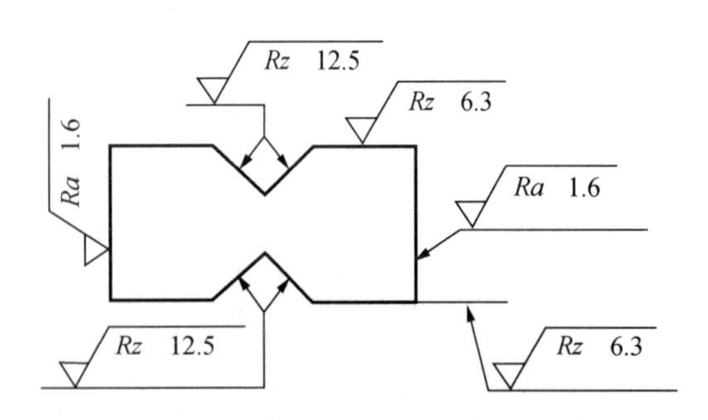

图 10.9　各种角度表面粗糙度的注法

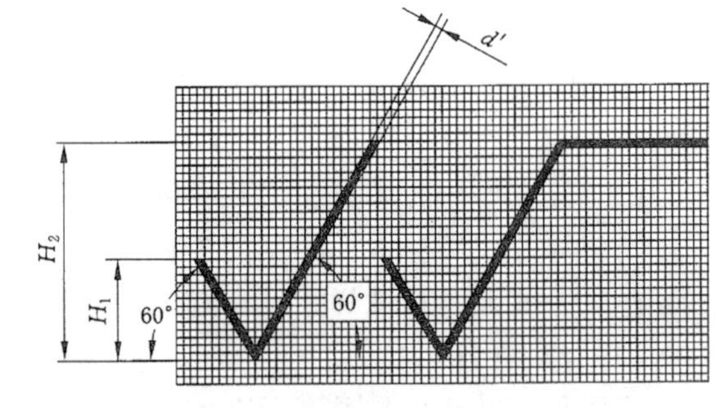

图 10.10　“粗糙度”图块的定义

表 10.2　粗糙度符号尺寸

数字和字母高度 h	2.5	3.5	5	7
符号线宽 d' 字母线宽 d	0.25	0.35	0.5	0.7
高度 H_1	3.5	5	7	10
高度 H_2（最小值）	7.5	10.5	15	21

（10）绘制几何公差基准符号并将其定义为含有属性的图块。

根据我国国家标准的规定，几何公差基准符号的图形如图 10.11 所示，但标准中没有给出图形各部分的尺寸，图中数值为参考值。

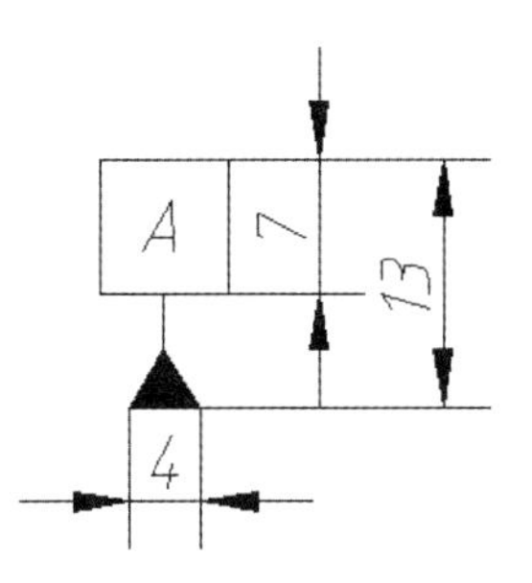

图 10.11　基准符号

操作步骤如下：

① 绘制图形。参照图 10.11 中的尺寸及线型绘制图块中需要的图形对象。

② 定义属性：本例中将基准位置定义为属性。

a. 单击功能区的“插入”选项卡|“定义属性”按钮。

b. 在打开的“属性定义”对话框中，对“属性定义”对话框中的各项进行设置，如图 10.12（a）所示。

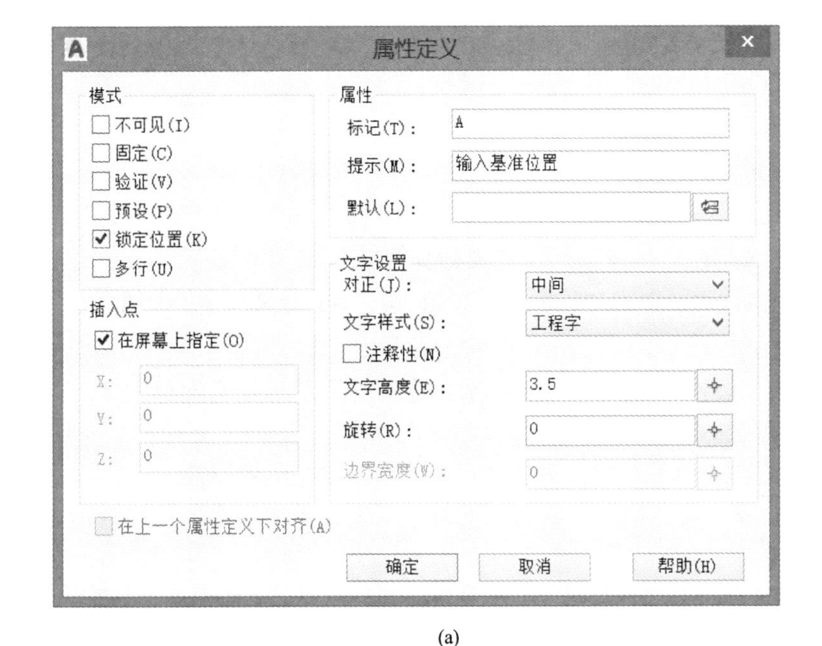

(a)

(b)　　(c)

图 10.12　定义“位置公差基准符号”图块属性

• “属性”选项组：

“标记”文本框：直接输入“A”；

“提示”文本框：直接输入“输入基准位置”。

- “文字”选项组：

“对正”下拉列表：选择“中间”；

“样式”下拉列表：选择已定义好的文字样式“工程字”；

“高度”文本框：直接输入“3.5”。

c. 单击“属性定义”对话框的“确定”按钮，此时在命令行中出现如下提示：

指定起点： //用鼠标选择基准符号中矩形的中心位置，如图 10.12（b）所示。

图 10.13（c）所示是定义了属性的图形，A 是属性标记。

图 10.13 “几何公差基准符号”图块

③ 创建图块。

a. 单击功能区的“插入”选项卡|“创建块”按钮 。

b. 在打开的“块定义”对话框中，对“块定义”对话框中的各项进行设置，其中：

- “名称”文本框：直接输入“公差基准符号上”；
- “基点”选项组：单击“拾取点”按钮 ，并在绘图区中拾取插入点，如图 10.13（a）所示；
- “对象”：单击“拾取点”按钮 ，选择所绘图形及属性标记 A，并按回车键返回“块定义”对话框；
- 选择“删除”单选按钮，表示在定义图块后原图形被删除。

c. 单击对话框上的“确定”按钮。此时用于定义图块的图形及属性标记都已从绘图区中删除。

参照上述定义“公差基准符号上”图块的步骤可定义“公差基准符号下”，如图 10.13（b）所示。

（11）保存图形。

操作步骤如下：

① 选择菜单栏：“文件”|“另存为”。

② 在弹出的“图形另存为”对话框中将文件名设为“A3”，并通过“文件类型”下拉列表选择“AutoCAD 图形样板（*.dwt）”，如图 10.14 所示。

定义好的样板文件是以“.dwt”为后缀的图形文件。默认情况下其被保存在 AutoCAD 2017 的“Template”子目录中，但也可以保存在其他文件夹中。

③ 单击“确定”按钮，AutoCAD 弹出“样板选项”对话框。

④ 在对话框中输入说明后（也可省略不写），单击“确定”按钮，即可完成样板文件的定义操作，如图 10.15 所示。

说明：对于图层的设置、文字样式的定义、标注样式的定义、各种图块的定义，也可通过设计中心从有这些设置或图块的图形文件中进行复制完成。

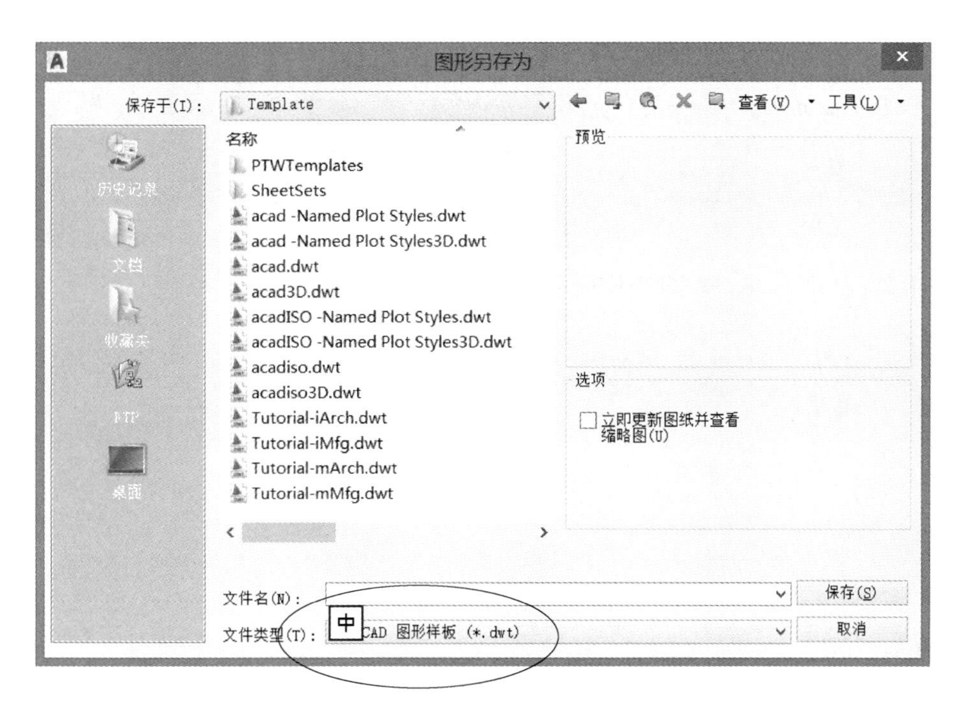

图 10.14　在“图形另存为”对话框进行设置

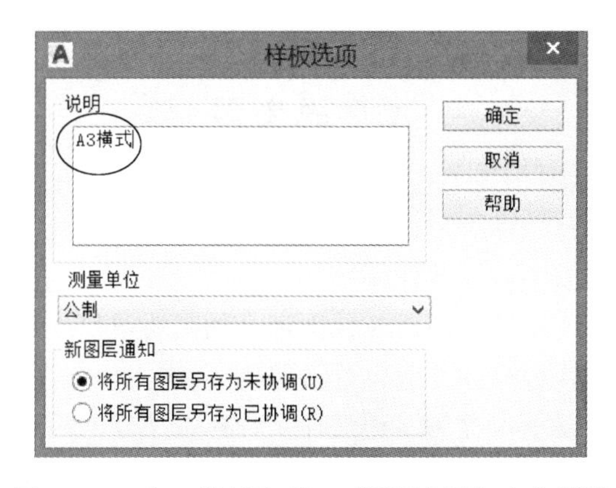

图 10.15　在“样板选项”对话框中添加文字说明

10.2.2　使用样板文件创建新图形文件

以 10.2.1 节中创建的 A3 样板文件为例，说明其操作步骤如下：

(1) 单击“快捷访问”工具栏上的“新建”按钮 。

(2) 在弹出的“选择样板”对话框中，选择文件“A3.dwt”并单击“打开”按钮，如图 10.16 所示。此时 AutoCAD 将以“A3.dwt”为样板创建一个新的图形文件。

在新建的图形文件中会包含“A3.dwt”样板文件的全部信息，如绘图单位、图形界限、图层、文字样式、标注样式的设置、各种图块以及已绘制好的 A3 横式图框。

说明：若样板文件不是保存在默认的路径下，即保存在 AutoCAD 2017 的“Template”子目录下时，需指定“查找范围”来找到自定义的样板文件。

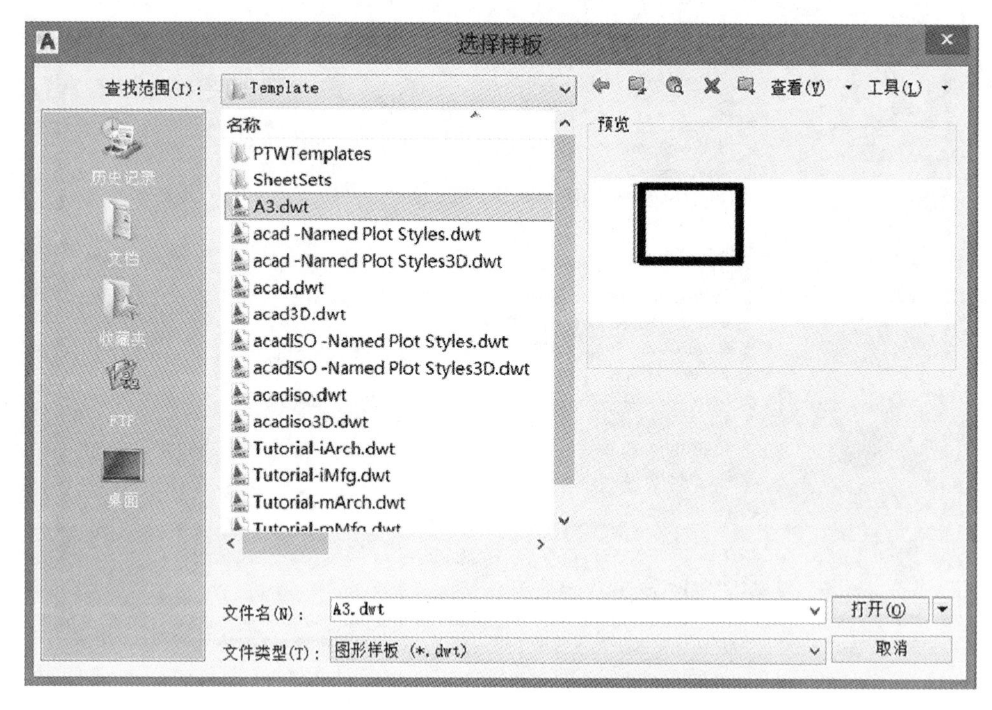

图 10.16 使用样板文件创建新图形文件

本章思考题

思考题

1. 设计中心在实际绘图中有哪些作用？
2. 如何通过设计中心调用其他图形文件中定义的图块或尺寸标注样式？
3. 为什么要设置绘图样板文件？应设置哪些内容？
4. 样板文件在默认情况下保存的路径是什么？样板文件的后缀是什么？
5. 如何使用定义的样板文件来新建绘图文件？

第11章

图形查询、图形输出

11.1 图形查询

AutoCAD 的图形文件是一个图形数据库，其中包括大量与图形相关的信息。而查询命令就可用于查询和提取这些图形信息。AutoCAD 提供的查询功能包括：点坐标的查询、两点间距离的查询、图形面积的查询、图形对象的特性列表等。

11.1.1 查询面积

查询面积是指查询由指定对象所围成区域或以若干点为顶点构成的多边形区域的面积与周长。

1. 命令的调用

（1）功能区："默认"选项卡|"实用工具"面板|"测量"下拉框|"面积"按钮。

（2）菜单栏："工具"|"查询"|"面积"。

2. 命令的操作

执行 area 命令后，在命令行会出现提示：

指定第一个角点或［对象（O）/增加面积（A）/减少面积（S）/退出（X）］<对象（O）>：

其中：

（1）"指定第一个角点"：为默认项，用于计算以指定点为顶点构成的多边形区域的面积与周长。

（2）"对象"：用于计算由指定对象围成的区域的面积及周长。

（3）"增加面积"：用于求多个对象的面积以及它们的面积总和。

（4）"减少面积"：用于把新计算的面积从总面积中减去。

3. 举例

例 11.1 查询图 11.1 所示图形的面积及周长。

操作说明：

图 11.1 中的图形对象是用多边形命令（polygon）绘制的一个封闭对象，在查询这类图形对象的面积时，只需选择"对象（O）"选项，并直接选择该对象即可。

操作步骤如下：

（1）单击功能区的"默认"选项卡|"实用工具"面板|"测量"下拉框|"面积"按钮。

(2) 此时命令行提示如下：

命令：_ area

指定第一个角点或［对象（O）/增加面积（A）/减少面积（S）/退出（X）］<对象（O）>://直接按回车键，进入“对象”选项。

选择对象： //用鼠标选择五边形边界。

面积=688.1910，周长=100.0000 //在命令行中给出所选五边形的面积和周长。

例 11.2 查询图 11.2 中填充图案的面积。

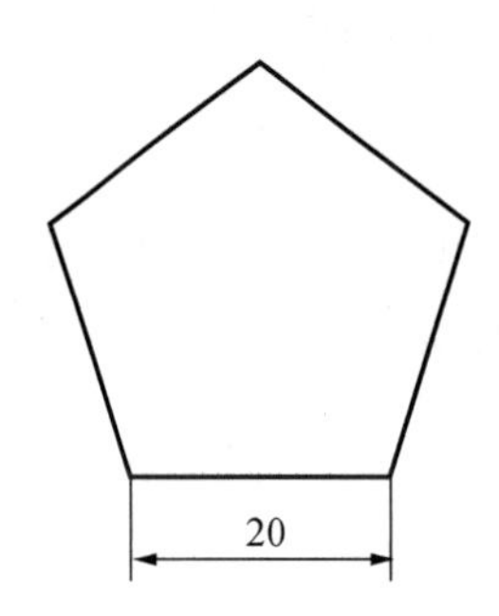

图 11.1 查询封闭对象的面积

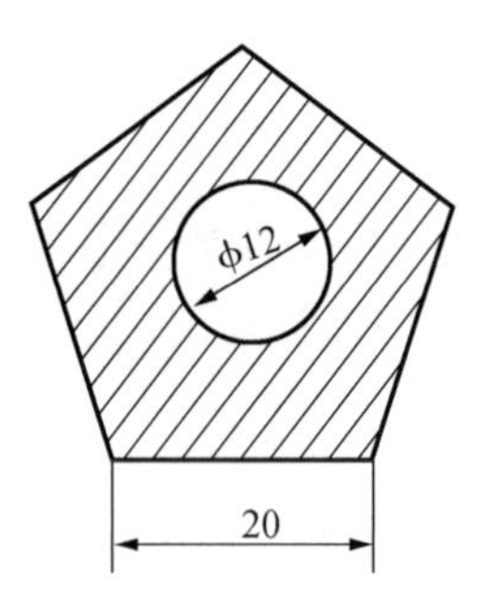

图 11.2 查询组合面积

操作步骤如下：

(1) 单击功能区的“默认”选项卡|“实用工具”面板|“测量”下拉框|“面积”按钮。

(2) 此时命令行提示如下：

命令：_ area

指定第一个角点或［对象（O）/增加面积（A）/减少面积（S）/退出（X）］<对象（O）>：a

//输入“a”，选择“增加面积”模式，添加面积。

指定第一个角点或［对象（O）/增加面积（A）/减少面积（S）/退出（X）］：o

//输入“o”，用选择对象的方式查询面积。

（“加”模式）选择对象： //用鼠标选择五边形的边界。

面积=688.1910，周长=100.0000 //显示所选五边形的面积和周长。

总面积=688.1910//显示计算的总面积。

（“加”模式）选择对象://按回车键结束选择操作。

指定第一个角点或［对象（O）/增加面积（A）/减少面积（S）/退出（X）］：s

//输入“s”，切换到“减少面积”模式，去除面积。

指定第一个角点或［对象（O）/增加面积（A）/减少面积（S）/退出（X）］<对象（O）>：o

//输入“o”，用选择对象的方式查询面积。

（“减”模式）选择对象： //用鼠标选择圆的边界。

面积=113.0973，圆周长=37.6991//显示所选圆的面积和周长。

总面积=575.0936//显示计算的总面积（五边形的面积减去圆的面积）。

（“减”模式）选择对象://按回车键结束选择操作。

指定第一个角点或［对象（O）/增加面积（A）/减少面积（S）/退出（X）］://按 回车键结束选择操作。

说明：利用“特性”选项板，可直接查询填充区域的面积。

11.1.2　查询距离

“查询距离”功能可用于查询指定两点间的距离以及对应的方位角。

1. 命令的调用

（1）功能区：“默认”选项卡|“实用工具”面板|“测量”下拉框|“距离”按钮。

（2）菜单栏：“工具”|“查询”|“距离”。

2. 命令的操作

执行 dist 命令后，在命令行中会出现如下提示：

指定第一个点：　　//用鼠标指定或从键盘输入第一点的位置，如输入“0，0”，并按回车键。

指定第二个点或［多个点（M）］：

//用鼠标指定或从键盘输入第二点的位置，如输入“100，100”，并按回车键。

距离 =141.4214，XY 平面中的倾角 =45，　与 XY 平面的夹角 =0

X 增量 =100.0000，　Y 增量 =100.0000，　Z 增量 =0.0000

//在弹出的快捷菜单中选择“退出”选项，结束命令。

11.2　图形输出

在完成了图纸的绘制后，接下来需要对图纸进行打印输出。在 AutoCAD 中对图纸的打印输出有两种方式：一种是传统输出方法，即把图纸打印到纸介质上；另一种是电子打印，即把图形打印成一个 DWF 文件。本节介绍如何以这两种形式打印输出图形。

11.2.1　使用系统打印机打印出图

1. 命令的调用

（1）“快速访问”工具栏|“打印”。

（2）菜单栏：“文件”|“打印”。

2. 命令操作

执行 plot 命令后，AutoCAD 弹出“打印”对话框，如图 11.3 所示。

（1）如已定义过页面设置，则在“页面设置”选项区的“名称”下拉列表框中选择已定义过的页面设置名称。否则需要在“打印”对话框中进行参数的设置。

（2）从“打印机/绘图仪”选项区的“名称”下拉列表中选择所使用的打印机。

（3）在“图纸尺寸”下拉列表中，选择合适的图纸尺寸，在“打印份数”编辑框中确定打印份数。

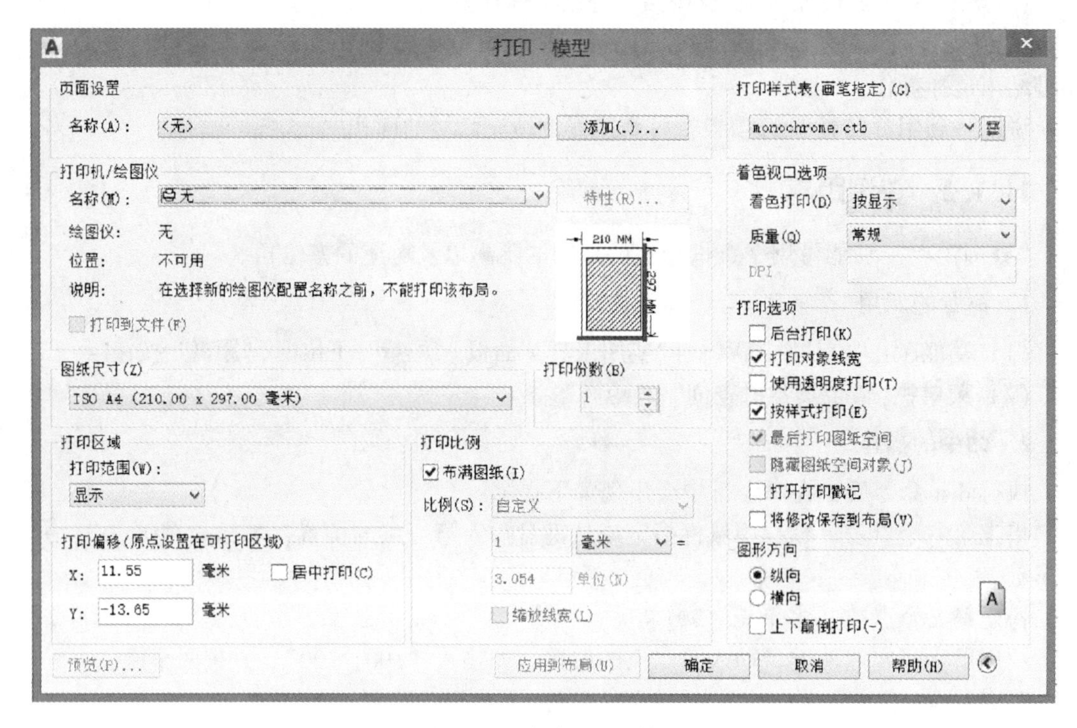

图 11.3 “打印”对话框

（4）在“打印区域”选项区中确定打印范围。

其中：

①“窗口”表示用“窗选”方式在绘图区指定打印范围；

②“显示”表示打印当前绘图区显示的图形；

③“范围”表示打印图形中所有图形对象占据范围内的图形，而不考虑这些图形对象是否在“图形界限命令”定义的范围内；

④“图形界限”表示打印“图形界限”命令定义的绘图界限内的图形。

（5）在“打印比例”选项区的“比例”下拉列表中选择标准缩放比例，或在下面的编辑框中输入自定义值，或选择默认的“布满图纸”选项。

（6）在“打印偏移”选项区内输入 X、Y 的偏移量，以确定打印区域相对于图纸原点的偏移距离。若选中“居中打印”复选框，则 AutoCAD 可以自动计算偏移值，并将图形居中打印。

（7）在“图形方向”选项区确定图形在图纸上的方向（横向或竖向）。

（8）在“打印样式表”下拉列表中选择打印样式，可以控制图线打印到纸上时的颜色、线宽、线型等。例如“monochrome.ctb”打印样式是将屏幕上有颜色的图线都按黑色打印，线宽与线型与屏幕上显示的一致。

（9）单击“预览”按钮，即可按图纸上将要打印出来的样式显示图形。按“Esc”键，即可回到“打印”对话框，继续进行调整。

（10）单击“确定”按钮，即可从指定设备输出纸介质图纸。

11.2.2　电子打印

传统输出方法是把图形打印到纸介质上，以便于浏览和交流。但这存在易损坏、保密性差等问题。AutoCAD 提供的电子打印方式，可把图形打印成一个 DWF 文件，用 Autodesk DWF Viewer 进行浏览。任何人都可以查看 DWF 文件，而无须拥有创建此文件的 AutoCAD 软件。

1. 电子打印的特点

（1）小巧：采用多层压缩使矢量图文件很“小巧”，便于在网上交流和共享。

（2）方便：可以通过特定的浏览器进行查看，无须安装 AutoCAD 软件就可以完成缩放、平移等显示命令，使看图更方便。

（3）智能：DWF 包含具有内嵌设计智能（如测量和位置）的多页图形。

（4）安全：以 DWF 格式发布设计数据可以使设计数据分发到大型评审组时保证原始设计文档不变。

（5）快速：通过 Autodesk 软件应用程序创建 DWF 的过程非常快速简便。

（6）节约：交流图纸时无须打印设备，节约资源。

2. 电子打印的操作步骤

（1）单击菜单栏：“文件”|“打印”，打开“打印 - 模型”对话框，如图 11.3 所示。

（2）从“打印机/绘图仪”选项区的“名称”下拉列表中选择打印设备为“DWF6 ePlot. pc3”。

（3）单击“确定”按钮，会弹出“浏览打印文件”对话框，如图 11.4 所示。打印文件名的后缀为“. dwf”。

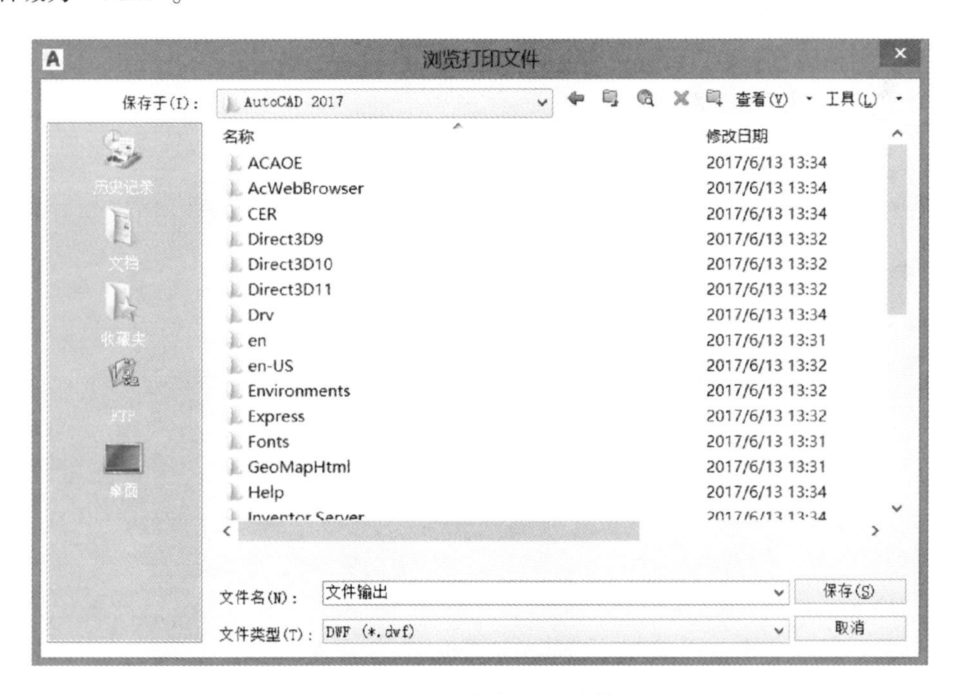

图 11.4　输出为 DWF 文件

（4）确定文件存储目录后，单击“保存”按钮，完成电子打印的操作。

打印完成的电子图纸可以通过免费的 Autodesk DWF Viewer 进行浏览。直接双击 DWF 文件就可以用 Autodesk DWF Viewer 来浏览图形。在 Autodesk DWF Viewer 中可以像在 AutoCAD 中一样对图形进行缩放、平移等浏览，也可以将之打印出来。另外，如果使用 Autodesk DWF Composer，还可以对图形进行标记、批注和查询尺寸等操作。

本章思考题

一、选择题

1. （　　）命令可以方便地查询指定两点之间的直线距离以及该直线与 X 轴的夹角。

A. 点坐标　　B. 距离
C. 面积　　D. 面域

2. 两圆的圆心分别为（50，60）、（150，250），半径分别为 50、60，与两圆相切的直线的长度为（　　）。

A. 214.48，184.40　　B. 214.35
C. 184.40，214.35　　D. 170

3. 与边长为 20 的正五边形相内切的圆的半径为（　　）。

A. 13.76　　B. 16.22
C. 17.01　　D. 18.22

4. 在 AutoCAD 系统中，plot 命令可以（　　）。

A. 调整输出图形的比例　　B. 将图形输出到文件
C. 指定输出范围　　D. 以上都可以

5. 通过打印预览，可以（　　）。

A. 看到打印图形的一部分
B. 看到打印图形的尺寸
C. 看到与图纸打印方式相关的打印图形
D. 看到在打印页的四周显示有标尺用于比较尺寸

二、思考题

1. 在模型空间打印图纸应如何设置？
2. 图形文件如何进行电子打印？

第12章

机械图绘制综合举例

例 12.1 根据图 12.1 中的零件立体图及尺寸，采用 A3 图幅，按 1∶1 的比例绘制图 12.1 中的三视图。

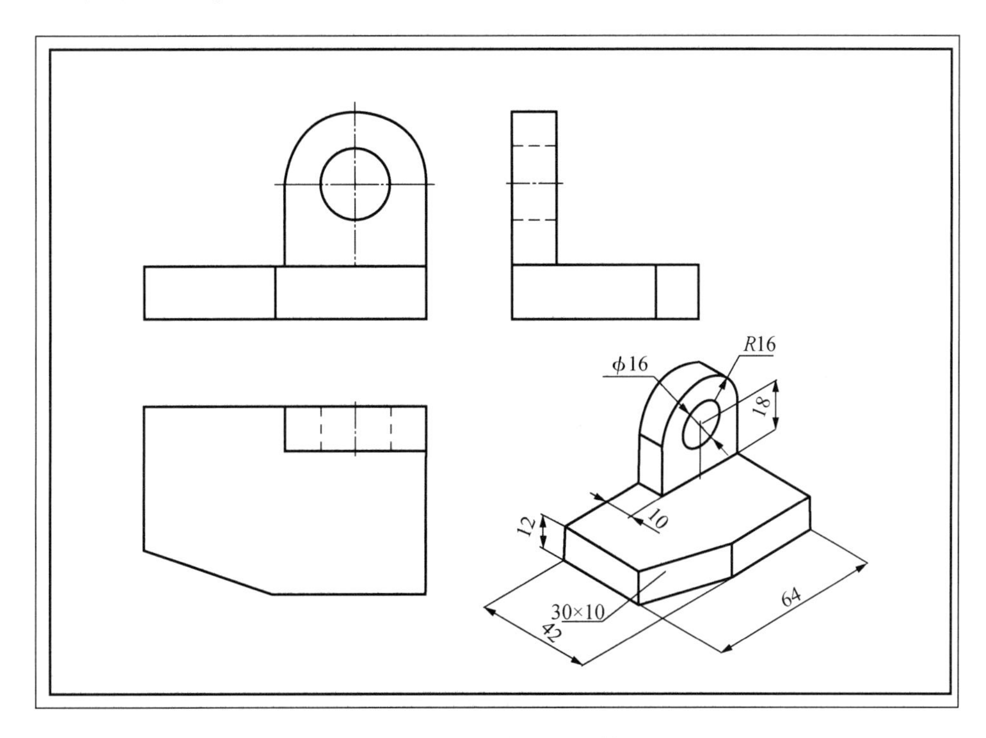

图 12.1 三视图的绘制

通过本例可以了解以下绘图思想和相关操作：

(1) 样板文件的调用；

(2) 建立根据线型分层画图的思想；

(3) 充分利用“对象捕捉追踪”功能实现三视图绘制中的“三等关系”（长对正、高平齐、宽相等）；

(4) 相关绘图和编辑命令的使用技巧。

操作步骤如下：

(1) 使用 10.2.1.2 节所建立的样板文件（A3.dwt）创建新图形文件。

① 单击“快速访问”工具栏上的“新建”按钮。

② 在弹出的“选择样板”对话框中，选择文件“A3.dwt”并单击“打开”按钮。AutoCAD 以“A3.dwt”为样板创建一个新的图形文件，默认的文件名称为“drawing1.dwg”。

(2) 绘制三视图。

① 绘制三个视图的中心线。

a. 在功能区“图层”面板的图层下拉列表框中，选择“点画线层”，将该层置为当前层。

b. 将“对象捕捉”“对象追踪”“极轴追踪”辅助绘图工具均设为“开”状态。

c. 单击功能区“绘图”面板中的“直线”按钮，根据命令行提示，执行如下操作：

命令：_ line 指定第一点： //用鼠标在绘图区的适当位置点选一点。

指定下一点或［放弃（U）］： //将鼠标垂直向下移动适当距离，再点选第二点。

指定下一点或［放弃（U）］： //直接按回车键结束直线命令。

d. 直接按回车键，再次执行绘制直线命令，根据命令行提示，执行如下操作：

命令：_ line 指定第一点： //用鼠标在绘图区的适当位置点选一点。

指定下一点或［放弃（U）］： //将鼠标水平向右移动适当距离，再点选第二点。

指定下一点或［放弃（U）］： //直接按回车键结束直线命令。

执行步骤 c 和 d 后，可绘制出主视图的两条对称中心线，如图 12.2 所示。

e. 直接按回车键，再次执行绘制直线命令，根据命令行提示，执行如下操作：

命令：_ line 指定第一点：

//利用“对象捕捉追踪”功能，将鼠标放在主视图中垂直中心线端点位置并拖动。此时会出现图 12.3 中显示的虚线，表示将要绘制的中心线与主视图中垂直中心线的长对正关系。用鼠标在适当位置点选一点。

指定下一点或［放弃（U）］： //将鼠标垂直向下移动适当距离，再点选第二点。

指定下一点或［放弃（U）］： //直接按回车键结束直线命令。

f. 与步骤 e 类似，绘制左视图中的对称中心线。

执行步骤 e 和 f 后，可绘制出俯视图和左视图的两条对称中心线，如图 12.4 所示。

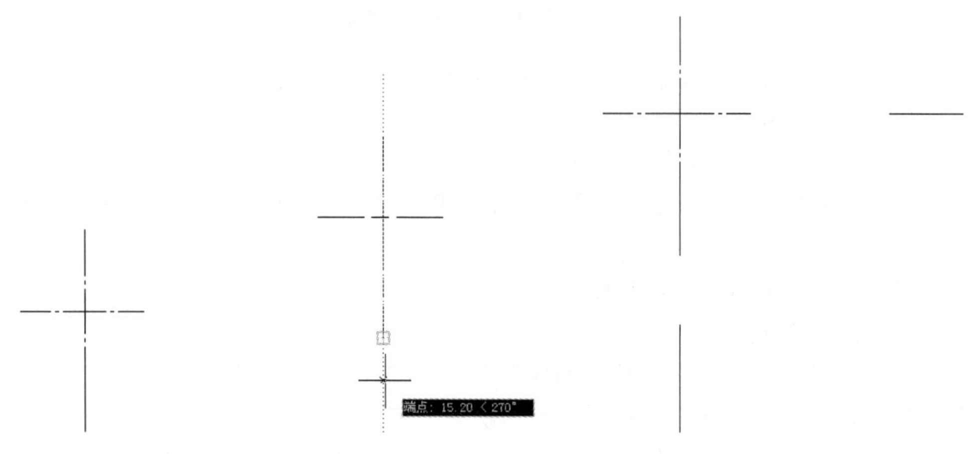

图 12.2 绘制主视图中心线 1　　图 12.3 绘制主视图中心线 2　　图 12.4 绘制主视图中心线 3

② 绘制主视图。

a. 在功能区“图层”面板的“图层”下拉列表框中，选择“粗实线层”，将该层置为当前层。

b. 单击功能区“绘图”面板中的“圆”按钮，根据命令行提示，执行如下操作：

命令：_ circle 指定圆的圆心或［三点（3P）/两点（2P）/切点、切点、半径（T）］：

//捕捉主视图中两中心线的交点。

指定圆的半径或［直径（D）］：8　//输入圆的半径值“8”并按回车键。

c. 　直接按回车键，再次执行绘制圆命令，根据命令行提示，执行如下操作：

命令：_ circle 指定圆的圆心或［三点（3P）/两点（2P）/切点、切点、半径（T）］：

//捕捉主视图中两中心线的交点。

指定圆的半径或［直径（D）］：16　//输入圆的半径值“16”并按回车键。

执行步骤 b 和 c 后，可绘制出两个圆，如图 12.5 所示。

d. 单击功能区“绘图”面板中的“直线”按钮，根据命令行提示，执行如下操作：

命令：_ line 指定第一点：　//捕捉并选择图 12.5 中大圆与水平中心线的右侧交点。

指定下一点或［放弃（U）］：30　//将鼠标垂直向下移动，输入距离“30”并按回车键。

指定下一点或［放弃（U）］：64　//将鼠标水平向左移动，输入距离“64”并按回车键。

指定下一点或［闭合（C）/放弃（U）］：12　//将鼠标垂直向上移动，输入距离“12”并按回车键。

指定下一点或［闭合（C）/放弃（U）］：64　//将鼠标水平向右移动，输入距离“64”并按回车键。

指定下一点或［闭合（C）/放弃（U）］：　//直接按回车键结束直线命令。

绘制效果如图 12.6 所示。

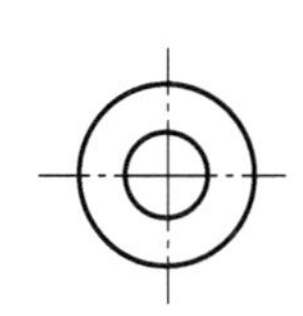

图 12.5　绘制主视图 1

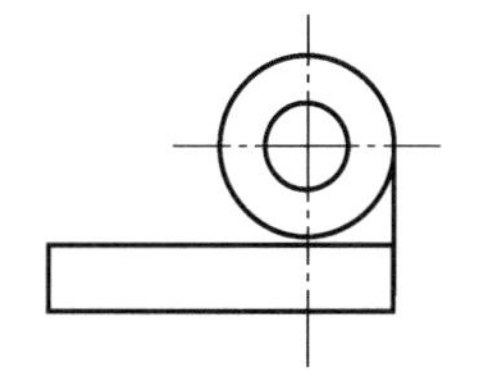

图 12.6　绘制主视图 2

e. 直接按回车键，再次执行绘制直线命令，根据命令行提示，执行如下操作：

命令：_ line 指定第一点：　//捕捉并选择图 12.5 中大圆与水平中心线的左侧交点。

指定下一点或［放弃（U）］：18　//将鼠标垂直向下移动，输入距离“18”并按回车键。

指定下一点或［放弃（U）］：　//直接按回车键结束直线命令。

f. 单击“修改”工具栏中的“修剪”按钮，将主视图中多余的线剪去。

执行步骤 e 和 f 后绘制效果如图 12.7 所示。

g. 单击功能区“修改”工具栏中面板中的“复制”按钮，根据命令行提示，执行如下操作：

命令：_ copy

选择对象：//用鼠标点选主视图最左侧的垂直线段。

选择对象：//直接按回车键结束选择对象状态。

当前设置：复制模式 = 多个

指定基点或［位移（D）/模式（O）］<位移>：//捕捉主视图最左侧的垂直线段的端点。

指定第二个点或<使用第一个点作为位移>：30 //将鼠标水平向右移动，输入“30”并按回车键。

指定第二个点或［退出（E）/放弃（U）］<退出>：//直接按回车键结束复制命令。

执行步骤 g 后绘制效果如图 12.8 所示。

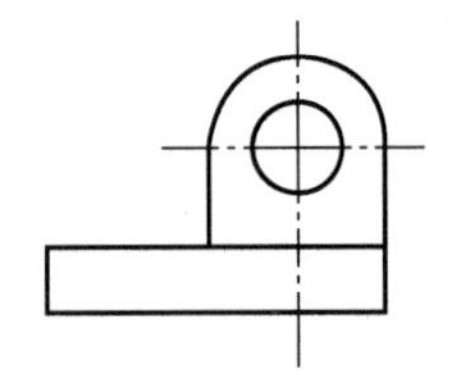

图 12.7　绘制主视图 3

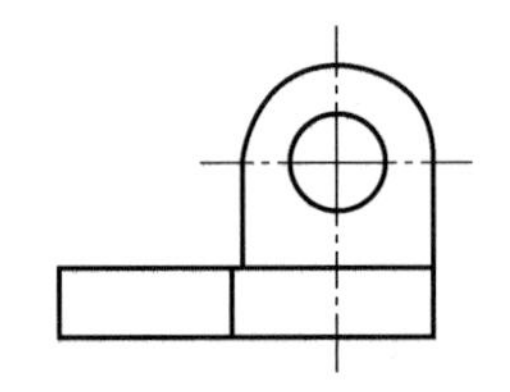

图 12.8　绘制主视图 4

③ 绘制俯视图

a. 单击功能区“绘图”面板中的“直线”按钮，根据命令行提示，执行如下操作：

命令：_ line 指定第一点：

//利用“对象捕捉追踪”功能，将鼠标放在主视图中最右侧垂直线段的端点位置并拖动。此时会出现图 12.9 中显示的虚线，表示将要绘制的直线与主视图中最右侧垂直线段的长对正关系。用鼠标在适当位置点选一点。

指定下一点或［放弃（U）］：42 //将鼠标垂直向下移动，输入距离“42”并按回车键。

指定下一点或［放弃（U）］：34 //将鼠标水平向左移动，输入距离“34”并按回车键。

指定下一点或［闭合（C）/放弃（U）］：@ -30，10 //输入相对坐标“@ -30，10”并按回车键。

指定下一点或［闭合（C）/放弃（U）］：C //输入“C”并按回车键。

绘制效果如图 12.10 所示。

b. 直接按回车键，再次执行绘制直线命令，根据命令行提示，执行如下操作：

命令：_ line 指定第一点：

//利用“对象捕捉追踪”功能，将鼠标放在图 12.11 中线段 1 的端点位置并拖动。此时会出现图 12.11 中显示的虚线，表示将要绘制的直线与线段 1 的长对正关系。继续拖动鼠标捕捉显示的虚线与图 12.11 中线段 2 的交点。

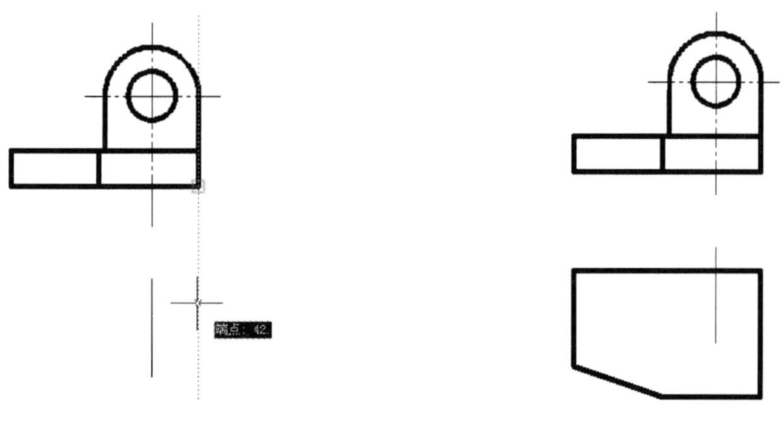

图12.9　绘制俯视图1　　　图12.10　绘制俯视图2

指定下一点或［放弃（U）]：10　　//将鼠标垂直向下移动，输入距离“10”并按回车键。

指定下一点或［放弃（U）]：32　　//将鼠标水平向右移动，输入距离“32”并按回车键。

指定下一点或［放弃（U）]：　　//直接按回车键结束直线命令。

绘制效果如图12.12所示。

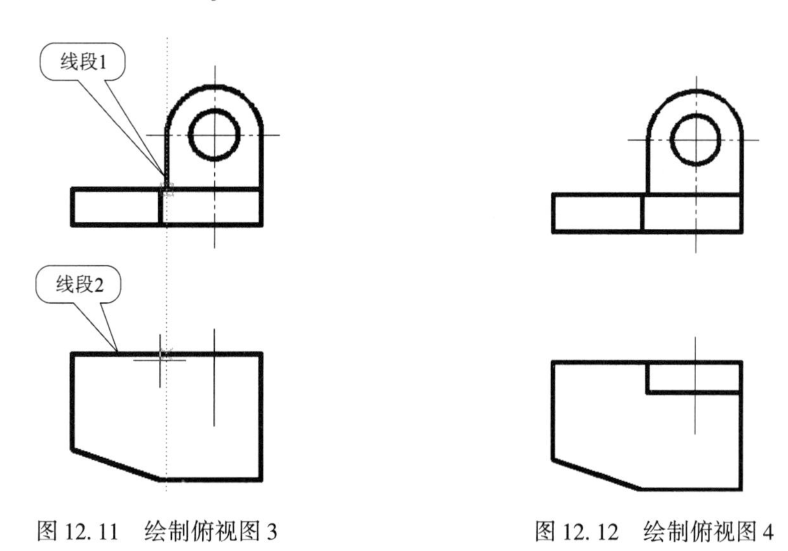

图12.11　绘制俯视图3　　　图12.12　绘制俯视图4

c. 在功能区“图层”面板中的图层下拉列表框中，选择“虚线”层，把该层置为当前层。

d. 单击功能区“绘图”面板中的“直线”按钮，根据命令行提示，执行如下操作：

命令：_ line 指定第一点：

//利用“对象捕捉追踪”功能，将鼠标放在图12.13中端点1（为主视图中小圆与水平中心线的左侧交点）的位置并拖动。此时会出现图12.13中显示的虚线，表示将要绘制的直线与端点1的长对正关系。继续拖动鼠标捕捉显示的虚线与图12.11中线段2的交点。

指定下一点或［放弃（U）］：10　//将鼠标垂直向下移动，输入距离“10”并按回车键。

指定下一点或［闭合（C）/放弃（U）］：　//直接按回车键结束直线命令。

e. 单击功能区“修改”面板中的“复制”按钮，根据命令行提示，执行如下操作：

命令：_ copy

选择对象：　//用鼠标点选上一步中绘制的虚线段。

选择对象：　//直接按回车键结束选择对象状态。

当前设置：　复制模式=多个

指定基点或［位移（D）/模式（O）］<位移>：　//捕捉图 12.13 中的点 1。

指定第二个点或<使用第一个点作为位移>：

//捕捉图 12.13 中的点 2（为主视图中小圆与水平中心线的右侧交点）

指定第二个点或［退出（E）/放弃（U）］<退出>：　//直接按回车键结束复制命令。

执行步骤 d 和 e 后的绘制效果如图 12.14 所示。

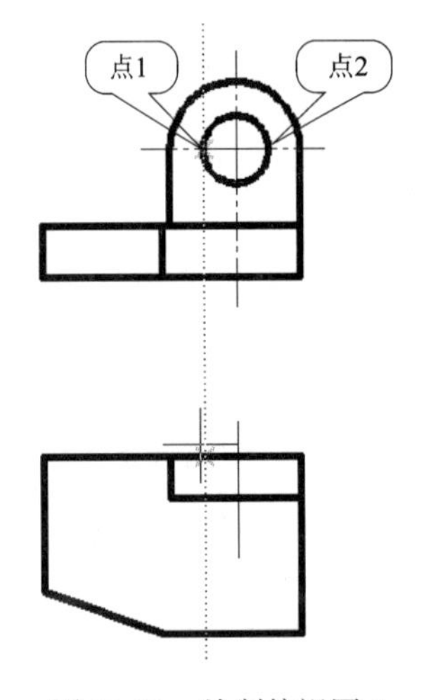

图 12.13　绘制俯视图 5

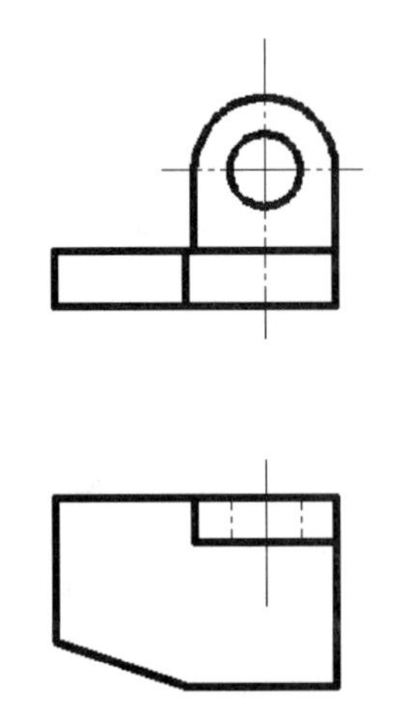

图 12.14　绘制俯视图 6

④ 绘制左视图

a. 在功能区“图层”面板的“图层”下拉列表框中，选择“粗实线”层，将该层置为当前层。

b. 单击功能区“绘图”面板中的“直线”按钮，根据命令行提示，执行如下操作：

命令：_ line 指定第一点：

//利用“对象捕捉追踪”功能，将鼠标放在图 12.15 中的点 3 的位置并拖动。此时会出现图 12.15 中显示的虚线，表示将要绘制的直线与主视图中点 3 的高平齐关系。用鼠标在适当位置点选一点。

指定下一点或［放弃（U）］：

//将鼠标垂直向下移动，利用“对象捕捉追踪”功能，将鼠标放在图 12.15 中的点 4 的位置并拖动。此时会出现图 12.16 中显示的虚线，表示将要绘制的直线与主视图中点 4 的高平齐关系。用鼠标点选拖动的直线和虚线的交点。

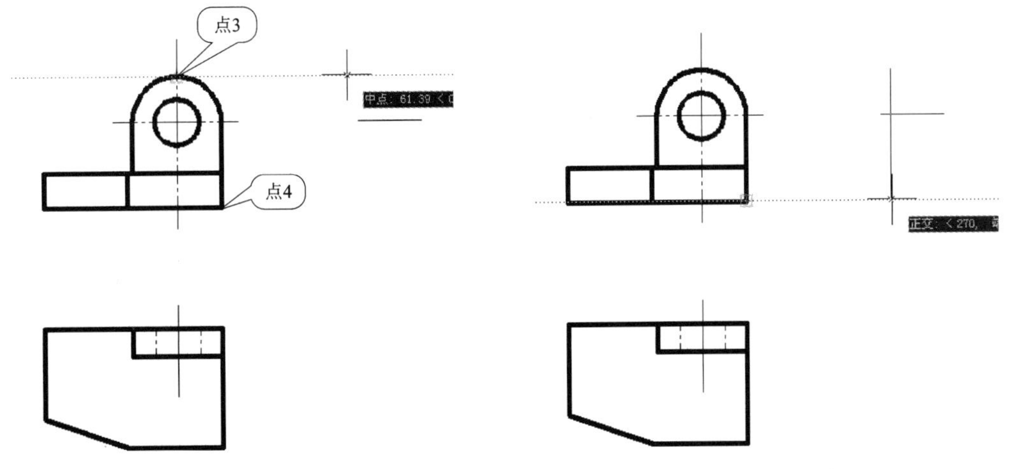

图 12.15　绘制左视图 1　　　　图 12.16　绘制左视图 2

指定下一点或［闭合（C）/放弃（U）］：42　　//将鼠标水平向右移动，输入距离“42”并按回车键。

指定下一点或［闭合（C）/放弃（U）］：12　　//将鼠标垂直向上移动，输入距离“12”并按回车键。

指定下一点或［闭合（C）/放弃（U）］：42　　//将鼠标水平向左移动，输入距离“42”并按回车键。

指定下一点或［闭合（C）/放弃（U）］：　　//直接按回车键结束直线命令。

绘制效果如图 12.17 所示。

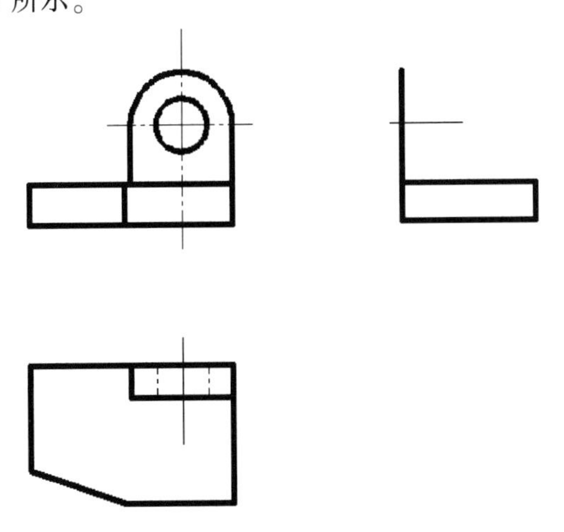

图 12.17　绘制左视图 3

c. 直接按回车键，再次执行绘制直线命令，根据命令行提示，执行如下操作：

命令：_ line 指定第一点：　　//捕捉图 12.18 中的点 5。

指定下一点或［放弃（U）］：10　　//将鼠标水平向右移动，输入距离“10”并按回车键。

指定下一点或［放弃（U）］：

//将鼠标垂直向下移动，利用“对象捕捉追踪”功能，将鼠标放在图 12.18 中点 6 的位置并拖动。此时会出现图 12.18 中显示的虚线，表示将要绘制的直线与主视图中点 6 的高平齐关系。用鼠标点选拖动的直线和虚线的交点。

绘制效果如图 12.19 所示。

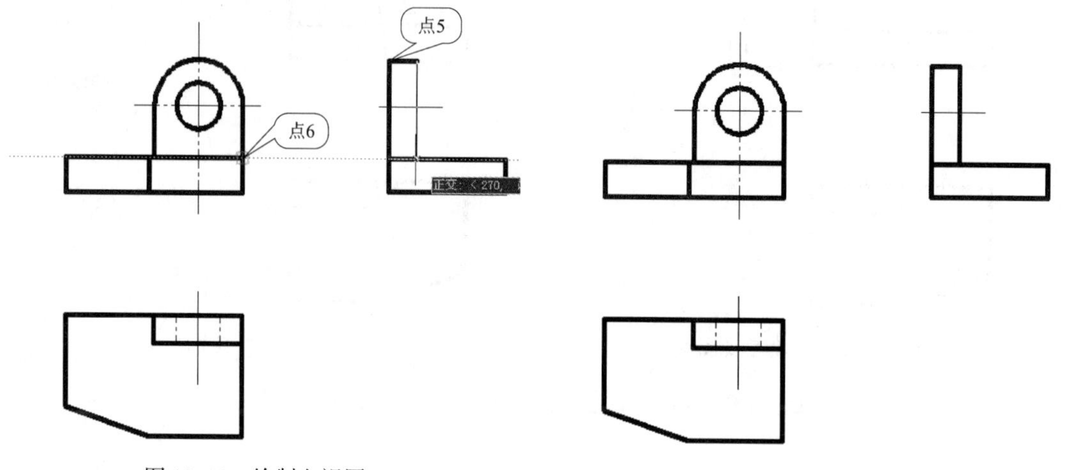

图 12.18 绘制左视图 4

图 12.19 绘制左视图 5

d. 在功能区“图层”面板的“图层”下拉列表框中，选择“虚线”层，将该层置为当前层。

e. 单击功能区“绘图”面板中的“直线”按钮，根据命令行提示，执行如下操作：

命令：_ line 指定第一点：

//利用“对象捕捉追踪”功能，将鼠标放在图 12.20 中点 7 的位置并拖动。此时会出现图 12.20 中显示的虚线，表示将要绘制的直线与点 7 的高平齐关系。继续拖动鼠标捕捉显示的虚线与图 12.20 中线段 3 的交点。

指定下一点或 [放弃 (U)]：10 //将鼠标水平向右移动，输入距离“10”并按回车键。

指定下一点或 [放弃 (U)]： //直接按回车键结束直线命令。

f. 单击功能区“修改”面板中的“复制”按钮，根据命令行提示，执行如下操作：

命令：_ copy

选择对象： //用鼠标点选上一步中绘制的虚线段。

选择对象： //直接按回车键结束选择对象状态。

当前设置： 复制模式 = 多个

指定基点或 [位移 (D) /模式 (O)] <位移>：//捕捉图 12.20 中的点 7。

指定第二个点或 <使用第一个点作为位移>： //捕捉图 12.20 中的点 8。

指定第二个点或 [退出 (E) /放弃 (U)] <退出>： //直接按回车键结束复制命令。

执行步骤 d、e、f 后的绘制效果如图 12.21 所示。

⑤ 调整中心线的长度。

根据机械制图的国家标准，中心线应超出轮廓线 2 ~ 5 mm。因此，在完成三视图的绘制后，要调整中心线的长度。

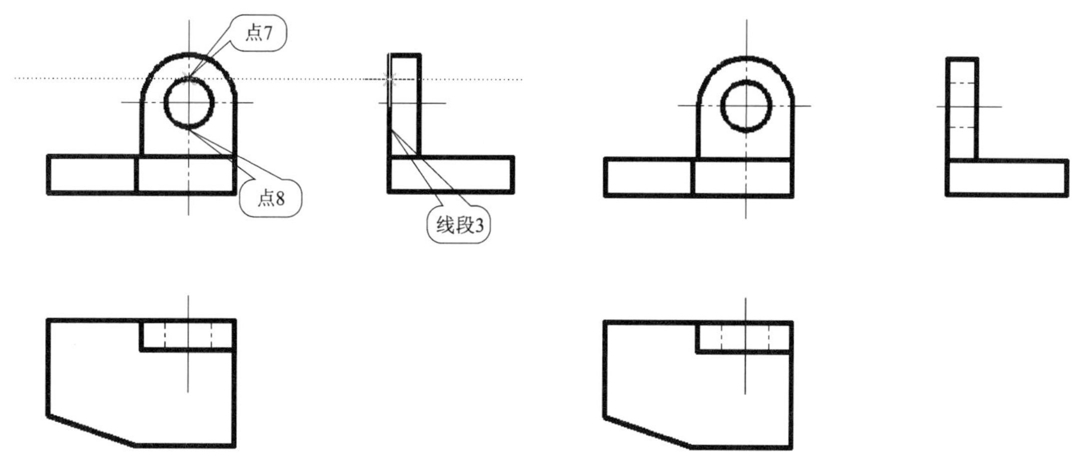

图 12. 20　绘制左视图 6　　　　图 12. 21　绘制左视图 7

a. 用鼠标选择主视图中的垂直中心线，此时该线段处于夹点编辑状态（在线段的端点和中点出现蓝色的夹点），如图 12. 22 所示。

b. 用鼠标选择最上面的夹点，使之处于激活状态（夹点变为红色），如图 12. 23 所示。

c. 按住鼠标左键，向下移动光标，在适当位置单击鼠标左键，此时垂直中心线超出轮廓线的长度缩短，如图 12. 24 所示。

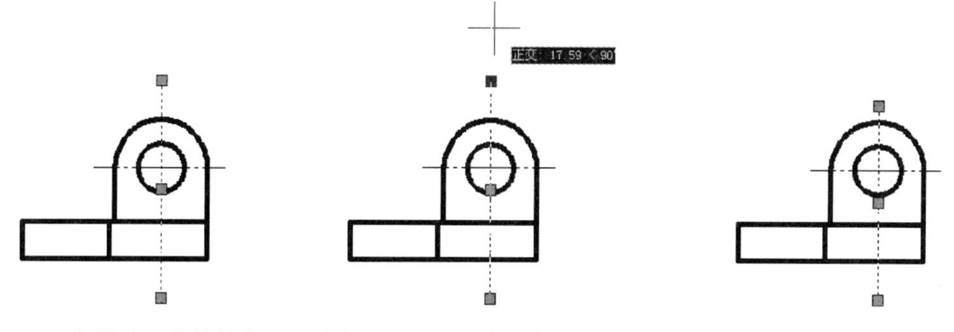

图 12. 22　调整中心线的长度 1　　图 12. 23　调整中心线的长度 2　　图 12. 24　调整中心线的长度 3

d. 按“Esc”键退出夹点编辑状态。

e. 用相同的方法调整其他中心线的长度。

最终绘制的三视图如图 12. 25 所示。

（3）保存绘制的图形文件。

① 单击“快速访问”工具栏中的“保存”按钮，会弹出“图形另存为”对话框，如图 12. 26 所示。

② 通过该对话框指定文件的保存位置及文件名“三视图”后，单击“保存”按钮，即可实现保存。

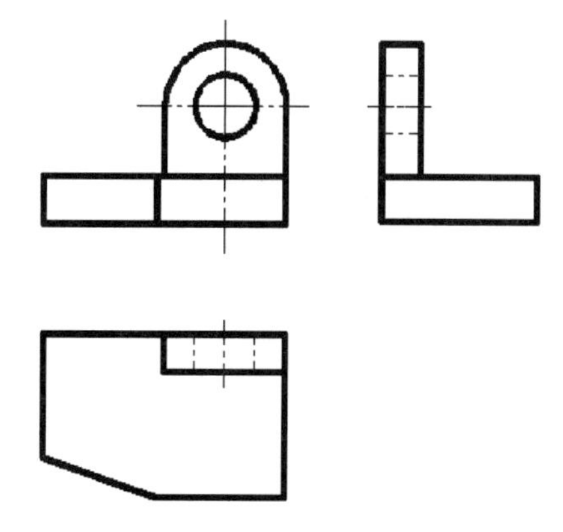

图 12. 25　绘制完成的三视图

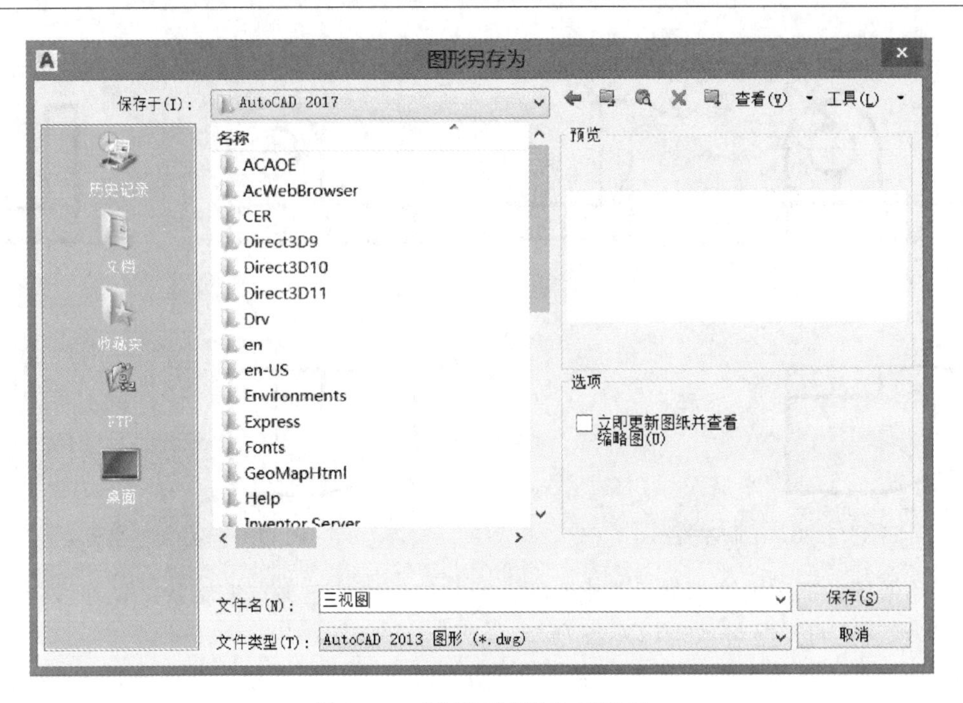

图 12.26 “图形另存为”对话框

例 12.2 绘制图 12.27 所示的零件图。

通过本例可以了解以下绘图思想和相关操作：

(1) 样板文件的调用；

(2) 建立根据线型分层画图的思想；

(3) 图块相关操作；

(4) 充分利用“对象捕捉追踪”功能实现视图中的“三等关系”（长对正、高平齐、宽相等）；

(5) 相关绘图和编辑命令的使用技巧；

(6) 尺寸标注技巧；

(7) 形位公差标注技巧。

操作步骤如下：

(1) 使用 10.2.1 节所建立的样板文件（A3.dwt）创建新图形文件。

① 单击“标准”工具栏上的“新建”按钮。

② 在弹出的“选择样板”对话框中，选择文件“A3.dwt”并单击“打开”按钮。AutoCAD 以“A3.dwt”为样板创建一个新的图形文件，默认的文件名称为“drawing1.dwg”。

(2) 绘制标题栏。

① 单击功能区默认选项卡“块”面板中的“插入块”按钮，选择“更多选项”，会弹出“插入”对话框。

② 在弹出的“插入”对话框的“名称”下拉列表中选择“标题栏”，如图 12.28 所示。

③ 单击“确定”按钮，此时命令行中会提示：

命令：_ insert

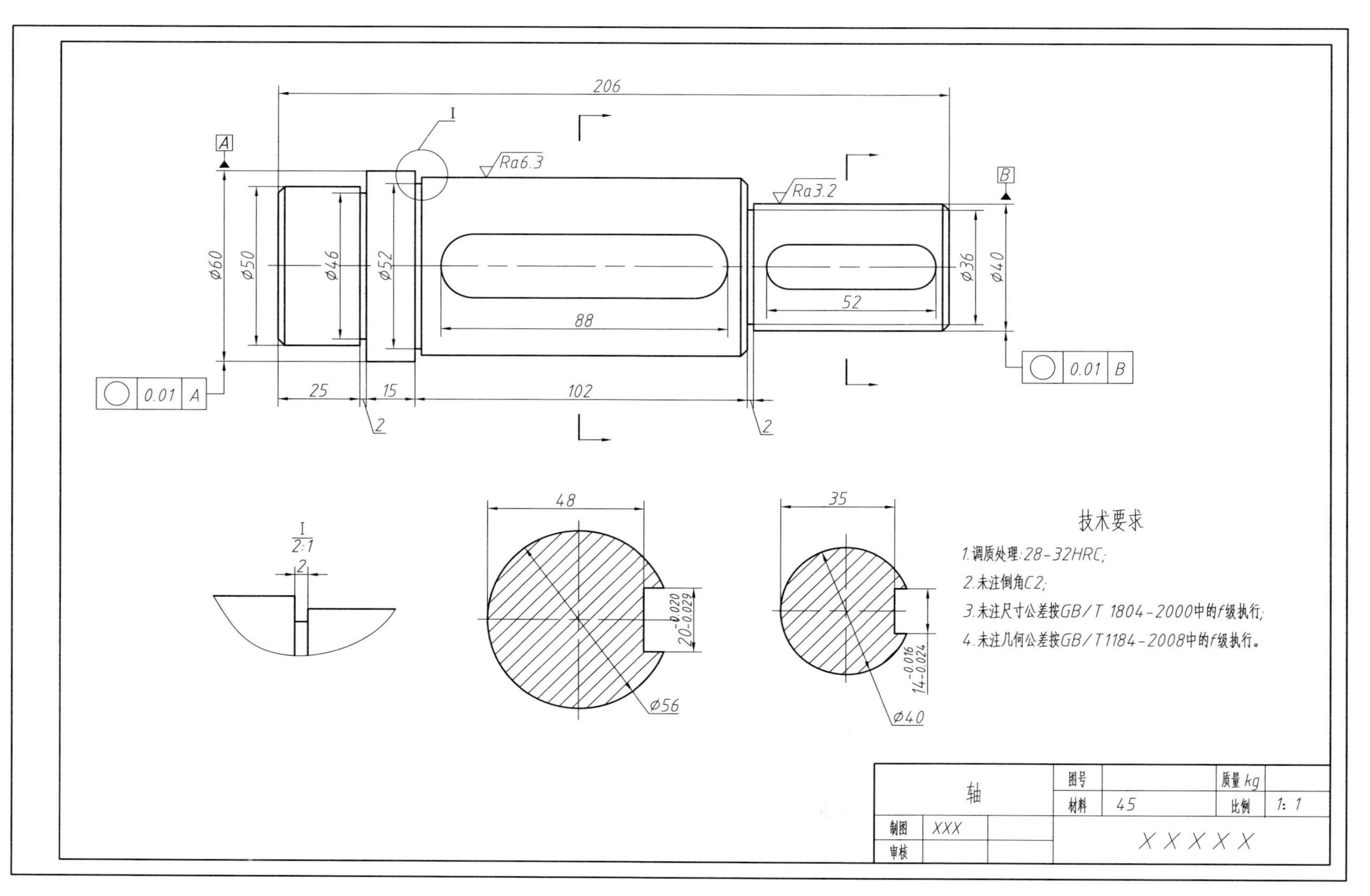
206
I
A
Ra6.3
Ra3.2
B
ϕ60
ϕ50
ϕ46
ϕ52
88
52
ϕ36
ϕ40
0.01 A
0.01 B
25
15
102
2
2
48
35
I
2:1
2
20-0.020 -0.029
14-0.016 -0.024
ϕ56
ϕ40
技术要求
1.调质处理:28-32HRC;
2.未注倒角C2;
3.未注尺寸公差按GB/T 1804-2000中的f级执行;
4.未注几何公差按GB/T1184-2008中的f级执行。
轴
图号
质量 kg
材料 45
比例 1:1
制图 XXX
审核
XXXXX

图12.27　零件图

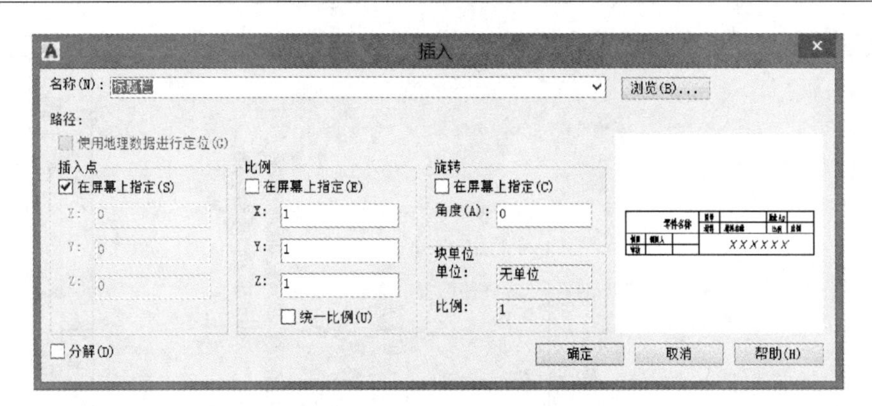

图 12.28 “插入”对话框

指定插入点或［基点（B）/比例（S）/X/Y/Z/旋转（R）］： ＜对象捕捉开＞//将“对象捕捉”工具设为“开”状态。用鼠标捕捉图框的右下角点 1，如图 12.30 所示。在弹出的对话框中输入属性值，如图 12.29 所示。

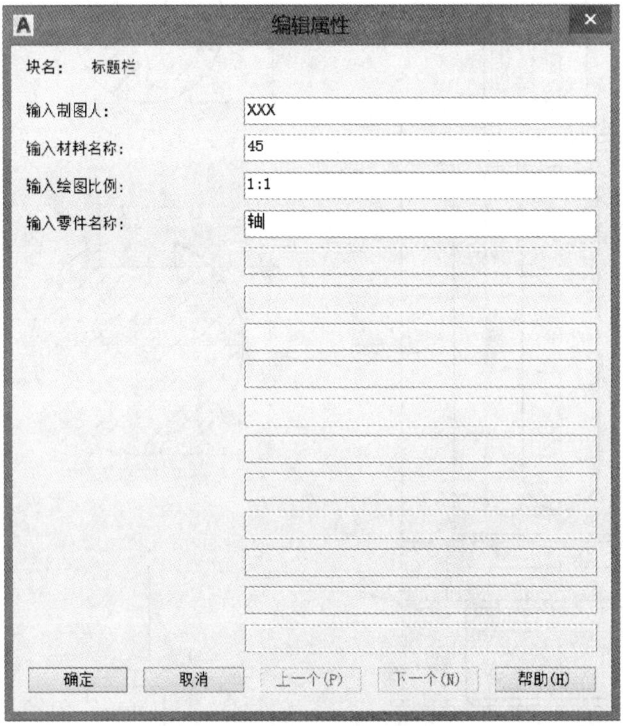

图 12.29 “编辑属性”对话框

插入标题栏后的绘制结果如图 12.30 所示。双击插入的标题栏，可在弹出的增强属性编辑器中对输入的属性值、文字样式及所在图层等进行进行编辑修改，如图 12.31 所示。

（3）绘制主视图。

① 在功能区“默认”选项卡的“图层”面板中的“图层”下拉列表框中，选择“点画线”层，将“点画线”层置为当前层。

② 将“对象捕捉”“对象追踪”“极轴追踪”辅助绘图工具均设为“开”状态。

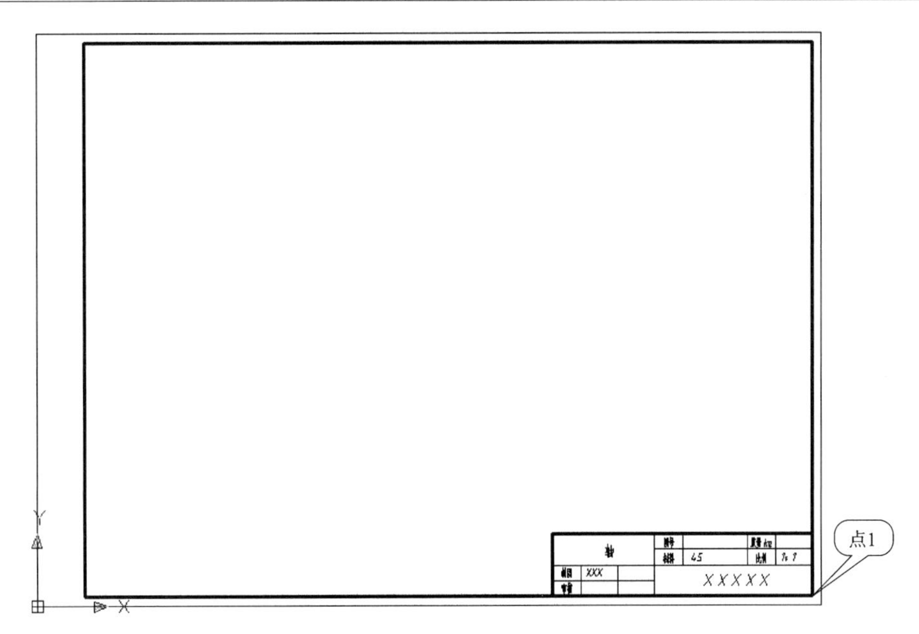

图 12.30　绘制标题栏

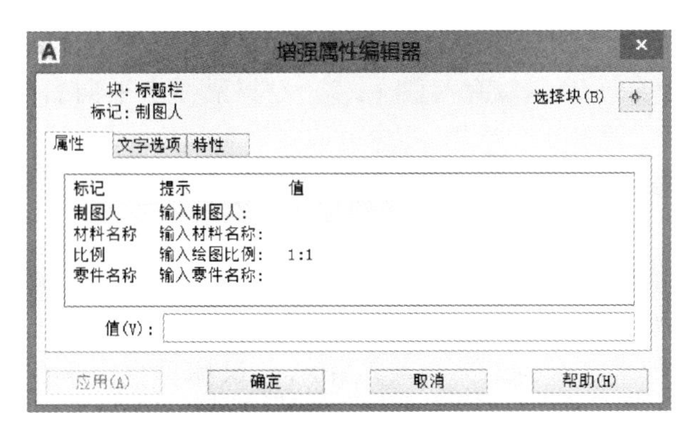

图 12.31　在“增强属性编辑器”中修改标题栏中的内容

③ 单击功能区“默认”选项卡的“绘图”面板中的“直线”按钮，根据命令行提示，执行如下操作：

命令：_ line 指定第一点：　//用鼠标在绘图区的适当位置点选一点。

指定下一点或［放弃（U）］：220　//将鼠标水平向右移动，输入距离“220”并按回车键。

指定下一点或［放弃（U）］：　//直接按回车键结束直线命令。

④ 在功能区“默认”选项卡的“图层”面板中的“图层”下拉列表框中，选择“粗实线”层，将“粗实线”层置为当前层。

⑤ 单击功能区“默认”选项卡“绘图”面板的“直线”按钮，根据命令行提示，执行如下操作：

命令：_ line 指定第一点：

//利用“对象捕捉追踪”功能，把鼠标放在步骤 c 所绘制的中心线的左端点处，并向右移动光标约 3 个单位，单击鼠标左键指定第一点，如图 12.32 所示。

图 12.32　绘制主视图 1

指定下一点或［放弃（U）］：25 //将鼠标垂直向上移动，输入距离“25”并按回车键。

指定下一点或［放弃（U）］：25 //将鼠标水平向右移动，输入距离“25”并按回车键。

指定下一点或［闭合（C）/放弃（U）］：2 //将鼠标垂直向下移动，输入距离“2”并按回车键。

指定下一点或［闭合（C）/放弃（U）］：2 //将鼠标水平向右移动，输入距离“2”并按回车键。

指定下一点或［闭合（C）/放弃（U）］：7 //将鼠标垂直向上移动，输入距离“7”并按回车键。

指定下一点或［闭合（C）/放弃（U）］：15//将鼠标水平向右移动，输入距离“15”并按回车键。

指定下一点或［闭合（C）/放弃（U）］：4 //将鼠标垂直向下移动，输入距离“4”并按回车键。

指定下一点或［闭合（C）/放弃（U）］：2 //将鼠标水平向右移动，输入距离“2”并按回车键。

指定下一点或［闭合（C）/放弃（U）］：2 //将鼠标垂直向上移动，输入距离“2”并按回车键。

指定下一点或［闭合（C）/放弃（U）］：100//将鼠标水平向右移动，输入距离“100”并按回车键。

指定下一点或［闭合（C）/放弃（U）］：10//将鼠标垂直向下移动，输入距离“10”并按回车键。

指定下一点或［闭合（C）/放弃（U）］：2 //将鼠标水平向右移动，输入距离“2”并按回车键。

指定下一点或［闭合（C）/放弃（U）］：2 //将鼠标垂直向上移动，输入距离“2”并按回车键。

指定下一点或［闭合（C）/放弃（U）］：60//将鼠标水平向右移动，输入距离“60”并按回车键。

指定下一点或［闭合（C）/放弃（U）］：20//将鼠标垂直向下移动，输入距离“20”并按回车键。

指定下一点或［闭合（C）/放弃（U）］： //直接按回车键结束直线命令。

⑥ 单击“修改”工具栏中的“打断”按钮，将中心线的长度调整好。

执行步骤 c、d、e、f 后的结果如图 12.33 所示。

⑦ 单击功能区“默认”选项卡的“修改”面板中的“倒角”按钮，根据命令行的提示，执行如下操作：

命令：_ chamfer

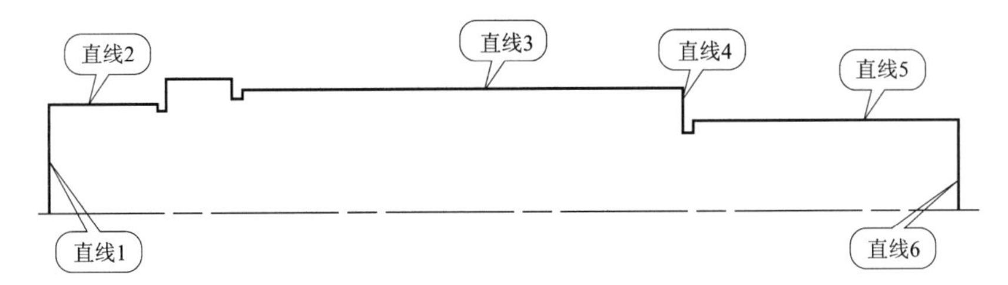

图 12.33　绘制主视图 2

(“修剪”模式) 当前倒角距离 1 = 0.00，距离 2 = 0.00

选择第一条直线或 [放弃 (U) /多段线 (P) /距离 (D) /角度 (A) /修剪 (T) /方式 (E) /多个 (M)]： d

//在命令行中输入“d”，设置倒角距离。

指定第一个倒角距离 <0.00>：2 //输入“2”并按回车键。

指定第二个倒角距离 <2.00>： //直接按回车键。

选择第一条直线或 [放弃 (U) /多段线 (P) /距离 (D) /角度 (A) /修剪 (T) /方式 (E) /多个 (M)]： m

//在命令行中输入“m”，可同时绘制多个倒角。

选择第一条直线或 [放弃 (U) /多段线 (P) /距离 (D) /角度 (A) /修剪 (T) /方式 (E) /多个 (M)]：

//用鼠标选择图 12.33 中的直线 1。

选择第二条直线，或按住 <Shift> 键选择直线以应用角点或 [距离 (D) /角度 (A) /方法 (M)]：

//用鼠标选择图 12.33 中的直线 2。

选择第一条直线或 [放弃 (U) /多段线 (P) /距离 (D) /角度 (A) /修剪 (T) /方式 (E) /多个 (M)]：

//用鼠标选择图 12.33 中的直线 3。

选择第二条直线，或按住 <Shift> 键选择直线以应用角点或 [距离 (D) /角度 (A) /方法 (M)]：

//用鼠标选择图 12.33 中的直线 4。

选择第一条直线或 [放弃 (U) /多段线 (P) /距离 (D) /角度 (A) /修剪 (T) /方式 (E) /多个 (M)]：

//用鼠标选择图 12.33 中的直线 5。

选择第二条直线，或按住 <Shift> 键选择直线以应用角点或 [距离 (D) /角度 (A) /方法 (M)]： //用鼠标选择图 12.33 中的直线 6。

选择第一条直线或 [放弃 (U) /多段线 (P) /距离 (D) /角度 (A) /修剪 (T) /方式 (E) /多个 (M)]：

//直接按回车键，结束倒角命令。

完成本步骤后的效果如图 12.34 所示。

⑧ 单击“默认”选项卡“修改”面板中的“镜像”按钮，根据命令行的提示，执行如下操作：

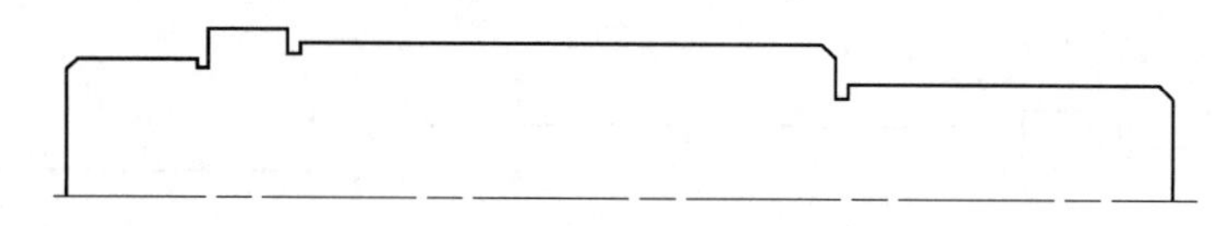

图 12.34 绘制倒角

命令：_ mirror

选择对象：指定对角点： //用“窗选”方式将已绘制的主视图选中。

选择对象： //直接按回车键，结束选择对象状态。

指定镜像线的第一点：指定镜像线的第二点：//捕捉中心线的两个端点。

要删除源对象吗？[是（Y）/否（N）] <N>：//直接按回车键，选择默认选项（即不删除源对象）。

绘制完成后的效果如图 12.35 所示。

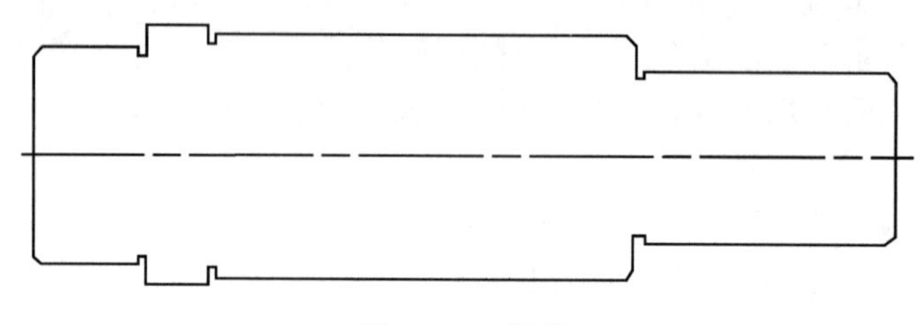

图 12.35 镜像

⑨ 单击“默认”选项卡“绘图”面板中的“直线”按钮，绘制轴肩直线，绘制完成后的效果如图 12.36 所示。

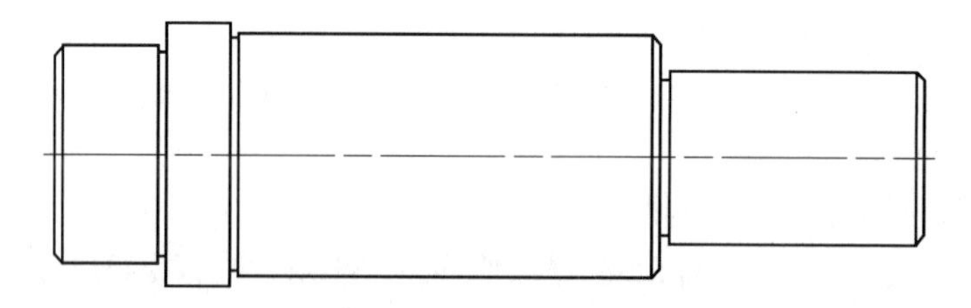

图 12.36 绘制轴肩直线

⑩ 单击“默认”选项卡“绘图”面板中的“直线”按钮，根据命令行提示，执行如下操作：

命令：_ line 指定第一点： //用鼠标捕捉图 12.37 中的点 1。

指定下一点或［放弃（U）］：68 //将鼠标水平向右移动，输入距离“68”并按回车键。

指定下一点或［放弃（U）］： //直接按回车键结束直线命令。

⑪ 单击“默认”选项卡“修改”面板中的“移动”按钮，根据命令行的提示，执行如下操作：

命令：_ move

选择对象： //选择上一步中绘制的直线。

选择对象： //直接按回车键，结束选择对象状态。

指定基点或［位移（D）］<位移>：　//用鼠标捕捉图 12.37 中的点 1。

指定第二个点或<使用第一个点作为位移>：@16，10

//输入相对坐标“@16，10”，并按回车键。

⑫ 单击“默认”选项卡“修改”面板中的“复制”按钮，根据命令行的提示，执行如下操作：

命令：_ copy

选择对象：　//选择上一步中绘制的直线。

选择对象：　//直接按回车键，结束选择对象状态。

当前设置：　复制模式 = 多个

指定基点或［位移（D）/模式（O）］<位移>：　//选择上一步中绘制直线的左端点。

指定第二个点或<使用第一个点作为位移>：20

//将鼠标垂直向下移动，输入距离 20 并回车

指定第二个点或［退出（E）/放弃（U）］<退出>：　//直接按回车键结束复制命令。

执行步骤⑩、⑪、⑫后的结果如图 12.37 所示。

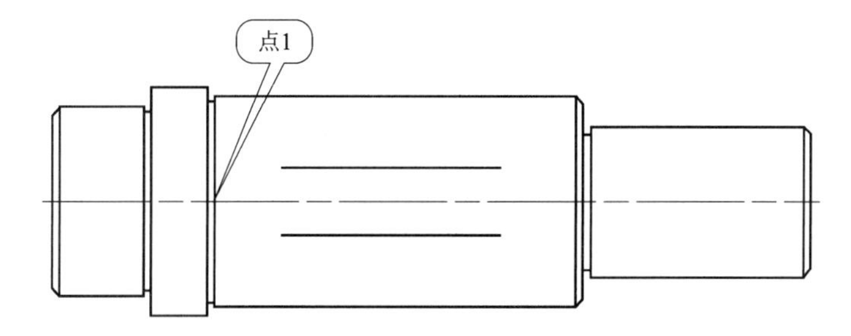

图 12.37　绘制键槽中的直线

⑬ 单击“默认”选项卡“修改”面板中的“圆角”按钮，根据命令行的提示，执行如下操作：

命令：_ fillet

当前设置：模式 = 修剪，半径 = 0.00

选择第一个对象或［放弃（U）/多段线（P）/半径（R）/修剪（T）/多个（M）］：r

//输入“r”并按回车键，设定圆角半径。

指定圆角半径<0.00>：10　//输入“10”并按回车键。

选择第一个对象或［放弃（U）/多段线（P）/半径（R）/修剪（T）/多个（M）］：m

//在命令行中输入“m”并按回车键，可同时绘制多个圆角。

选择第一个对象或［放弃（U）/多段线（P）/半径（R）/修剪（T）/多个（M）］：

//用鼠标选择图 12.38 中直线 1 的左侧。

选择第二条直线，或按住<Shift>键选择直线以应用角点或［距离（D）/角度（A）/方法（M）］：

//用鼠标选择图 12.38 中直线 2 的左侧。

选择第一个对象或［放弃（U）/多段线（P）/半径（R）/修剪（T）/多个（M）］：

//用鼠标选择图 12.38 中直线 1 的右侧。

选择第二条直线，或按住 <Shift> 键选择直线以应用角点或 [距离（D）/角度（A）/方法（M）]：

//用鼠标选择图 12.38 中直线 2 的右侧。

选择第一个对象或 [放弃（U）/多段线（P）/半径（R）/修剪（T）/多个（M）]：

//直接按回车键结束圆角命令。

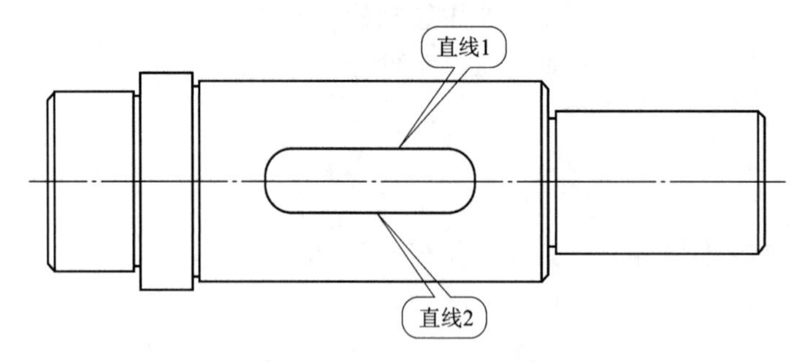

图 12.38　绘制键槽的圆弧部分

⑭ 用类似的方法，绘制轴上的另一个键槽。参见步骤⑩、⑪、⑫、⑬的操作。绘制的效果如图 12.39 所示。

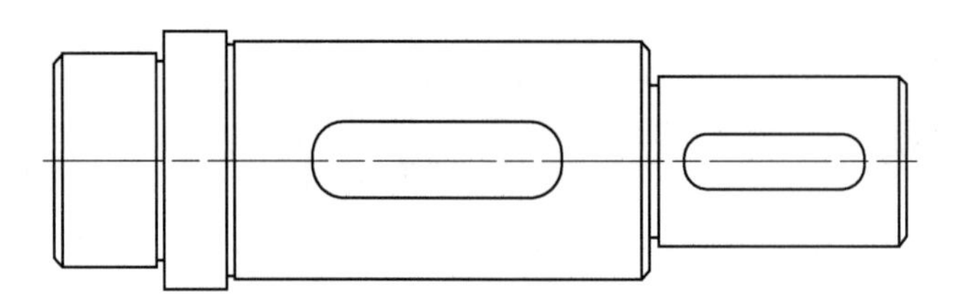

图 12.39　绘制完成的主视图

（4）绘制移出断面图。

① 在“默认”选项卡“图层”面板的“图层”下拉列表框中，选择“点画线”层，将“点画线”层置为当前层。

② 单击“默认”选项卡“绘图”面板中的“直线”按钮，根据命令行提示，执行如下操作：

命令：_ line 指定第一点：

//利用“对象捕捉追踪”功能，把鼠标放在主视图左侧键槽直线段的中点处，并向下移动光标，单击鼠标左键指定第一点，如图 12.40 所示。

指定下一点或 [放弃（U）]：62　//将鼠标垂直向下移动，输入距离“62”并按回车键。

指定下一点或 [放弃（U）]：　//直接按回车键结束直线命令。

③ 直接按回车键，再次执行绘制直线命令，根据命令行的提示，执行如下操作：

命令：_ line 指定第一点：

//利用“对象捕捉追踪”功能，捕捉上一步中绘制的中心线的中点，并向左移动光标至适当位置，单击鼠标左键指定第一点，如图 12.41 所示。

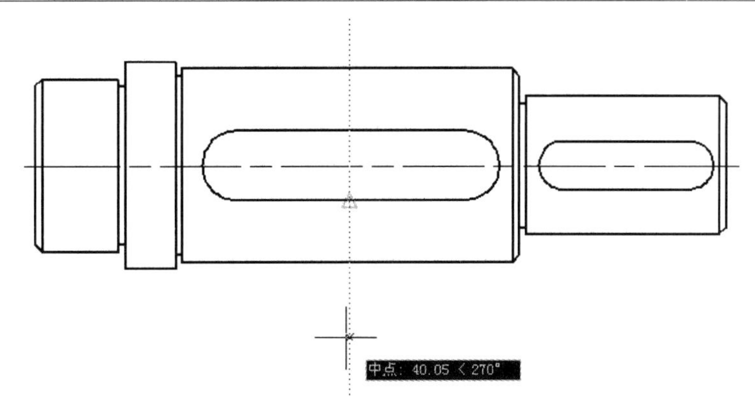

图 12.40　绘制移出断面图 1

指定下一点或［放弃（U）］: 62　//将鼠标水平向右移动，输入距离“62”并按回车键。

指定下一点或［放弃（U）］:　//直接按回车键结束直线命令。

执行步骤②、③后的效果如图 12.42 所示。

图 12.41　绘制中心线 1　　图 12.42　绘制中心线 2

④ 在“默认”选项卡“图层”面板的“图层”下拉列表框中，选择“粗实线”层，将“粗实线”层置为当前层。

⑤ 单击“默认”选项卡“绘图”面板中的“圆”按钮，根据命令行的提示，执行如下操作：

命令：_ circle 指定圆的圆心或［三点（3P）/两点（2P）/切点、切点、半径（T）］:

//捕捉图 12.42 中两中心线的交点。

指定圆的半径或［直径（D）］: 28　//输入圆的半径值“28”并按回车键。

⑥ 单击“默认”选项卡“修改”面板中的“偏移”按钮，根据命令行的提示，执行如下操作：

命令：_ offset

当前设置：删除源 = 否　图层 = 源　OFFSETGAPTYPE = 0

指定偏移距离或［通过（T）/删除（E）/图层（L）］ <通过>:　10

//输入“10”并按回车键，指定偏移距离。

选择要偏移的对象，或［退出（E）/放弃（U）］ <退出>:　//用鼠标选择水平中心线。

指定要偏移的那一侧上的点，或［退出（E）/多个（M）/放弃（U）］ <退出>:

//用鼠标在水平中心线上方单击一下。

选择要偏移的对象，或［退出（E）/放弃（U）］ <退出>:　//用鼠标选择水平中心线。

指定要偏移的那一侧上的点，或［退出（E）/多个（M）/放弃（U）］<退出>：

//用鼠标在水平中心线下方单击一下。

选择要偏移的对象，或［退出（E）/放弃（U）］<退出>：　　//直接按回车键结束偏移命令。

⑦ 直接按回车键，再次执行偏移命令，根据命令行的提示，执行如下操作：

命令：_ offset

当前设置：删除源 = 否　图层 = 源　OFFSETGAPTYPE = 0

指定偏移距离或［通过（T）/删除（E）/图层（L）］<10.00>：　20

//输入“20”并按回车键，指定偏移距离。

选择要偏移的对象，或［退出（E）/放弃（U）］<退出>：　　//用鼠标选择垂直中心线。

指定要偏移的那一侧上的点，或［退出（E）/多个（M）/放弃（U）］<退出>：

//用鼠标在垂直中心线右侧单击一下。

选择要偏移的对象，或［退出（E）/放弃（U）］<退出>：　　//直接按回车键结束偏移命令。

执行步骤④、⑤、⑥、⑦后的绘制效果如图 12.43 所示。

⑧ 单击功能区“默认”选项卡“修改”面板中的“倒角”按钮，根据命令行的提示，执行如下操作：

命令：_ chamfer

（“修剪”模式）当前倒角距离 1 = 2.00，距离 2 = 2.00

选择第一条直线或［放弃（U）/多段线（P）/距离（D）/角度（A）/修剪（T）/方式（E）/多个（M）］：　m

//在命令行中输入“m”，可同时绘制多个倒角。

选择第一条直线或［放弃（U）/多段线（P）/距离（D）/角度（A）/修剪（T）/方式（E）/多个（M）］：

//用鼠标选择图 12.43 中点 1 的位置。

选择第二条直线，或按住 <Shift> 键选择直线以应用角点或［距离（D）/角度（A）/方法（M）］：

//按住“Shift”键，同时用鼠标选择图 12.43 中点 2 的位置。

选择第一条直线或［放弃（U）/多段线（P）/距离（D）/角度（A）/修剪（T）/方式（E）/多个（M）］：

//用鼠标选择图 12.43 中点 2 的位置。

选择第二条直线，或按住 <Shift> 键选择直线以应用角点或［距离（D）/角度（A）/方法（M）］：

//按住“Shift”键，同时用鼠标选择图 12.43 中点 3 的位置。

选择第一条直线或［放弃（U）/多段线（P）/距离（D）/角度（A）/修剪（T）/方式（E）/多个（M）］：

//直接按回车键，结束倒角命令。

绘制效果如图 12.44 所示。

⑨ 单击功能区“默认”选项卡“修改”面板中的“修剪”按钮，将图 12.44 中多余的线剪去。

⑩ 选择图 12.44 中表示键槽的三段细线段，在图层下拉列表框中选择“粗实线”层，将三段细线段所在图层由“细实线”层改为“粗实线”层。

执行步骤⑨、⑩后的绘制效果如图 12.45 所示。

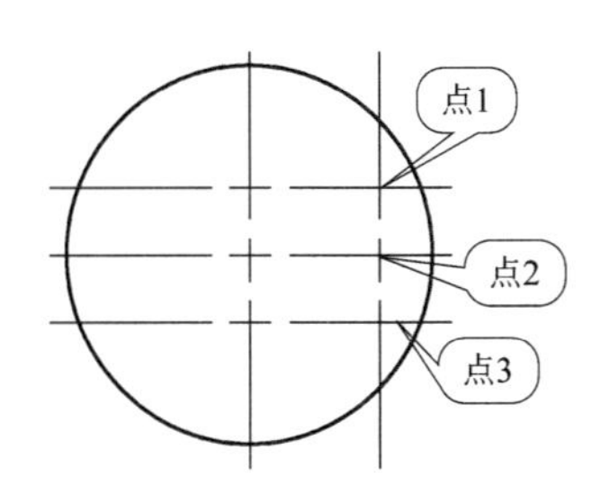

图 12.43　绘制移出断面图 2

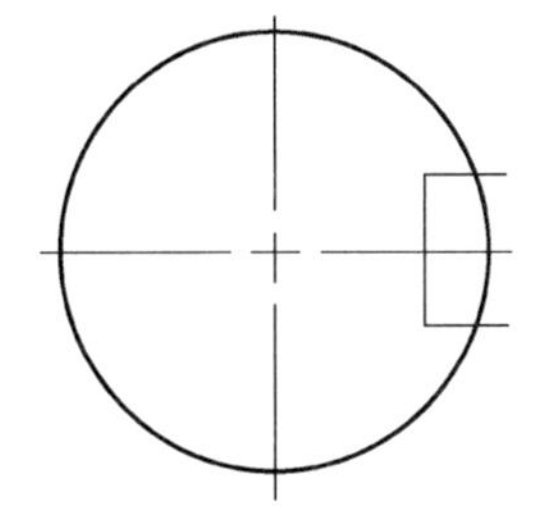

图 12.44　绘制移出断面图 3

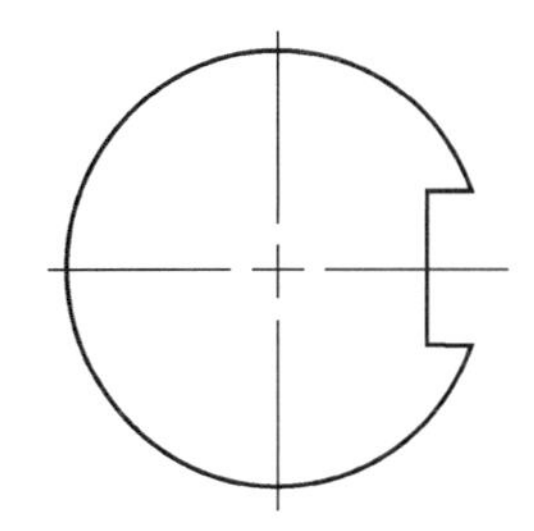

图 12.45　绘制移出断面图 4

⑪ 在功能区“默认”选项卡“图层”面板的“图层”下拉列表框中，选择“剖面线”层，将“剖面线”层置为当前层。

⑫ 单击功能区“默认”选项卡“修改”工具栏中的“图案填充”按钮，会出现“图案填充和渐变色”选项板。

a. 设置“图案”为“ANSI31”，其他参数不变。

b. 单击“添加：拾取点”按钮，用鼠标在需填充图案的区域内部选择一点。继续选择内部点直至将填充区域全部选中，即图 12.46 所示的虚线包围区域。

c. 单击“确定”按钮，完成填充。

填充后的效果如图 12.47 所示。

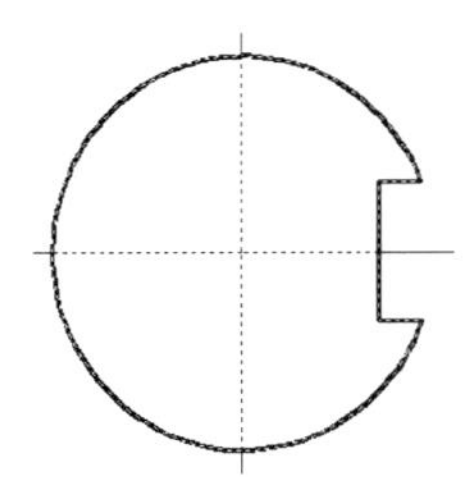

图 12.46　绘制移出断面图 5

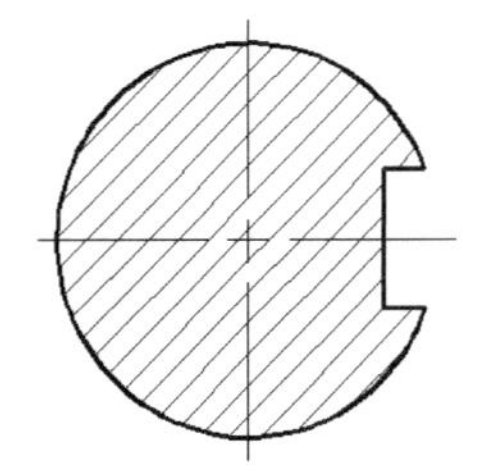

图 12.47　绘制移出断面图 6

⑬ 用类似的方法，绘制另一个移出断面图。参见步骤① ~ ⑫。绘制的效果如图 12.48 所示。

注意：两个移出断面图的剖面线方向要一致。

（5）绘制局部放大图。

① 在功能区“默认”选项卡“图层”面板的“图层”下拉列表框中，选择“尺寸标注”层，将“尺寸标注”层置为当前层。

② 单击功能区“默认”选项卡“绘图”面板中的“圆”按钮，根据命令行的提示，执行如下操作：

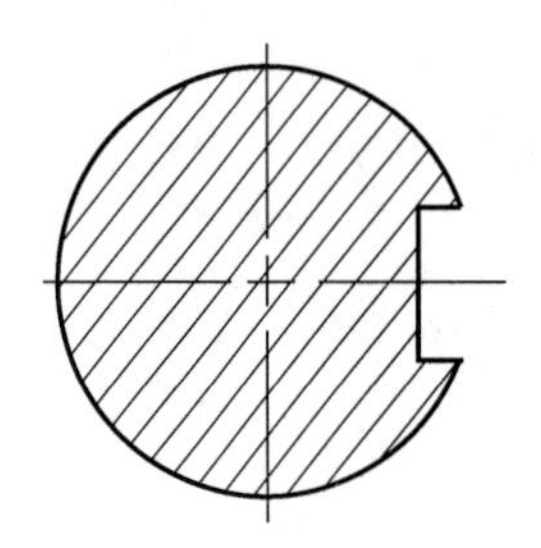
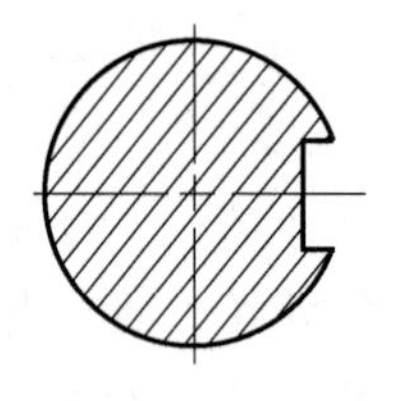

图 12.48　绘制移出断面图的效果

命令：_ circle 指定圆的圆心或［三点（3P）/两点（2P）/切点、切点、半径（T）］：
//用鼠标在主视图中的适当位置选择一点。
指定圆的半径或［直径（D）］：8　//输入圆的半径值“8”并按回车键。

③ 在命令行输入“qleader”并按回车键，会出现以下提示：

指定第一个引线点或［设置（S）］ <设置>：

此时直接按回车键，在弹出的“引线设置”对话框中进行引线标注的相关设置，如图 9.41 ~ 图 9.43 所示。

④ 单击“确定”按钮，此时命令行会提示：

指定第一个引线点［设置（S）］ <设置>：　//用鼠标选择引线的第一个点的位置。
下一点：　//用鼠标选择引线的第二个点的位置。
指定文字宽度 <0>：　//直接按回车键。
输入注释文字的第一行 <多行文字>：
//直接按回车键，此时会弹出文字编辑器，单击“符号”按钮，插入“Ⅰ”。
输入注释文字的下一行：　//直接按回车键结束命令。

标注的结果如图 12.49 所示。

⑤ 单击功能区“默认”选项卡“修改”面板中的“复制”按钮，根据命令行的提示，执行如下操作：

命令：_ copy
选择对象：　//用鼠标选择上一步所绘制的圆内的图形对象。
选择对象：　//直接按回车键结束选择对象状态。
当前设置：　复制模式 = 多个
指定基点或［位移（D）/模式（O）］ <位移>：
//用鼠标在图形的适当位置选择一点作为复制的基点。
指定第二个点或 <使用第一个点作为位移>：
//用鼠标在要绘制局部放大图的位置选择一点作为第二点。
指定第二个点或［退出（E）/放弃（U）］ <退出>：
//直接按回车键结束复制命令。

⑥ 在功能区“默认”选项卡“图层”面板的“图层”下拉列表框中，选择“细实线”层，将“细实线”层置为当前层。

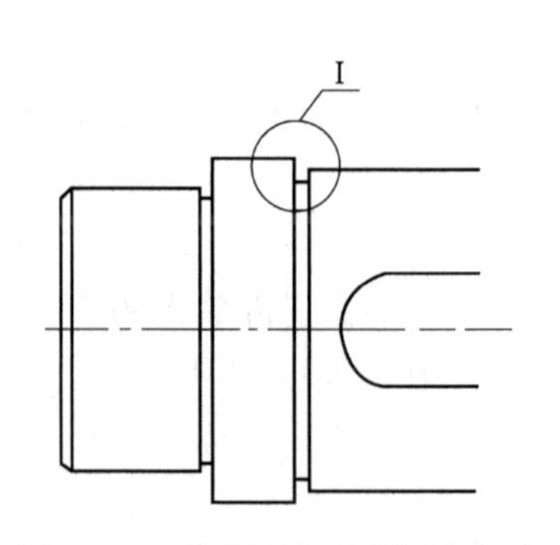

图 12.49　绘制局部放大图的标注

⑦ 单击功能区“默认”选项卡“绘图”面板中的“样条曲线”按钮，根据命令行的提示，指定样条曲线上的点，绘制局部放大图中的波浪线。绘制效果如图 12.50 所示。

⑧ 单击功能区“默认”选项卡“修改”面板中的“修剪”按钮，将图 12.50 中多余的线剪去。

⑨ 单击功能区“默认”选项卡“修改”面板中的“缩放”按钮，根据命令行的提示，执行如下操作：

命令：_ scale

选择对象：　//用鼠标选择进行缩放的图形对象。

选择对象：　//直接按回车键结束选择对象状态。

指定基点：　//用鼠标在图形的适当位置选择一点作为缩放的基点。

指定比例因子或［复制（C）/参照（R）］<1.00>：　2　//输入“2”并按回车键。

执行完步骤⑧、⑨后的绘制效果如图 12.51 所示。

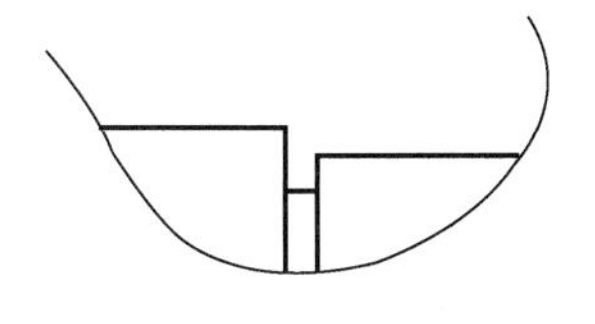

图 12.50　绘制波浪线

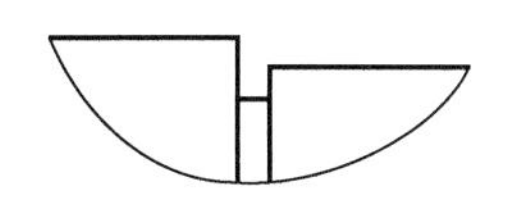

图 12.51　放大 2 倍后的局部放大图

⑩ 将“工程字”文字样式置为当前文字样式。

⑪ 在功能区“默认”选项卡“图层”面板的“图层”下拉列表框中，选择“尺寸标注”层，将“尺寸标注”层置为当前层。

⑫ 单击功能区“默认”选项卡“绘图”面板中的“多行文字”按钮，用鼠标指定写文字区域的两对角点。在弹出的文字编辑器中设定字高为“5”，并书写图 12.52 中的文字。

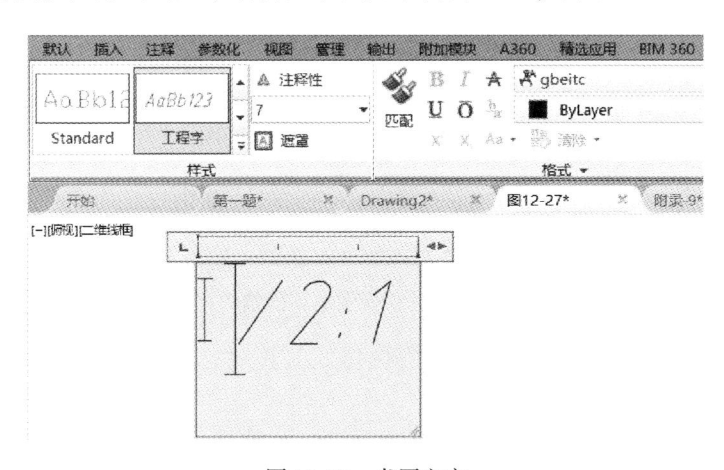

图 12.52　书写文字

⑬ 对书写的文字进行堆叠操作，最终的效果如图 12.53 所示。

（6）标注尺寸。

由于标注局部放大图中的尺寸时，必须标注尺寸的真实值，而不是标注放大后的尺寸，因此需新建一个标注样式，用于局部放大图中尺寸的标注。

① 新建用于局部放大图标注的尺寸标注样式。

可参照 9.2 节介绍的内容和举例来设置。以“机械样式”为基础样式，新建名为“局部放大（2:1）”的尺寸标注样式。将“主单位”选项卡中的“比例因子”设置为“0.5”，按“确定”按钮即可。

② 在“标注样式”下拉列表中将“局部放大（2:1）”选中，则“局部放大（2:1）”为当前的标注样式。

③ 在“图层”下拉列表框中，选择“尺寸标注”层，将“尺寸标注”层置为当前层。

④ 标注局部放大图中的尺寸。单击“线性标注”按钮，根据命令行的提示，标注线性尺寸。绘制效果如图 12.54 所示。

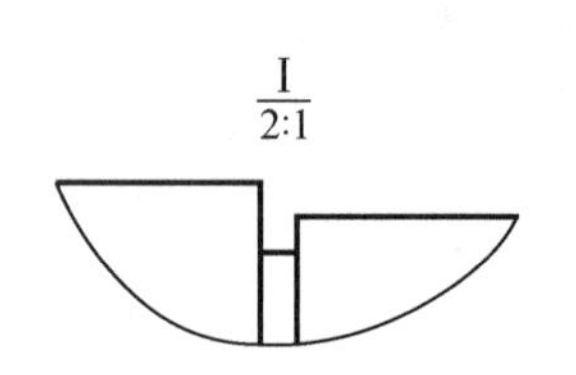

图 12.53　对文字进行堆叠操作的效果

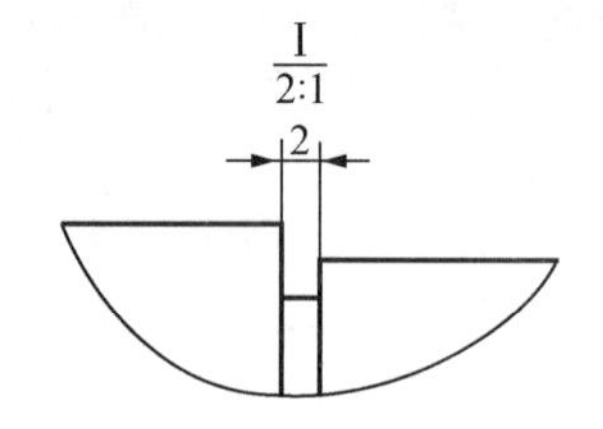

图 12.54　标注局部放大图中的尺寸

⑤ 在“标注样式”下拉列表中将“非圆直径”选中，则“非圆直径”为当前的标注样式。

⑥ 单击“线性标注”按钮，标注主视图中的各段轴的直径。各尺寸的标注方法可参照 9.3 节完成，绘制完成的效果如图 12.55 所示。

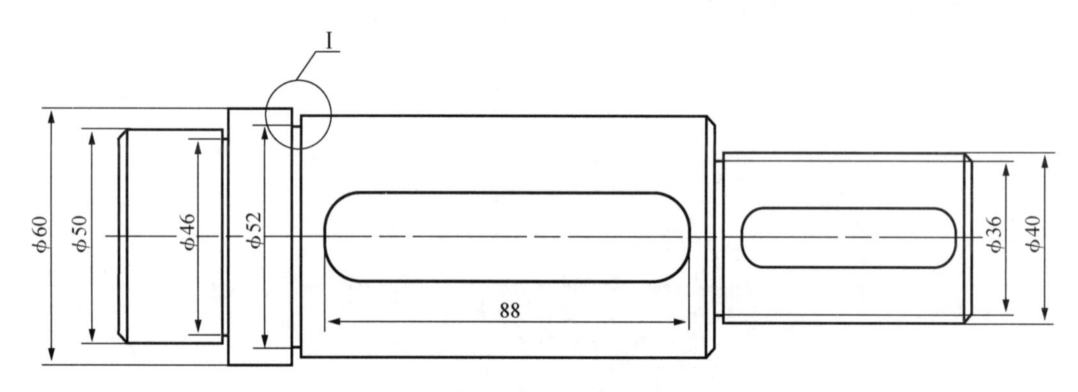

图 12.55　标注主视图中各段轴的直径

⑦ 在“标注样式”下拉列表中将“机械样式”选中，则“机械样式”为当前的标注样式。

⑧ 单击“线性标注”按钮，标注移出断面图中的带公差的尺寸。尺寸的标注方法可参照 9.3.2 节来完成，绘制完成的效果如图 12.56 所示。

⑨ 在无命令操作的情况下，单击图 12.56（b）中的尺寸文字。选择文字显示出的夹点，用鼠标将该尺寸文字移出尺寸界线外标注。完成的效果如图 12.57 所示。

⑩ 单击“直径标注”按钮，标注移出断面图中的直径尺寸。各尺寸的标注方法可参照 9.3 节完成，绘制完成的效果如图 12.58 所示。

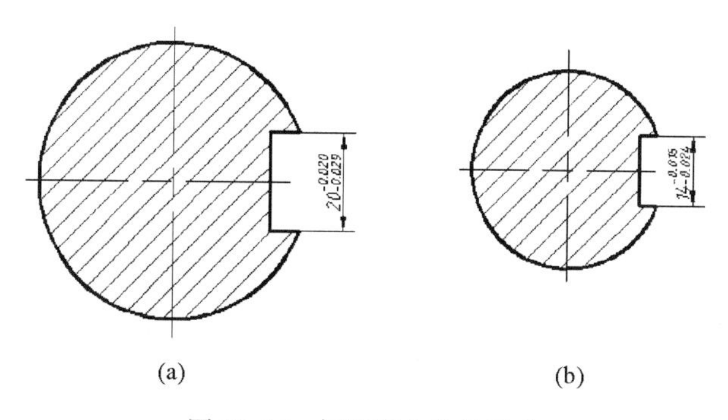

图 12.56　标注带公差的尺寸

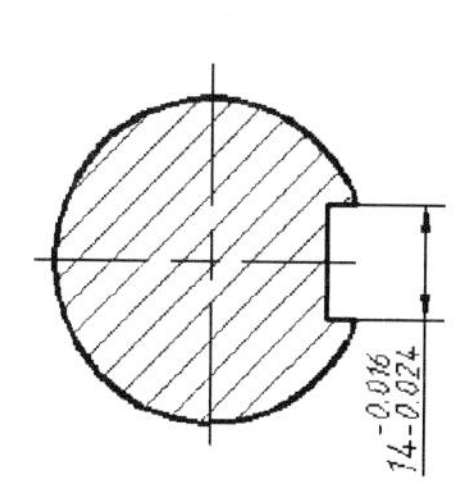

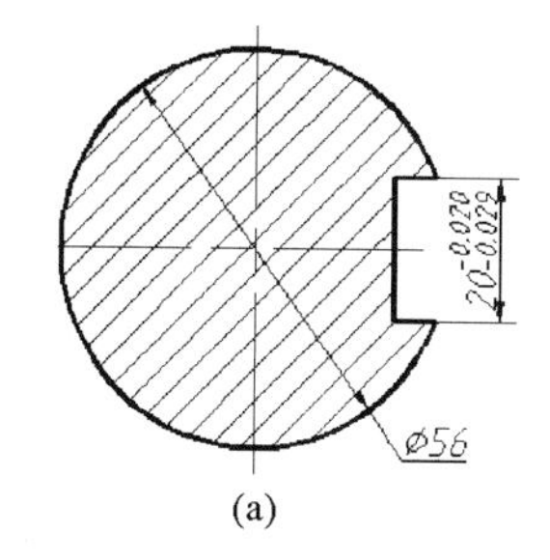

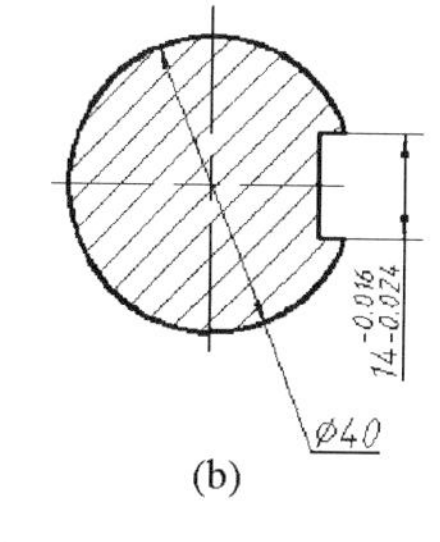

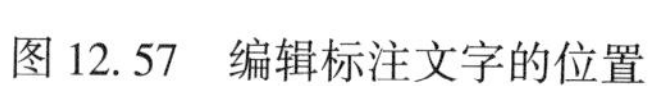

图 12.57　编辑标注文字的位置

图 12.58　标注直径尺寸

⑪ 单击“线性标注”按钮，标注主视图和移出断面图中的其余线性尺寸。各尺寸的标注方法可参照 9. 3 节完成，绘制完成的效果如图 12. 59 所示。

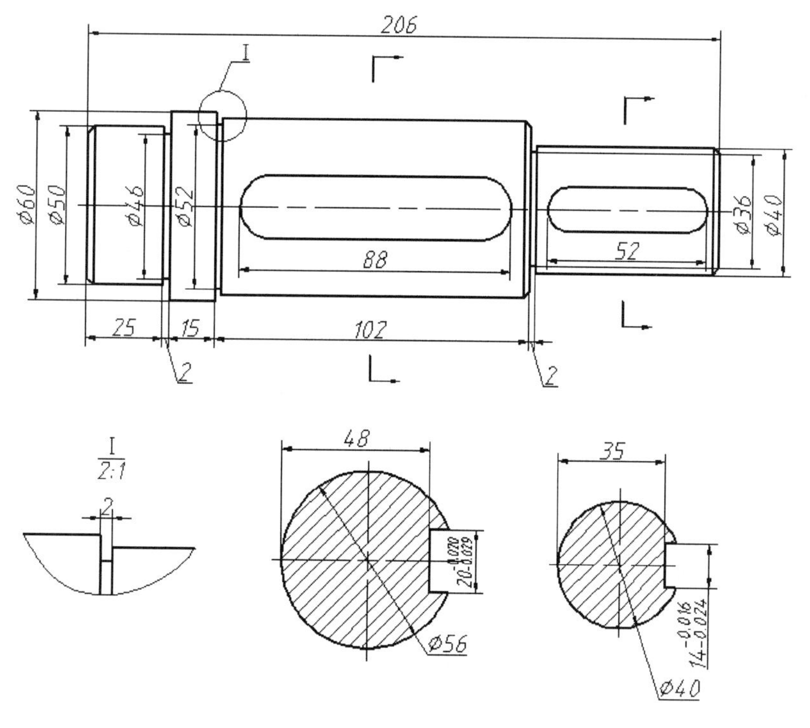

图 12.59　标注尺寸

（7）标注表面粗糙度。

主视图中的“表面粗糙度”图块的插入方法与插入标题栏的方法类似，这里只作简单介绍。

操作步骤如下：

① 在“图层”下拉列表框中，选择“细实线”层，将“细实线”层置为当前层。

② 单击“插入块”按钮，选择“更多选项”，将弹出“插入”对话框。

③ 在弹出的“插入”对话框“名称”下拉框中选择“表面粗糙度”。

④ 单击“确定”按钮，在弹出的“属性编辑”对话框中，输入属性值并单击“确定”按钮。

标注的表面粗糙度效果如图 12.60 所示。

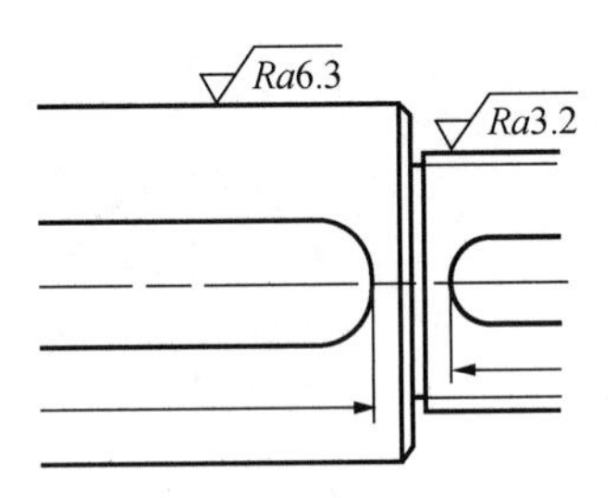

图 12.60　标注表面粗糙度

（8）标注剖切符号。

① 在命令行中输入“qleader”并按回车键，在命令行中会出现以下提示：

指定第一个引线点或［设置（S）］ <设置>：

//直接按回车键。

② 在弹出的“引线设置”对话框中进行引线标注的相关设置，如图 12.61、图 12.62 所示。单击“确定”按钮。

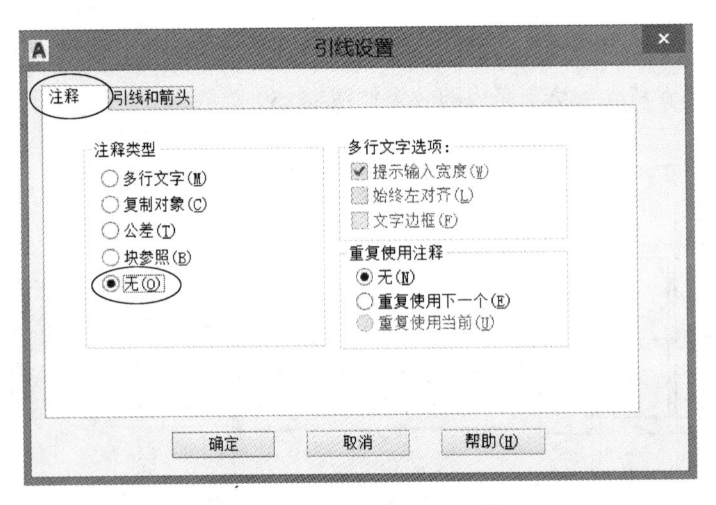

图 12.61　“引线设置”对话框 1

③ 将“对象捕捉”“对象追踪”“极轴追踪”辅助绘图工具均设为“开”状态。

④ 此时命令行提示如下：

指定第一个引线点或［设置（S）］ <设置>：

//利用“对象捕捉追踪”功能，捕捉左侧移出断面图中垂直中心线的端点，并向上移动光标至适当位置，单击鼠标左键指定第一点，如图 12.63 所示。

指定下一点：10　//将鼠标水平向左移动，输入“10”并按回车键。

指定下一点：8　//将鼠标垂直向上移动，输入“8”并按回车键。

绘制效果如图 12.64 所示。

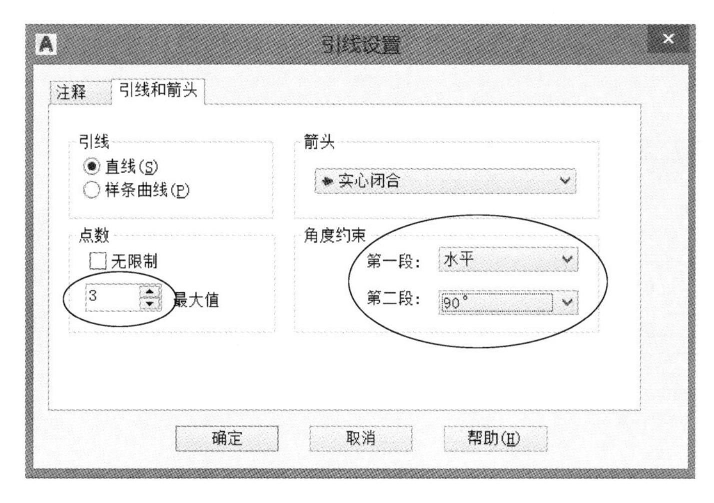

图 12.62　“引线设置”对话框 2

⑤ 单击“移动”按钮，根据命令行的提示，执行如下操作：

命令：_ move

选择对象：　　　　　　//选择上一步中绘制的剖切符号。

选择对象：　　　　　　//直接按回车键，结束选择对象状态。

指定基点或［位移（D）］ <位移>：　　　//用鼠标捕捉剖切符号水平线段的左端点。

指定第二个点或 <使用第一个点作为位移>：　//用鼠标捕捉剖切符号水平线段的右端点。

⑥ 单击“分解”按钮，将绘制的剖切符号分解。

⑦ 选择剖切符号垂直的线段，在“图层”下拉列表框中，选择“粗实线”层，将该线段所在图层改为“粗实线”层。效果如图 12.65 所示。

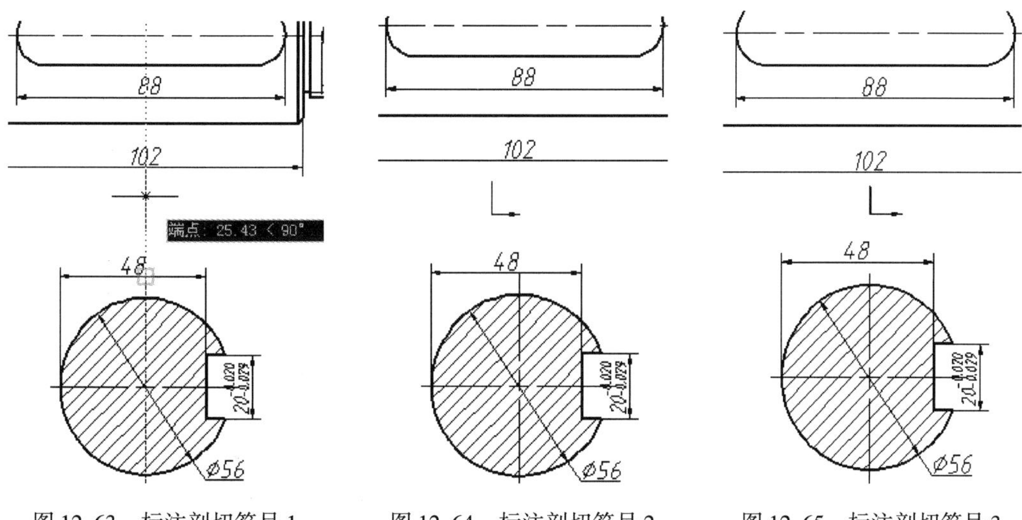

图 12.63　标注剖切符号 1　　图 12.64　标注剖切符号 2　　图 12.65　标注剖切符号 3

⑧ 单击“镜像”按钮，将绘制的剖切符号进行镜像复制。

⑨ 用同样的方法或用复制的方法来绘制另一个移出断面图的剖切符号。

执行步骤⑤～⑨后的绘制效果如图 12.66 所示。

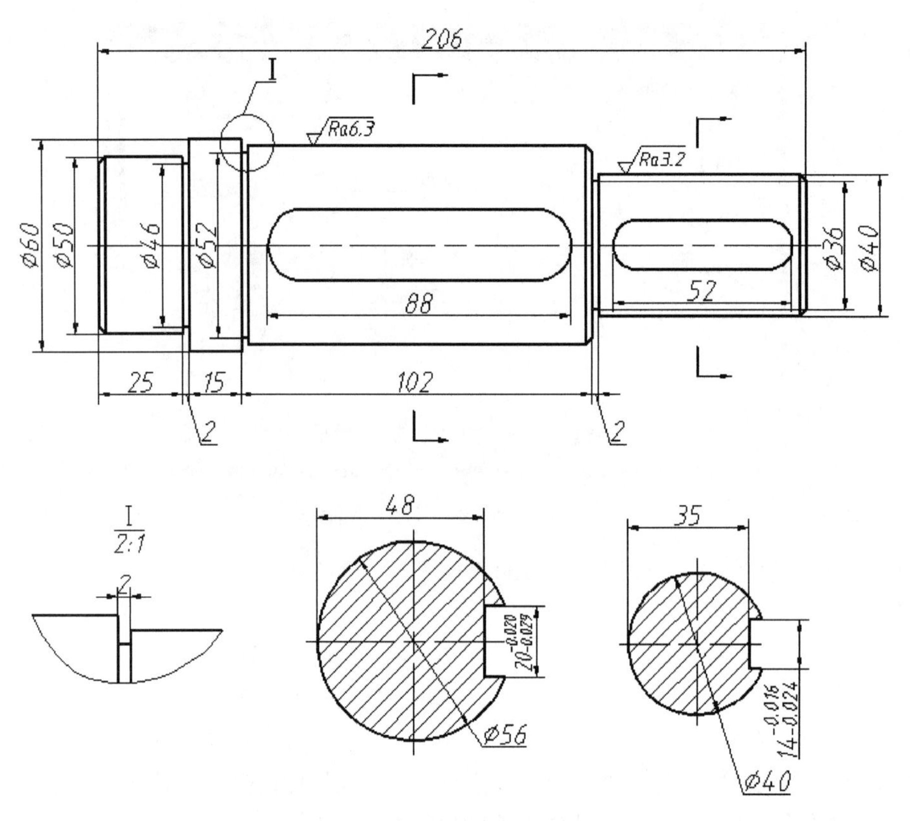

图 12.66　绘制剖切符号

（9）插入基准符号和形位公差

① 在“图层”下拉列表框中，选择“细实线”层，将“细实线”层置为当前层。

② 单击“插入块”按钮，选择“更多选项”，将弹出“插入”对话框。

③ 在弹出的“插入”对话框的“名称”下拉框中选择“公差基准符号上”。

④ 单击“确定”按钮，在弹出的“属性编辑”对话框中，输入属性值并单击“确定”按钮。

绘制的公差基准符号效果如图 12.67 所示。

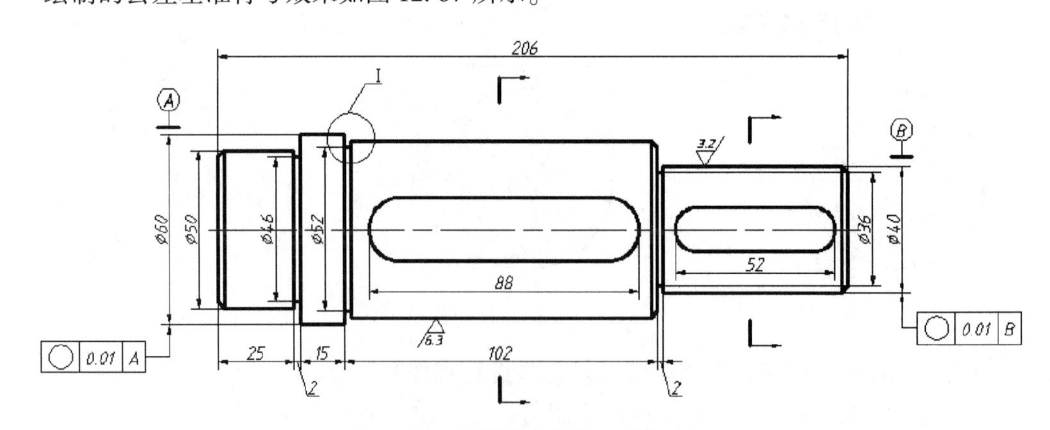

图 12.67　绘制基准符号和形位公差

⑤ 在命令行中输入“qleader”并按回车键，绘制主视图中的形位公差，具体的操作参见 9.5 节。

操作完毕后的绘图效果如图 12.67 所示。

(10) 书写技术要求。

① 在“文字样式”下拉列表中将“工程字”选中，则“工程字”为当前的标注样式。

② 在“图层”下拉列表框中，选择“文字”层，将“文字”层置为当前层。

③ 单击“多行文字”按钮，在绘图区指定文本框的对角点，在出现的文字编辑器中输入数值以设置文字高度。其中“技术要求”的字高为 7，其余字的字高为 5。在文字输入区输入文字内容，如图 12.68 所示。

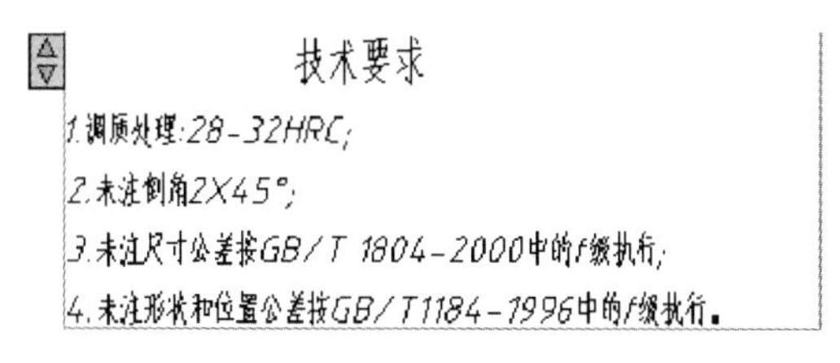

图 12.68　书写技术要求

(11) 保存绘制的图形文件。

① 单击“保存”按钮，会弹出“图形另存为”对话框。

② 通过该对话框指定文件的保存位置及文件名“零件图”后，单击“保存”按钮，即可实现保存。

通过以上所有的步骤，完成了零件图中所有内容的绘制，最终的零件图如图 12.27 所示。

附 录

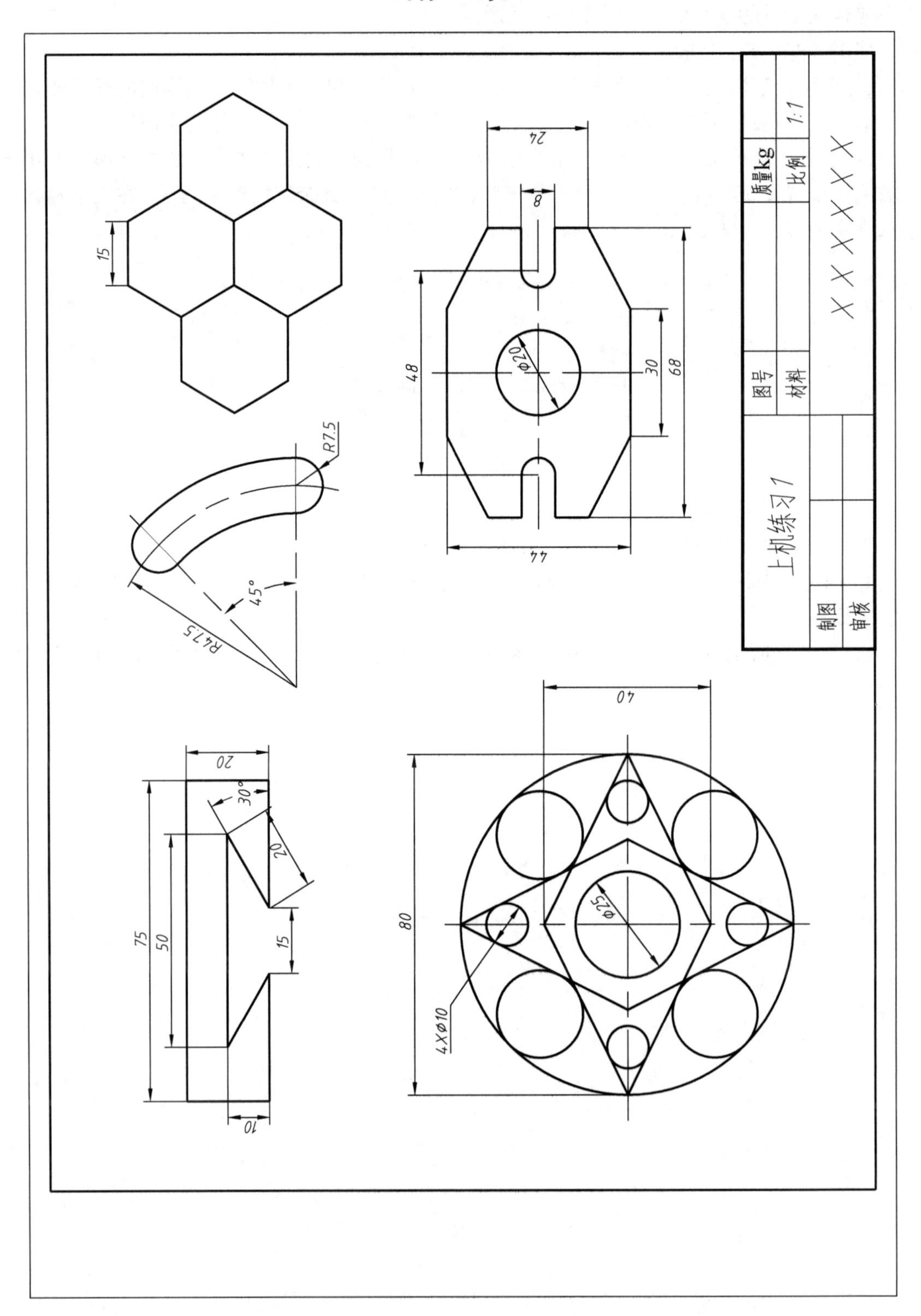
15
24
8
48
Φ20
30
68
44
R7.5
45°
R47.5
20
30°
20
75
50
15
10
40
80
Φ25
4XΦ10
质量kg
比例
1:1
图号
材料
XXXXXX
上机练习1
制图
审核

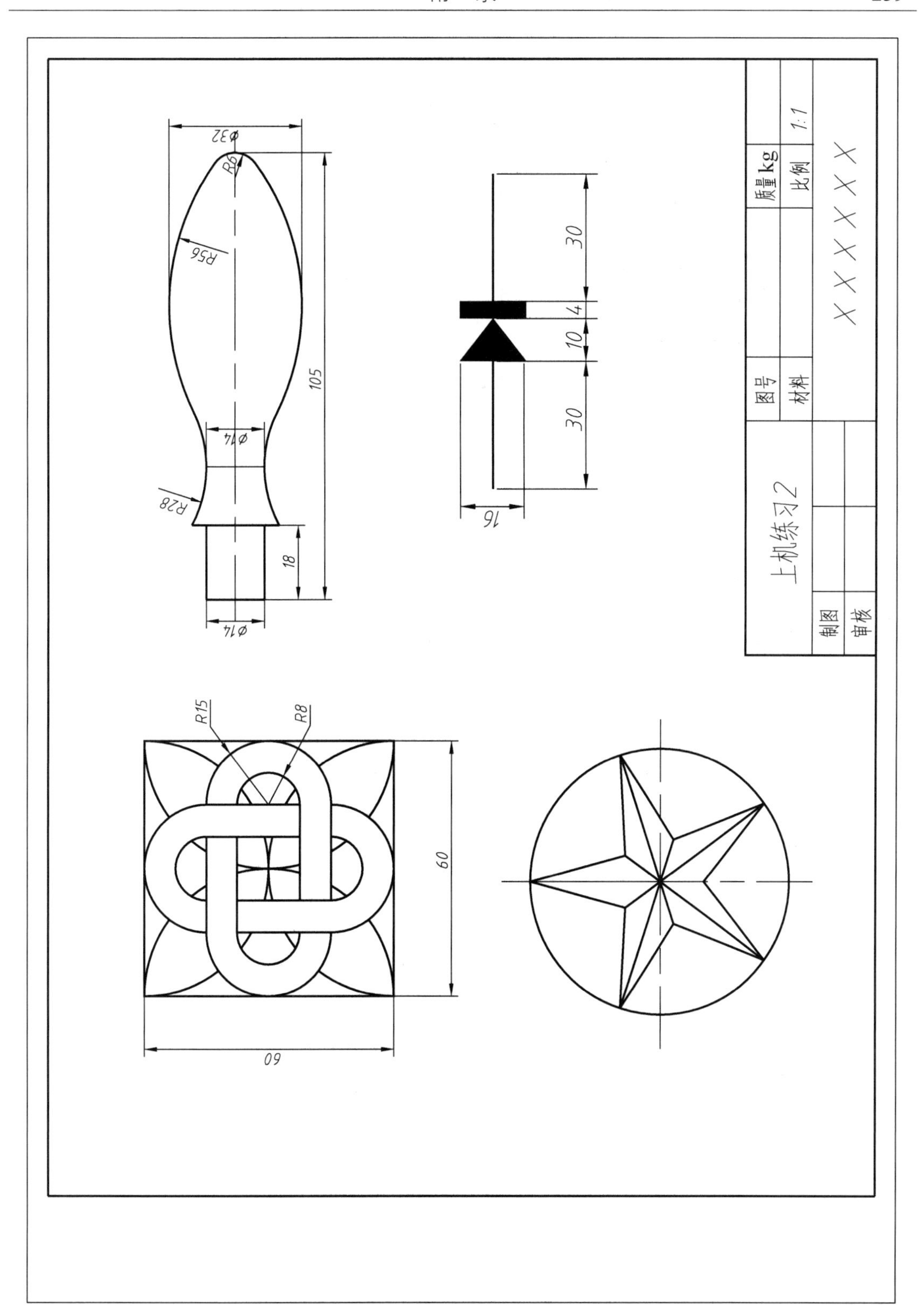
上机练习2
质量kg
比例
1:1
图号
材料
制图
审核
××××××
Ø32
R6
R56
105
Ø14
R28
18
Ø14
30
4
10
30
16
R15
R8
60
60

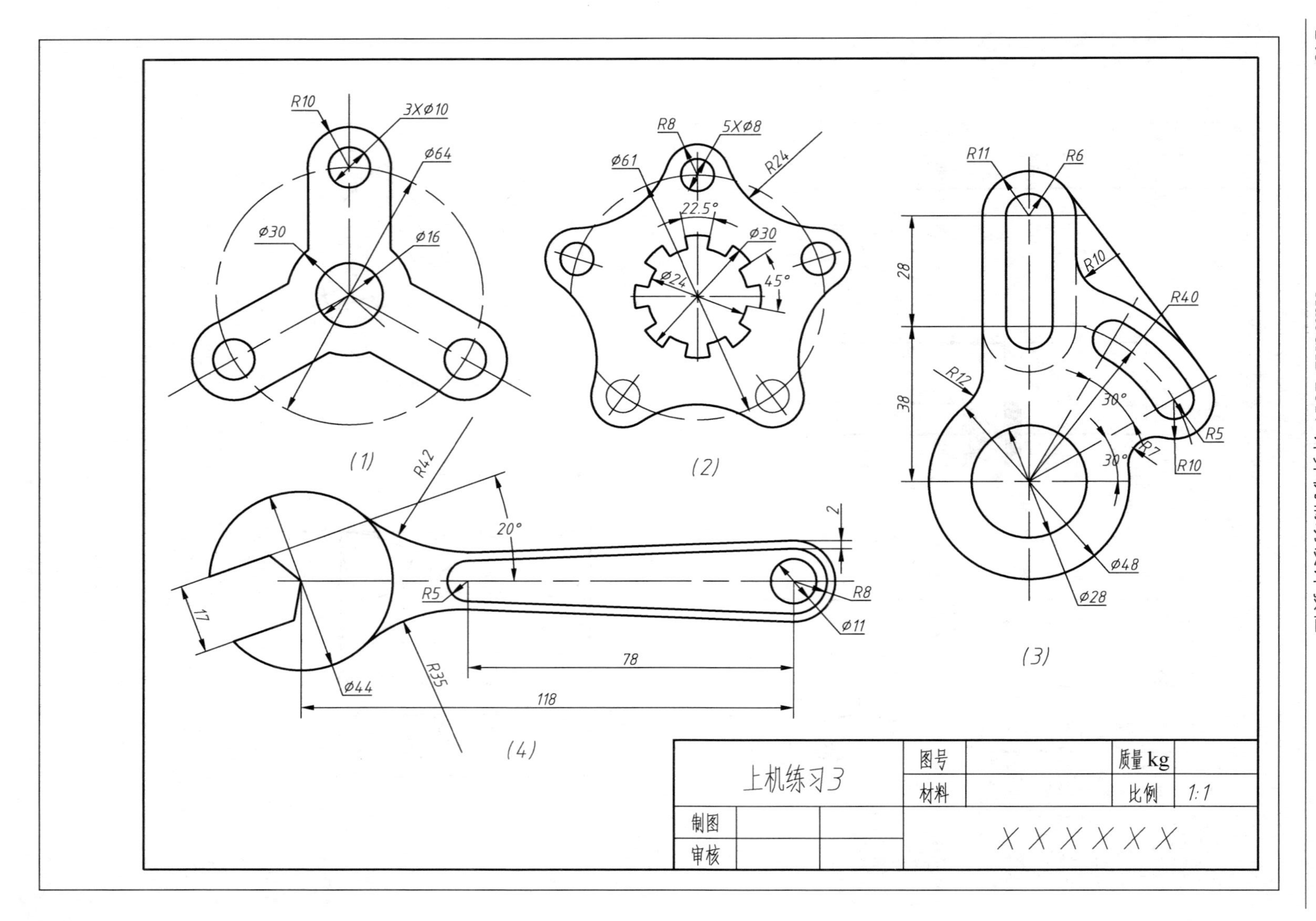

R10
3XØ10
Ø64
Ø30
Ø16
(1)
R8
5XØ8
Ø61
R24
22.5°
Ø30
Ø24
45°
(2)
R11
R6
28
R10
R40
R12
38
30°
30°
R5
R7
R10
Ø48
Ø28
(3)
R42
20°
2
R5
R8
Ø11
17
Ø44
R35
78
118
(4)
上机练习3
图号
材料
质量 kg
比例
1:1
制图
审核
XXXXXX

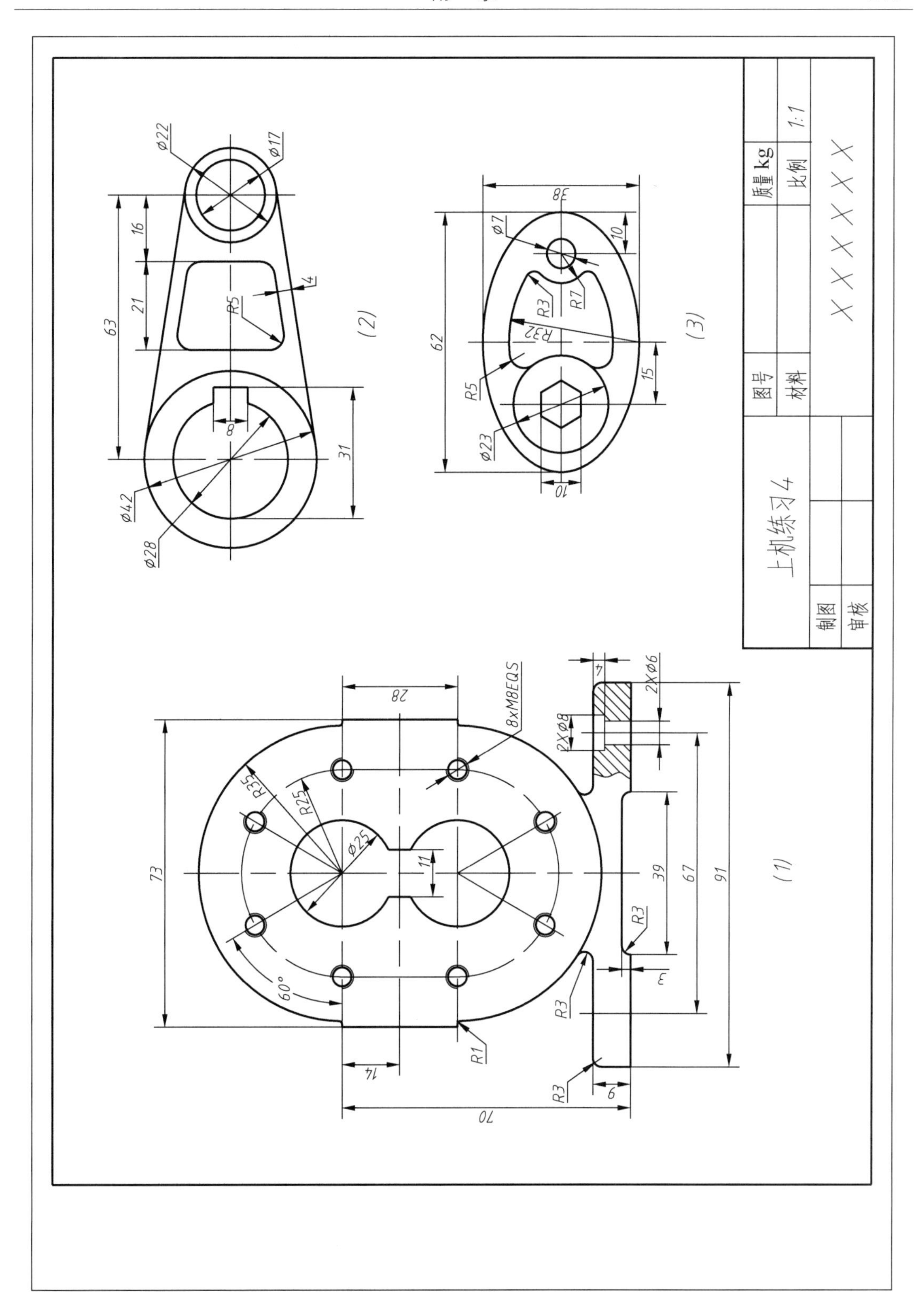
上机练习4
质量kg
比例 1:1
图号
材料
制图
审核
××××××
(1)
(2)
(3)
8xM8EQS
2XØ8
2XØ6
Ø25
R25
R35
R1
R3
60°
Ø22
Ø17
Ø42
Ø28
R5
Ø7
R7
R32
Ø23

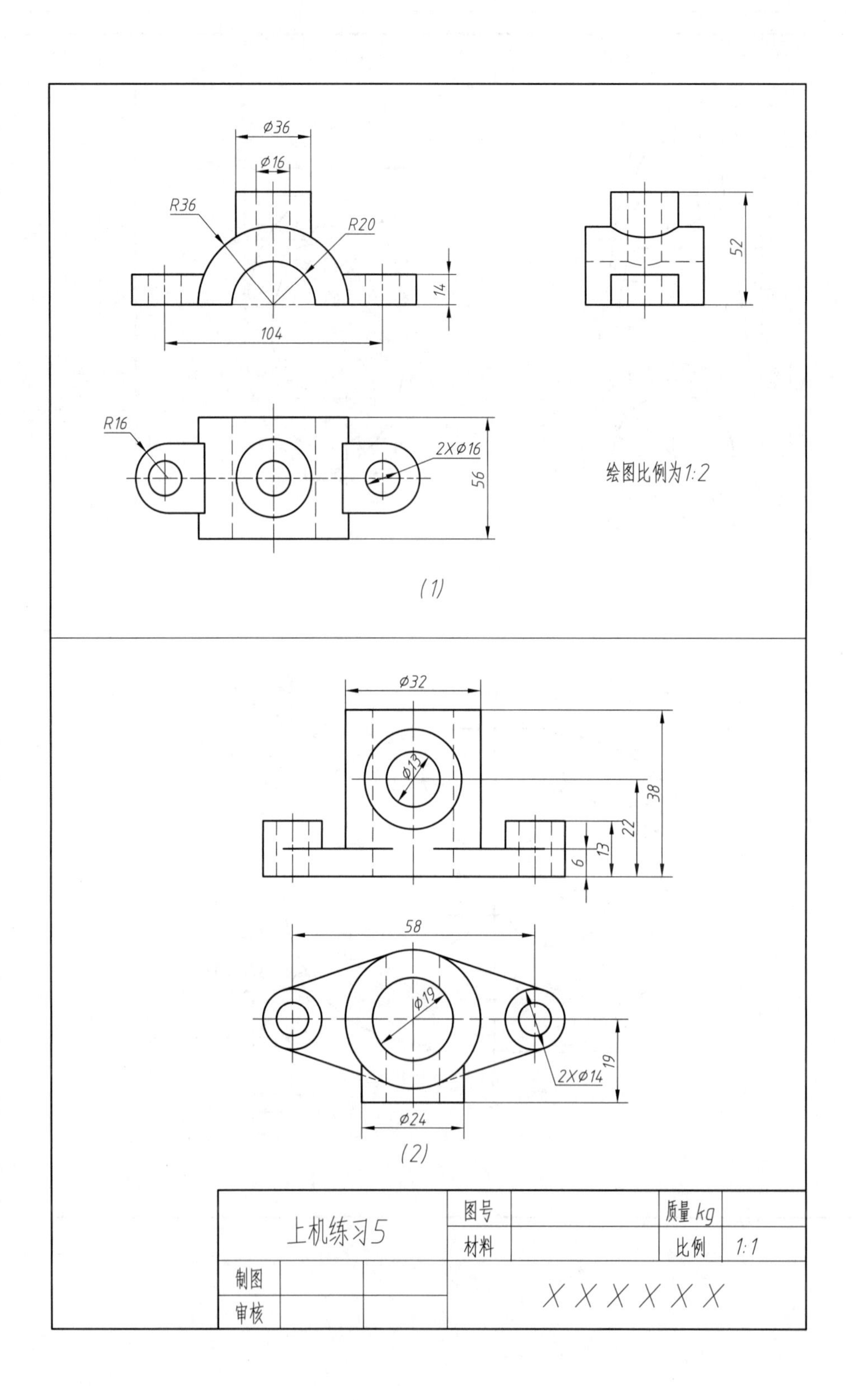

Ø36
Ø16
R36
R20
14
104
52
R16
2XØ16
56
绘图比例为1:2
(1)
Ø32
Ø13
38
22
13
6
58
Ø19
2XØ14
19
Ø24
(2)
上机练习5
图号
质量 kg
材料
比例
1:1
制图
审核
XXXXXX

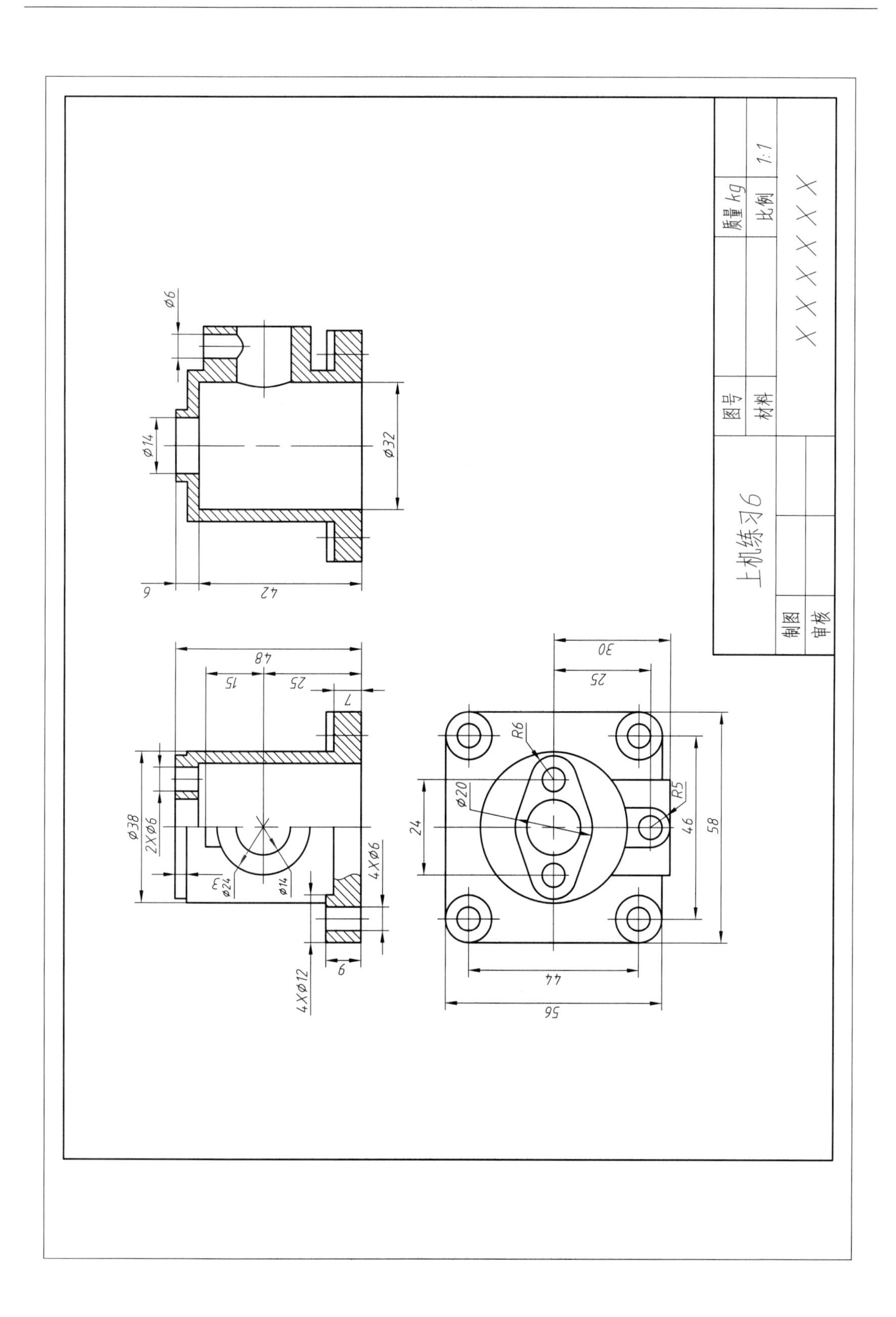
质量kg
比例 1:1
××××××
图号
材料
上机练习6
制图
审核
ϕ6
ϕ14
ϕ32
42
6
48
15
25
7
ϕ38
2×ϕ6
ϕ24
ϕ14
4×ϕ6
4×ϕ12
9
30
25
R6
ϕ20
R5
24
46
58
44
56

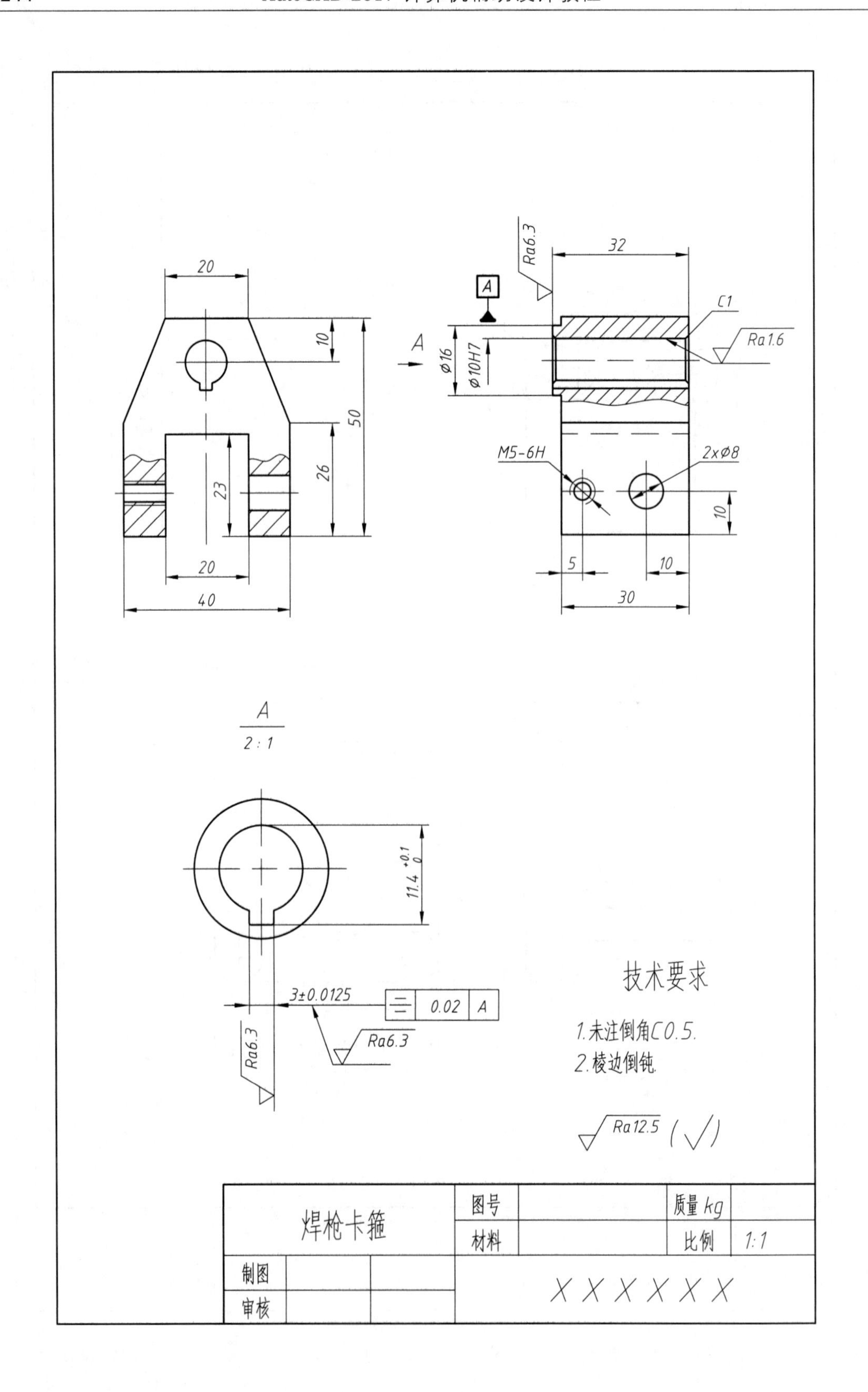
20
10
50
26
23
20
40
A
Ra6.3
32
A
C1
Ra1.6
Ø16
Ø10H7
M5-6H
2xØ8
10
5
10
30
A
2:1
11.4 +0.1 0
3±0.0125
0.02
A
Ra6.3
Ra6.3
技术要求
1.未注倒角C0.5.
2.棱边倒钝.
Ra12.5 (√)
焊枪卡箍
图号
质量 kg
材料
比例
1:1
制图
审核
XXXXXX

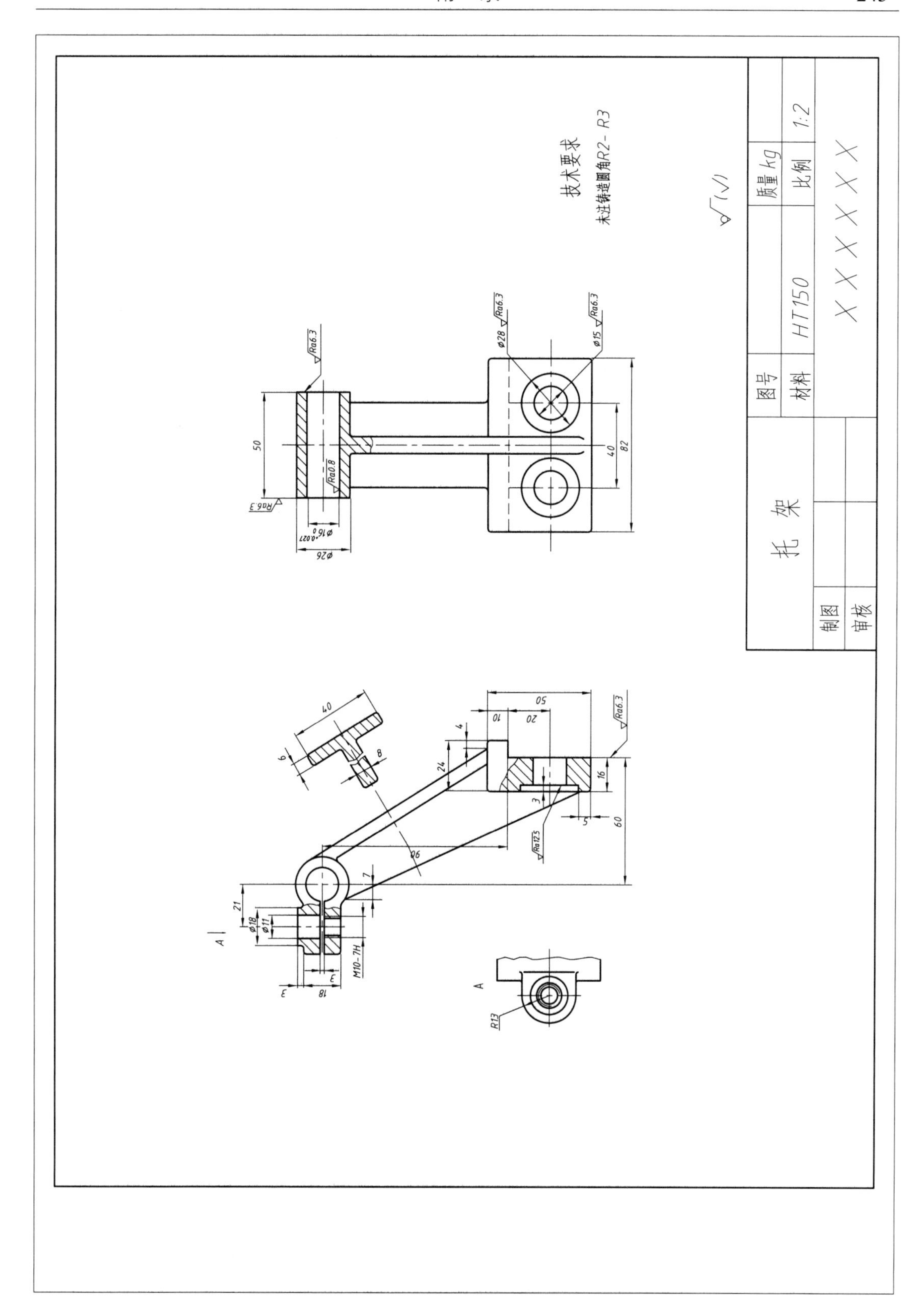
技术要求
未注铸造圆角R2-R3
托 架
图号
材料
HT150
质量kg
比例
1:2
××××××
制图
审核
Ra6.3
Ra0.8
Ra12.5
ϕ28
ϕ15
ϕ26
ϕ18
ϕ11
M10-7H
R13
A
50
40
82
60
24
20
10
16
21
18
8
6
4
3
5
7

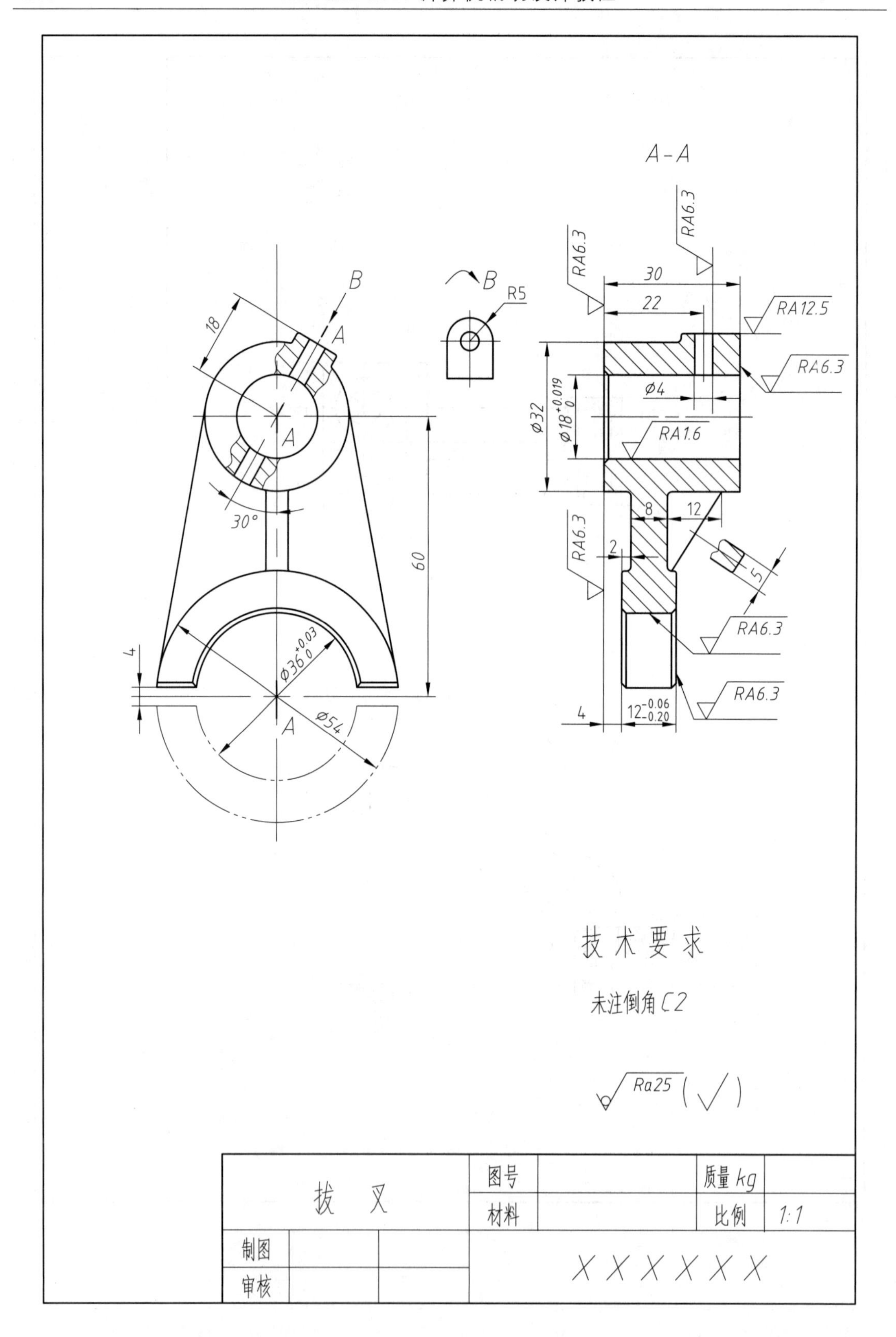
A-A
B
A
18
R5
30
22
RA6.3
RA12.5
Ø4
Ø32
Ø18$^{+0.019}_{0}$
RA1.6
30°
60
8
12
2
5
4
Ø36$^{+0.03}_{0}$
Ø54
12$^{-0.06}_{-0.20}$
技术要求
未注倒角C2
Ra25
拔叉
图号
质量kg
材料
比例
1:1
制图
审核
XXXXXX

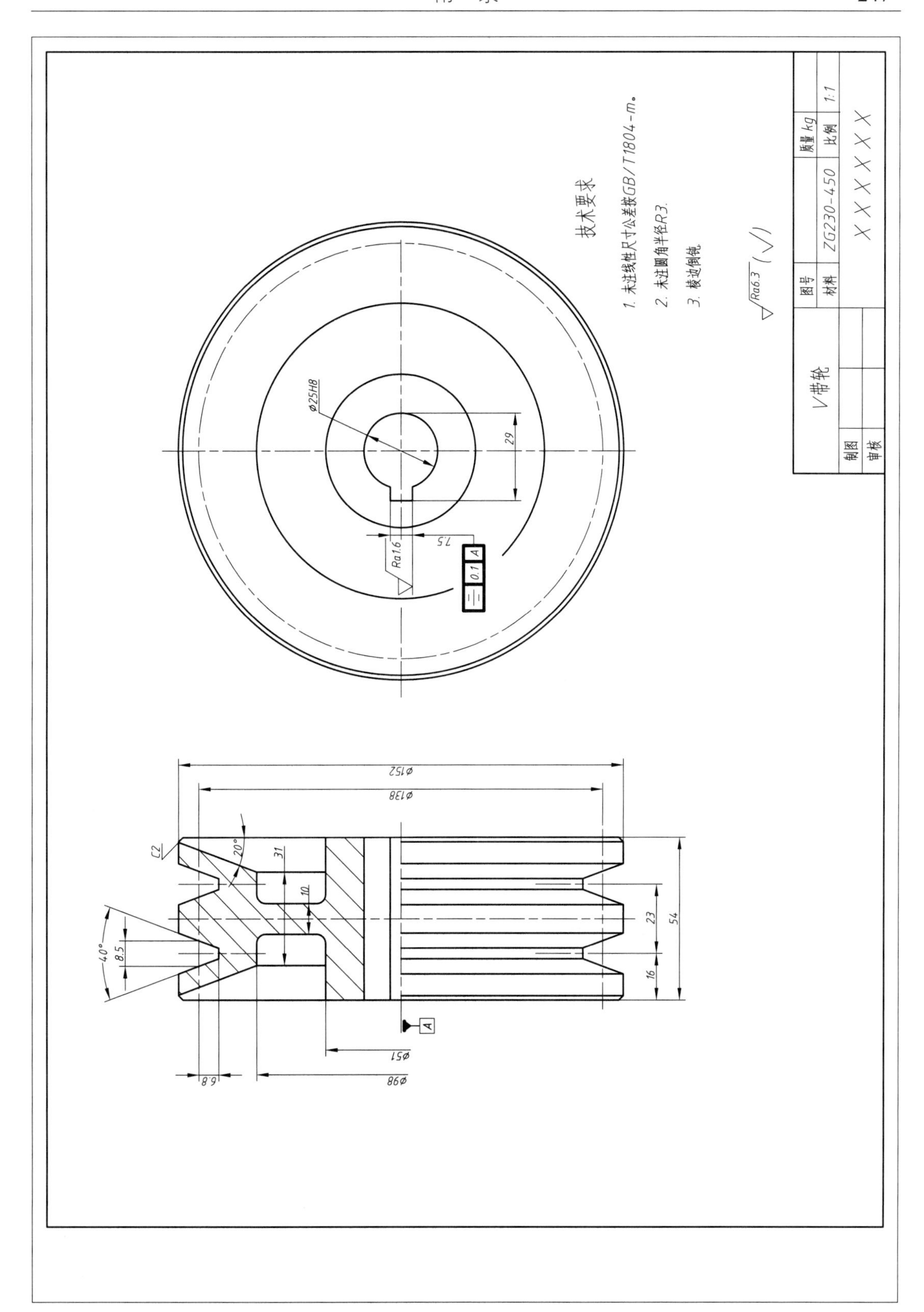

技术要求
1. 未注线性尺寸公差按GB/T1804-m。
2. 未注圆角半径R3.
3. 棱边倒钝
Ra6.3 (√)
V带轮
图号
材料 ZG230-450
质量 kg
比例 1:1
制图
审核
××××××
Ø25H8
29
7.5
Ra1.6
0.1 A
Ø152
Ø138
C2
20°
31
10
40°
8.5
23
54
16
A
Ø51
Ø98
6.8

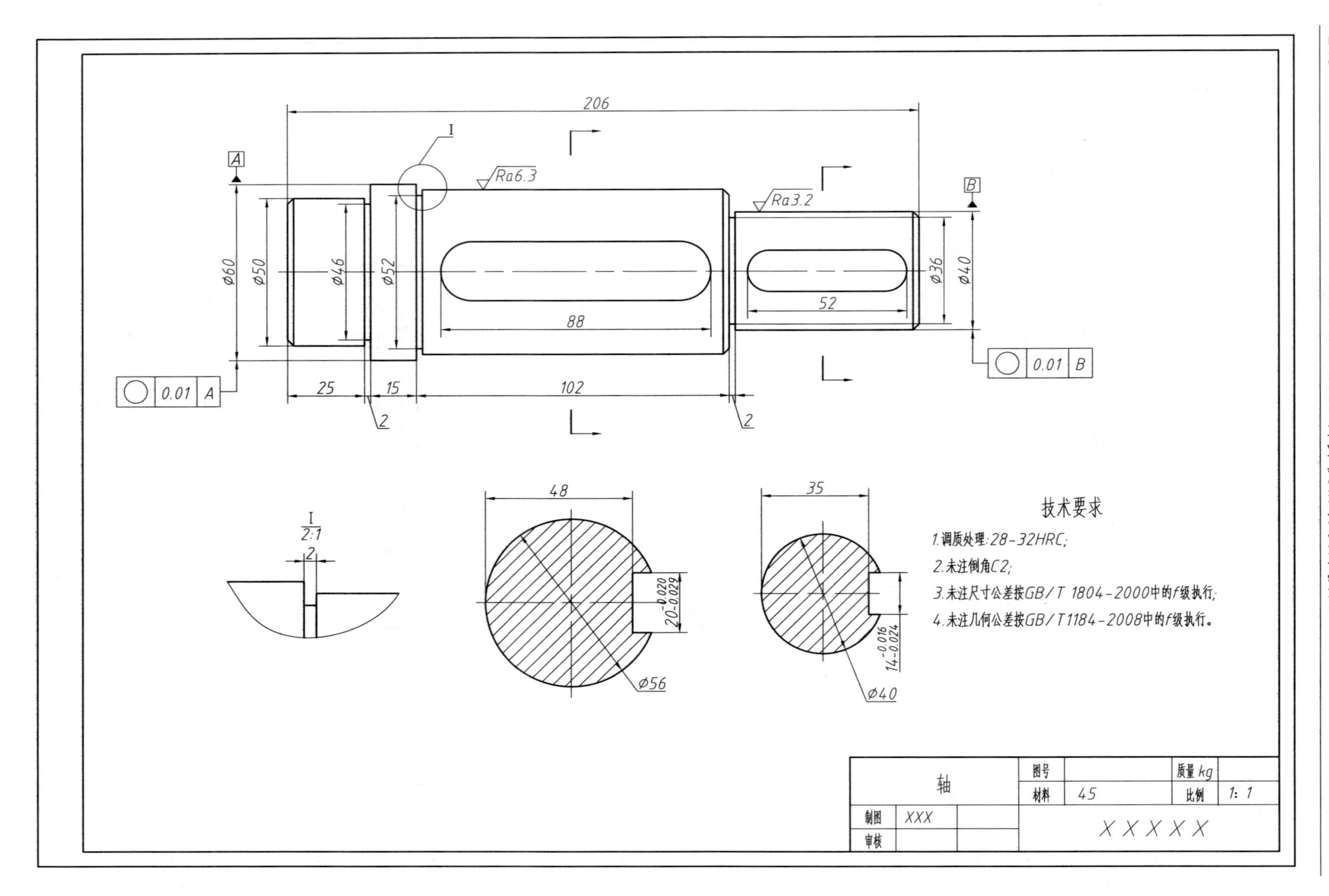
206
I
Ra6.3
Ra3.2
A
B
Ø60
Ø50
Ø46
Ø52
88
52
Ø36
Ø40
0.01 A
0.01 B
25
15
102
2
2
I
2:1
2
48
35
20-0.020/-0.029
14-0.016/-0.024
Ø56
Ø40
技术要求
1.调质处理:28-32HRC;
2.未注倒角C2;
3.未注尺寸公差按GB/T 1804-2000中的f级执行;
4.未注几何公差按GB/T1184-2008中的f级执行。
轴
图号
质量 kg
材料 45
比例 1:1
制图 XXX
审核
XXXXX